工程施工组织与管理

王安德 杨 春 编著

中国地质大学出版社

内 容 简 介

本书共分八章,主要阐述了工程施工组织和管理的基本理论和方法,包括工程施工组织和管理概述,工程承包合同管理,施工项目的生产要素管理,流水施工的组织方法及与施工组织紧密相关的单双代号的网络计划技术及其计划的优化和进度管理;同时,对工程质量管理、成本管理及安全管理作了较为系统的阐述。

本书主要作为高等院校地质工程类如勘查技术与工程、岩土工程、土木工程等与工程施工相关的工科类大学本科专业教材,也可作为施工项目管理、工程监理及其他施工技术与管理人员的工作参考书。

图书在版编目(CIP)数据

工程施工组织与管理/王安德,杨春编著. —武汉:中国地质大学出版社,2009.3
ISBN 978-7-5625-2345-1

Ⅰ.工…
Ⅱ.①王…②杨…
Ⅲ.①建筑工程-施工组织-高等学校-教材②建筑工程-施工管理-高等学校-教材
Ⅳ.TU7

中国版本图书馆 CIP 数据核字(2009)第 028845 号

工程施工组织与管理	王安德 杨春 编著
责任编辑:段连秀　　策划编辑:段连秀	责任校对:林 泉
出版发行:中国地质大学出版社(武汉市洪山区鲁磨路388号)	邮政编码:430074
电话:(027)67883511　　传真:67883580	E-mail:cbb@cug.edu.cn
经　销:全国新华书店	http://www.cugp.cn
开本:787毫米×1092毫米 1/16	字数:390千字　印张:15.25
版次:2009年3月第1版	印次:2009年3月第1次印刷
印刷:武汉中远印务有限公司	印数:1—3 000册
ISBN 978-7-5625-2345-1	定价:28.00元

如有印装质量问题请与印刷厂联系调换

前　言

工程施工是一项十分复杂的生产活动，除了要有扎实的工程技术本领以外，如何针对工程施工的复杂性来研究工程建设过程中的统筹安排与系统管理，以保证工程质量，加快工程进度，降低工程成本，安全环保地顺利进行施工，似乎显得更为重要。然而，我国高校工科类特别是将来从事与工程施工有关的如勘查技术与工程、岩土工程及地质工程等专业学生，对于管理方面的知识基本处于空白。根据现代工程建设对复合型人才的要求，以加强对学生管理方面的知识培养，是十分必要的。如何组织施工，如何进行管理施工，如何招标投标及如何进行工程报价，如何防范工程中的风险，如何进行合同管理，都对其将来的个人健康发展，起着至关重要的作用。一个工程项目的成败与否，直接关系到个人和国家的根本利益，应予高度重视。正是为了满足教学和施工管理实际工作的需要，特编著出版了这本《工程施工组织与管理》一书。在学习本书时，要求读者具备相关的设计与施工方面的基础知识。

本书是由中国地质大学（武汉）王安德副教授和江西地质工程（集团）公司杨春高级工程师共同合作完成。

本书力求做到具有较强的实用性、实践性、综合性和政策性。图文并茂，通俗易懂是本书的追求。但是，由于作者水平所限，难免有许多不妥之处，谨请读者赐教。

编著者

2008 年 12 月

目 录

第一章 概 述 ………………………………………………………………… (1)
第一节 施工管理的有关概念 ………………………………………………… (1)
第二节 建设项目的建设程序 ………………………………………………… (4)
第三节 施工管理的内容和方法 ……………………………………………… (8)

第二章 工程承包合同管理 …………………………………………………… (12)
第一节 合同管理概述 ………………………………………………………… (12)
第二节 工程承包合同的签订和履行 ………………………………………… (16)
第三节 施工合同管理 ………………………………………………………… (17)
第四节 工程承包的风险管理 ………………………………………………… (23)
第五节 FIDIC 土木工程施工合同简介 ……………………………………… (32)

第三章 施工项目的生产要素管理 …………………………………………… (35)
第一节 施工项目生产要素的内容 …………………………………………… (35)
第二节 施工项目劳动管理 …………………………………………………… (36)
第三节 施工项目材料管理 …………………………………………………… (40)
第四节 机械设备管理 ………………………………………………………… (42)
第五节 施工项目资金管理 …………………………………………………… (48)
第六节 施工项目技术管理 …………………………………………………… (54)

第四章 施工组织 ……………………………………………………………… (60)
第一节 施工组织研究的对象和任务 ………………………………………… (60)
第二节 施工组织的具体内容 ………………………………………………… (62)
第三节 流水施工的有关参数 ………………………………………………… (67)
第四节 等节拍专业流水 ……………………………………………………… (82)
第五节 异节拍专业流水 ……………………………………………………… (85)
第六节 无节奏专业流水 ……………………………………………………… (89)

第五章 网络计划技术 ………………………………………………………… (95)
第一节 概 述 ………………………………………………………………… (95)
第二节 双代号网络计划 ……………………………………………………… (97)
第三节 单代号网络 …………………………………………………………… (123)
第四节 单代号搭接网络计划 ………………………………………………… (136)
第五节 网络计划优化 ………………………………………………………… (148)
第六节 网络计划的进度管理 ………………………………………………… (162)

第六章 工程质量管理 ………………………………………………………… (167)
第一节 质量管理和质量保证标准简介 ……………………………………… (167)

第二节　质量体系的建立和运行…………………………………………(168)
　　第三节　质量手册………………………………………………………(172)
　　第四节　质量控制概述…………………………………………………(174)
　　第五节　质量管理基本方法……………………………………………(181)
第七章　施工项目成本管理…………………………………………………(192)
　　第一节　基本概念………………………………………………………(192)
　　第二节　施工项目成本预测……………………………………………(198)
　　第三节　施工项目成本计划……………………………………………(203)
　　第四节　施工项目成本控制……………………………………………(206)
第八章　施工安全管理………………………………………………………(210)
　　第一节　安全管理概述…………………………………………………(210)
　　第二节　事故理论………………………………………………………(212)
　　第三节　事故预防原理…………………………………………………(217)
　　第四节　危险控制………………………………………………………(224)
　　第五节　安全管理的基本原则…………………………………………(231)
　　第六节　施工安全管理措施……………………………………………(234)
参考文献………………………………………………………………………(238)

第一章 概 述

第一节 施工管理的有关概念

一、管理

1. 管理

管理,对施工单位来说,主要就是平衡人、机械、材料、操作方法、资金、技术和协调各方关系的活动,使其最大程度地发挥各自的能力。

2. 项目管理

项目管理是为使项目取得成功(实现所要求的质量、所规定的时限、所批准的费用预算)所进行的全过程、全方位的规划、组织、控制与协调。因此,项目管理的对象是项目。项目管理的职能同所有管理的职能均是相同的。需要特别指出的是,项目的一次性,要求项目管理的程序性和全面性,也需要科学性,主要是用工程的观念、理论和方法进行管理。项目管理的目标就是项目的目标。该目标界定了项目管理的主要内容,那就是"三控制、二管理、一协调",即进度控制、质量控制、费用控制、合同管理、信息管理和组织协调。

3. 建设项目管理

建设项目管理是项目管理的一类,其管理对象是建设项目。它可以定义为:在建设项目的生命周期内,用系统工程的理论、观点和方法,进行有效的规划、决策、组织、协调、控制等系统性的、科学的管理活动,从而按项目既定的质量要求、动用时间、投资总额、资源限制和环境条件,圆满地实现建设项目目标。建设项目的管理职能如下:

(1)决策职能。建设项目的建设过程是一个系统的决策过程,每一建设阶段的启动靠决策。前期决策对设计阶段、施工阶段及项目建成后的运行,均产生重要影响。

(2)计划职能。这一职能可以把项目的全过程、全部目标和全部活动都纳入计划轨道,用动态的计划系统协调与控制整个项目,使建设活动协调有序地实现预期目标。正因为有了计划职能,各项工作都是可以预见的,是可控制的。

(3)组织职能。这一职能是通过建立以项目经理为中心的组织保证系统实现的。给这个系统确定职责,授予权力,实行合同制,健全规章制度,可以进行有效的运转,确保项目目标的实现。

(4)协调职能。由于建设项目实施的各阶段、相关的层次、相关的部门之间,存在着大量的结合部。在结合部存在着复杂的关系和矛盾,处理不好,便形成协作配合的障碍,影响项目目标的实现。故应通过项目管理的协调职能进行沟通,排除障碍,确保系统的正常运转。

(5)控制职能。建设项目的主要目标的实现,是以控制职能为保证手段的。这是因为,偏离预定目标的可能性是经常存在的,必须通过决策、计划、协调、信息反馈等手段,采用科学的管理方法,纠正偏差,确保目标的实现。目标有总体的,也有分目标和阶段目标,各项目标组成一个体系,因此,目标的控制也必须是系统的、连续的。建设目标管理的主要任务就是进行目标控制。其主要目标是投资、进度和质量。

建设目标的管理者应当是建设活动的参与各方组织,包括业主单位、设计单位和施工单位。一般由业主单位进行工程项目的总管理,即全过程的管理;该管理包括从编制项目建议书至项目竣工验收交付使用的全过程。由设计单位进行的建设项目管理一般限于设计阶段,称为设计项目管理。由施工单位进行的项目管理一般为建设项目的施工阶段,称为施工项目管理。由业主单位进行的建设项目管理如果委托给社会监理单位进行监督管理,则称为工程项目建设监理。因此,工程项目建设监理是建设监理单位受业主单位委托,按合同为业主单位进行的项目管理。亦即一般由监理单位进行实施的项目管理。

4. 施工项目管理

施工项目管理是由建筑施工企业对施工项目进行的管理。它主要有以下特点:

(1)施工项目的管理者是建筑施工企业。建设单位和设计单位都不进行施工项目管理。由业主单位或监理单位进行工程项目管理中涉及到的施工阶段管理仍属建设项目管理,不能算作施工项目管理。监理单位把施工单位作为监督对象,虽与施工项目管理有关,但不能算作施工项目管理。

(2)施工项目管理的对象是施工项目。施工项目管理的周期也就是施工项目的生命周期,包括工程投标、签订工程项目承包合同、施工准备、施工以及交工验收等。施工项目的特点给施工项目管理带来了特殊性。施工项目的特点是多样性、庞大性,施工项目管理的最主要的特殊性是生产活动与市场交易活动同时进行;先有交易活动,后有"产成品"(工程项目);买卖双方都投入生产管理,生产活动和交易活动很难分开。所以施工项目管理是对特殊的商品、特殊的生产活动,在特殊的市场上进行特殊的交易活动的管理,其复杂性和艰难性都是其他生产管理所不能比拟的。

(3)施工项目管理的内容是在一个长时间进行的有序过程之中,按阶段变化的。每个工程项目都按建设程序进行,也按施工程序进行,从开始到结束,要经过几年到几十年的时间。随着施工项目管理时间的推移带来了施工内容的变化,因而也要求管理内容随之发生变化。准备阶段、基础施工阶段、结构施工阶段、装修施工阶段、安装施工阶段、验收交工阶段,管理的内容差异很大。因此,管理者必须做出设计、签订合同、提出措施,进行有针对性的动态管理,并使资源优化组合,以提高施工效率和施工效益。

(4)施工项目管理要求强化组织协调工作。由于施工项目的生产活动的单件性,对产生的问题难以补救或虽可补救但后果严重;由于参与项目施工人员不断在流动,需要采取特殊的流水方式,组织工作量很大;由于施工在露天进行,工期长,需要的资源多;还由于施工活动涉及到复杂的经济关系、技术关系、法律关系、行政关系和人际关系等,故施工项目管理中的组织协调工作最为艰难、复杂、多变,必须通过强化组织协调的方法才能保证施工顺利进行。主要的强化方法是优选项目经理,建立调度机构,配备称职的调度人员,努力使调度工作科学化、信息化,建立起动态的控制体系。

(5)施工项目管理与建设项目管理是不同的。首先是管理的任务不同,其次是管理的内容不同,第三是管理的范围不同,其不同点见表1-1。

表1-1 施工项目管理与建设项目管理的区别

区别特征	施工项目管理	建设项目管理
管理任务	生产出建筑安装产品,取得利润	取得符合要求的,能发挥应有效益的固定资产
管理内容	涉及从投标开始到交工为止的全部生产组织与管理及维修	涉及投资周转和建设的全过程的管理
管理范围	由工程承包合同规定的承包范围,是建设项目、单项工程或单位工程的施工	由可行性研究报告确定的所有工程,是一个建设项目
管理的主体	施工企业	建设单位或其委托的咨询监理单位

二、施工项目的概念

1. 项目

项目是指那些作为管理对象,按限定时间、预算和质量标准完成的一次性任务。其特征如下:

(1)项目的一次性。项目的一次性是项目的最主要特征,也可称为单件性。指的是与此完全相同的另一项任务,其不同点表现在任务本身与最终成果上。但只有认识项目的一次性,才能有针对性地根据项目的特殊情况和要求进行管理。

(2)明确的目标性。项目的目标有成果性目标和约束性目标。成果性目标是指项目的功能性要求,如一座混凝土搅拌站的搅拌能力及其技术经济指标。约束性目标是指限制条件,期限、预算、质量都是限制条件。

(3)管理对象的整体性。一个项目是一个整体管理对象,在配置生产要素时,必须以总体效益的提高为标准,做到数量、质量、结构的总体优化。由于内外环境是变化的,所以管理和生产要素的配置是动态的。

每个项目都必须具备上述三个特征,缺一不可。重复的、大批量的生产活动及其成果,不能称作"项目"。项目的种类按其最终成果划分,有建设项目、科研开发项目、设备安装及维修项目等。

2. 建设项目

建设项目是项目中最重要的一类。一个建设项目就是一项固定资产投资项目,既有基本建设项目(新建、扩建等扩大生产能力的建设项目),又有技术改造项目(以节约、增加产品品种、提高质量、治理"三废"、劳动安全为主要目的的项目)。建设项目是指需要一定量的投资,经过决策和实施(设计、施工等)的一系列程序,在一定的约束条件下形成固定资产为明确目标的一次性事业。建设项目有以下基本特征:

(1)在一个总体设计或初步设计范围内,有一个或若干个互相有内在联系的单项工程所组成的建设中实行统一核算、统一管理的建设单位。

(2)在一定的约束条件下,以形成固定资产为特定目标。约束条件:一是时间约束,即一个建设项目有合理的建设工期目标;二是资源约束,即一个建设项目有一定的投资总量目标;三是质量约束,即一个建设项目都有预期的生产能力、技术水平或使用效益目标。

(3)需要遵循必要的建设程序和经过特定的建设过程。即一个建设项目从提出建设的设想、建议、方案选择、评估、决策、勘察、设计、施工一直到竣工、投产或投入使用,是一个有序的全过程。

(4)按照特定的任务,具有一次性特点。主要表现在投资的一次性、建设地点的固定性、设计的单一性和施工单件性。

(5)具有投资限额标准。只有达到一定限额投资的项目才作为建设项目,达不到限额标准的称为零星固定资产购置。随着改革开放,这一限额将逐步提高,如投资50万元以上的项目称为建设项目。

3. 施工项目

施工项目是建筑施工企业对一个建筑产品的施工过程及成果,也就是建筑施工企业的生产对象。它可能是一个建设项目的施工,也可能是其中的一个单项工程或单位工程的施工。因此,施工项目具有三个特征:

(1)它是建设项目或其中的单项工程或单位工程的施工任务。

(2)它作为一个管理集体,是以建筑施工企业为管理主体的。

(3)该任务的范围是由工程承包合同界定的。但只有单位工程、单项工程和建设项目的施工才谈得上是项目,因为单位工程才是建筑施工企业的产品。分部、分项工程不是完整的产品,因此也不能称作"项目"。如一个基础工程施工,对基础公司来说,只能叫做一个工程,而不能叫做一个"项目"。

第二节 建设项目的建设程序

一、中国的建设程序

建设项目的建设程序习惯称作基本建设程序。建设项目按照建设程序进行建设是社会经济规律的要求,也是建设项目的技术经济规律的要求,也是由建设项目的复杂性(环境复杂、涉及面广、相关环节多、多行业多部门配合)决定的。我国建设程序分为六个阶段,即项目建议书阶段、可行性研究阶段、设计工作阶段、建设准备阶段、建设实施阶段和竣工验收阶段。其中项目建议书阶段和可行性研究阶段称为"前期阶段"或决策阶段。

1. 项目建议书阶段

项目建议书阶段是业主单位向国家提出的要求建设某一建设项目的建议文件,是对建设项目的轮廓设想,是从拟建项目的必要性及大方面可能性加以考虑的。在客观上,建设项目要符合国民经济长远规划,符合部门、行业和地区规划的要求。

2. 可行性研究阶段

项目建议书经批准后,应紧接着进行可行性研究。可行性研究是对建设项目在技术上和经济上(包括微观效益和宏观效益)是否可行进行科学分析和论证工作,是技术经济的深入论证阶段,为项目决策提供依据。

可行性研究的主要任务是通过多方案比较,提出评价意见,推荐最佳方案。

可行性研究的内容可概括为市场(供需)研究、技术研究和经济研究三项。具体来说,工业项目的可行性研究的内容是:项目提出的背景、必要性、经济意义、工作依据与范围,需要预测和拟建规模,资源材料和公用设施情况,建厂条件和厂址方案,环境保护,企业组织定员及培训,实际进度建议,投资估算数和资金筹措,社会效益及经济效益。在可行性研究的基础上,编制可行性研究报告。

可行性研究报告经批准后,是初步设计的依据,不得随意修改和变更。如果在建设规模、产品方案、建设地区、主要协作关系等方面有变动以及突破投资控制数时,应经原批准机关同意。

按照现行规定,大众型和限额以上项目可行性研究报告经批准后,项目可根据实际需要组成筹建机构,即组织建设单位。但一般改、扩建项目不单独设筹建机构,仍由原企业负责筹建。

3. 设计工作阶段

一般项目进行两个阶段设计,即初步设计和施工图设计。技术上比较复杂而又缺乏设计经验的项目,在初步设计阶段后加技术设计和施工图设计。

(1)初步设计。是根据可行性研究报告的要求所做的具体实施方案,目的是为了阐明在指定的地点、时间和投资控制数额内,拟建项目在技术上的可能性和经济上的合理性,并通过对工程项目所作出的基本技术经济规定,编制项目总概算。

初步设计不得随意改变被批准的可行性研究报告所确定的建设规模、产品方案、工程标准、建设地址和总投资等控制指标。如果初步设计提出的总概算超过可行性研究报告总投资的10%以上或其他主要指标需要变更时,应说明原因和计算依据,并报可行性研究报告原审批单位同意。

(2)技术设计。是根据初步设计和更详细的调查研究资料编制的,进一步解决初步设计中的重大技术问题,如工艺流程、建筑结构、设备选型及数量确定等,以使建设项目的设计更具体、更完善,技术经济指标更好。

(3)施工图设计。施工图设计必须具体完整地表现建筑物外型、内部空间分割、构造状况以及建筑群的组成和周围环境的配合,具有详细的构造尺寸。它还包括各种运输、通讯、管道系统、建设设备的设计。在施工图设计阶段应编制施工图预算。

4. 建设准备阶段

(1)预备项目。初步设计已经批准的项目,可列为预备项目。国家的预备项目计划,是对列入部门、地方编报的年度建设预备项目计划中的大中型和限额以上的项目,经过从建设总规模、生产力总布局、资源优化配置以及外部协作条件等方面进行综合平衡后安排和下达的。预备项目在进行建设准备过程中的投资活动,不计算建设工期,统计上单独反映。

(2)建设准备的内容。建设准备的主要工作内容包括:①征地、拆迁和场地平整;②完成施工用水、电、路等工程;③组织设备、材料订货;④准备必要的施工图纸;⑤组织施工招标投标,择优选定施工单位。

(3)报批开工报告。按规定进行了建设准备和具备了开工条件以后,建设单位要求批准新开工要经国家计委统一审核编制年度大中型和限额以上建设项目新开工计划报国务院批准。部门和地方政府无权自行审批大中型和限额以上建设项目的开工报告。年度大中型和限额以上新开工项目经国务院批准,国家计委下达项目计划。

5. 建设实施阶段

建设项目经批准开工建设,项目便进入了建设实施阶段。这是项目决策的实施、建成投产、发挥效益的关键环节。新开工建设的时间,是指建设项目设计文件中规定的任何一项永久性工程第一次破土开槽开始施工的日期。不需要开槽的,正式开始打桩日期就是开工日期。铁道、公路、水库等需要进行大量土、石方工程的,以开始进行土、石方工程日期作为正式开工日期。分期建设的项目,分别按各期工程开工的日期计算。施工活动应按设计要求、合同条款、预算投资、施工程序和顺序、施工组织设计,在保证质量、工期、成本计划等目标的前提下进行,达到竣工标准要求,经过验收合格后,移交给建设单位。

在实施阶段还要进行生产准备。生产准备是项目投产前由建设单位进行的一项重要工作。它是衔接建设和生产的桥梁,是建设阶段转入生产经营的必要条件。建设单位应适时组成专门班子或机构做好生产准备工作。

根据企业的不同,生产准备工作的内容各异,总的来说,一般包括以下内容:

(1)组织管理机构,制定管理制度和有关规定。
(2)培训生产人员,组织生产人员参加设备的安装、调试和工程验收。
(3)进行原料、材料、协作产品、燃料、水、电等供应及运输的准备。
(4)进行工具、器具、备品、备件等的加工制造或订货。
(5)其他必需的生产准备。

6. 竣工验收阶段

当建设项目按设计文件规定的内容全部施工完成以后,便可组织验收。竣工验收是建设全过程的最后一道程序,是投资成果转入生产或作用的标志,是建设单位、设计单位和施工单位向国家汇报建设项目的生产能力或效益、质量、成本、收益等全面情况及交付新增固定资产的过程。竣工验收对促进建设项目及时投产,发挥投资效益及总结建设经验,都有重要作用。通过竣工验收,可以检查建设项目实际形成的生产能力或效益,也可避免项目建成后继续消耗建设费用。

二、国外的建设程序

国外工程的建设程序与我国的基本相似,大致可划分为四个阶段:项目决策阶段;项目组织、计划、设计阶段;项目实施阶段;项目试生产、竣工验收阶段(图1-1)。具体介绍如下:

1. 决策阶段

本阶段的主要目标是通过投资机会的选择、可行性研究、项目评估和报请主管部门审批,对项目投资的必要性、可能性,以及为什么要投资、何时投资、如何实施等重大问题,进行科学论证和多方案比较。也即是为作投资前期准备而进行初步可行性研究和可行性研究。本阶段工作量不大,但它是投资决策,是投资者最重视的环节,因为它对项目的长远经济效益和战略方向起着决定作用。

2. 项目组织、计划与设计阶段

本阶段的主要工作包括:

(1)项目初步设计和施工图设计。
(2)项目实施总体计划的制定。

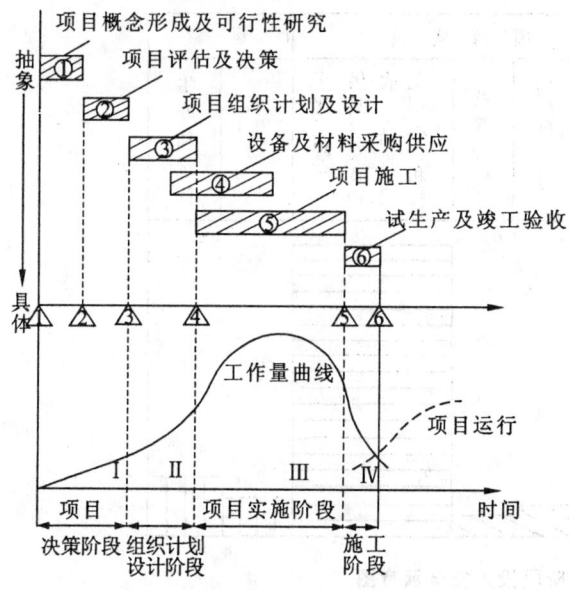

图1-1 国外工程项目周期及阶段划分

(3)项目征地及建设条件的准备。
(4)通过招标,优选承包商。
(5)签订项目承包合同。

本阶段是战略的具体化,它在很大程度上决定了项目实施的成败及预期效益目标。

3. 项目实施阶段

本项目的主要任务是将图纸变成项目实体。在这一阶段,通过施工,在规定的工期、要求的质量和限定造价范围内,按设计要求高效率地实现项目目标。本阶段在项目周期中工作量最大,投入的人力、物力和财力最多,项目管理的难度也最大,因此,它是项目管理的重点阶段。

4. 项目试生产、竣工验收阶段

本阶段应完成项目的竣工验收、连动试车及试生产。项目试生产正常并经业主认可后,项目建设即告结束。但从项目管理的角度看,在项目维修期内,仍要进行项目管理。以上是粗略的阶段划分,它还可以逐级分解展开。图1-2是各阶段投入资金情况示意图。

三、施工项目管理在建设程序中的地位

在建设程序中,不管是在我国,还是在国外,施工阶段具有特别重要的地位,因而施工项目管理便具有特殊的意义。

(1)施工阶段,是由图纸转化为产品的重要阶级,是实现由精神到物质的飞跃。
(2)在建设程序中,施工阶段是唯一的生产活动阶段,在这一阶段,有广泛的社会性、技术性和经济性,它与国民经济的发展有着密切联系。
(3)施工阶段是投资最多、所需资源最多的阶段,在这一阶段中,节约的潜力是巨大的。

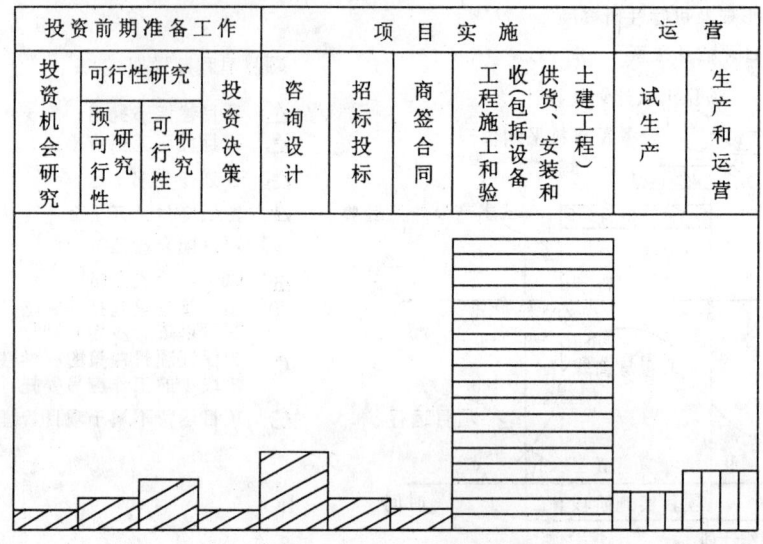

图 1-2 各阶段投入资金示意图

(4) 施工阶段花费的时间最长,因此要面对时间带来的变化,变化要求动态管理。

施工项目管理所面临的对象和内容均有很大的特殊性,只有进行科学的施工项目管理,才能处理好这些特殊性,取得好的经济效益。同时,要求施工项目管理要处理好施工与建设程序中其他阶段的各种关系,做到衔接适当、自成体系。

第三节 施工管理的内容和方法

一、施工项目寿命周期

施工项目寿命周期,可分五个阶段。

1. 投标、签约

项目建设单位(即业主单位)对建设项目进行设计和建设准备,当具备了招标条件以后,便发出招标广告(或邀请函),施工单位见到招标广告或接到邀请函后,从作出投标决策到中标签约,实质上便是在进行施工项目的工作。这是施工项目寿命周期的第一阶段,可称为立项阶段。本阶段的最终管理目标是签订工程承包合同。这一阶段主要进行以下工作:

(1) 建筑施工企业作出是否投标争取承包该项目的决策,即投标决策。

(2) 决定投标以后,进行多方面的调察研究,尽可能获得大量(企业自身、相关单位、市场、现场等)信息。

(3) 编制有竞争力可望中标的投标书。

(4) 如果中标,则与招标方进行谈判,依法签订工程承包合同,使合同符合国家法律、法规和国家计划,符合平等互利、等价有偿的原则。

2. 施工准备

施工单位与招标单位签订了工程承包合同,交易关系便正式确立。施工单位应组建项目经理部,然后以项目经理为主,与企业经营层和管理层、业主单位进行配合,进行施工准备,使工程具备开工和连续施工的基本条件。这一阶段主要进行以下工作:

(1)成立项目经理部,根据工程管理的需要建立项目经理部机构,配备相应管理人员。

(2)编制施工组织设计,包括施工方案、施工进度计划和施工平面图,用以指导施工准备和施工。

(3)制定施工项目管理规划,以指导施工项目管理活动。

(4)进行施工现场准备,包括施工设备、现场布置等准备,使现场具备施工条件,以利于进行文明施工。

(5)编写开工申请报告,待批开工。

3. 施工

这是一个自开工至竣工的实施过程。在这一过程中,项目经理部既是决策机构,又是责任机构。经营管理层、业主单位、监理单位的作用是支持、监督与协调。这一阶段的目标是完成合同规定的全部施工任务,达到验收、交工的任务。这一阶段主要进行以下工作:

(1)按施工组织设计的安排进行施工。

(2)在施工中努力作好动态控制管理,保证质量目标、进度目标、造价目标和安全目标的实现。

(3)搞好施工现场管理,实行文明施工。

(4)严格履行工程承包合同,处理好内外关系,准备好合同变更及索赔等有关资料。

(5)作好记录、协调、检查、分析等工作。

4. 验收、交工与结算阶段

这一阶段可称作"结束阶段"。与建设项目的竣工验收阶段协调同步进行。其目标是对项目成果进行总结、评价,对外结清债权债务,结束交易关系。本阶段主要进行以下工作:

(1)工程收尾。

(2)进行试运行。

(3)在预测的基础上接受正式验收。

(4)整理、移交竣工文件,进行财务结算,总结工作,编制竣工总结报告。

(5)办理工程交付手续。

(6)项目经理部解体。

5. 保修服务

这是施工项目管理的最后阶段,即在交工验收后,按合同规定的责任期进行用后服务、回访与保修,其目的是保证使用单位正常使用,发挥效益。在该阶段中主要进行以下工作:

(1)为保证工程正常使用而做必要的技术咨询和服务。

(2)进行工程回访,听取使用单位意见,总结经验教训,观察使用中的问题,进行必要的维护、维修和保修。

(3)进行沉陷、抗震性能等观察,以服务于宏观事业。

二、施工项目管理的内容与方法

(一)施工项目管理的内容

在施工项目管理的全过程中,为了取得各阶段目标和最终目标的实现,在进行各项活动中,必须加强管理工作。必须强调,施工项目管理的主体是以施工项目经理为首的项目经理部,即作业管理层,管理的客体是具体的施工对象、施工活动及相关生产要素。

1. 建立项目施工管理组织

(1)由施工企业采用适当的方式选聘称职的施工项目经理。

(2)根据施工项目组织原则,选用适当的组织形式,组建施工项目管理机构,明确责任、权限和义务。

(3)在遵守企业规章制度的前提下,根据施工项目管理的需要,制订施工项目管理制度。

2. 进行施工项目管理规划

施工项目管理规划是对施工项目管理组织、内容、方法、步骤、重点进行预测和决策,作出具体安排的纲领性文件。施工项目管理规划的内容主要有:

(1)进行工程项目分解,形成施工对象分解体系,以便确定阶段控制目标,从局部到整体地进行施工活动和进行施工项目管理。

(2)建立施工项目管理工作体系,绘制施工项目管理工作体系图和施工项目管理工作信息流程图。

(3)编制施工管理规划,确定管理要点,形成执行文件,即施工组织设计。

3. 进行施工项目的目标控制

施工项目的目标有阶段性目标和最终目标。实现各项目标是施工项目管理的目的所在。因此应进行全过程的科学控制。施工项目的控制目标有:

(1)进度控制。

(2)质量控制。

(3)成本控制。

(4)安全控制。

(5)施工现场控制。

由于在项目的施工过程中,会不断受到各种客观因素的干扰,有随时发生各种风险的可能性,故应通过组织协调和风险管理,对施工项目目标进行动态控制。

4. 项目生产要素的优化配置和动态管理

施工项目的生产要素是施工项目目标得以实现的保证,主要包括:劳动力、材料、设备、资金和技术(即 5M)。生产要素管理的内容包括如下三项:

(1)分析各项生产要素的特点。

(2)按照一定原则、方法对施工项目生产要素进行优化配置,并对配置状况进行评价。

(3)对施工项目的各项生产要素进行动态管理。

5. 施工项目的合同管理

由于施工项目管理是在市场经济条件下进行的特殊交易活动的管理,这种交易活动从招标开始到交付使用的全过程,必须依法签订合同,进行履约经营。合同管理的好坏直接涉及项目管理及施工的技术经济效益和目标的实现。因此,从招标开始,就要加强工程承包合同的签订和履行的管理。合同管理是一项执法、守法活动,市场有国内市场和国际市场,因此合同管理势必涉及国内和国际上有关法规和合同文本、合同条件,在合同管理中应给予高度重视。为了取得经济效益,还必须注意搞好索赔,并讲究索赔方法和技巧,提供充分的证据。

6. 施工项目的信息管理

现代化管理要依靠信息。施工管理项目是一项复杂的现代化的管理活动,更要依靠大量信息及对大量信息的管理。所以,进行施工项目管理和施工项目目标控制、动态管理,必须依靠信息管理,并应用电子计算机进行辅助管理。

(二)施工项目管理方法的分类

(1)按管理目标划分,施工项目管理方法有进度管理方法、质量管理方法、成本管理方法、安全管理方法、现场管理方法等。

(2)按管理方法的量性分类,施工项目管理方法有定性方法、定量方法和综合管理方法。

(3)按管理方法的专业性质分类,施工项目管理方法有行政管理方法、经济管理方法、技术管理方法和法律管理方法等。这是最常用的具体分类方法。

所谓行政管理方法,是指上级单位及上级领导人,包括项目经理和智能部门,利用其行政上的地位和权力,通过发布指令,进行指导、协调、检查、考核、激励、审批、监督、组织等手段进行管理的方法。它的优点是直接、迅速、有效,但应注意科学性,防止武断、主观、官僚主义和命令主义的瞎指挥。一般来说,用行政方法进行施工项目管理,应做到指令少些,指导要多些。项目经理应主要使用行政管理方法。

施工项目管理的经济方法是指用经济类手段进行管理,如实行经济承包责任制,编制项目资金收支计划,制订经济分配与激励办法以调动积极性。

施工项目的法律管理方法主要是通过贯彻有关建设法规、制度、标准等加强管理。合同是依法签订的明确双方权利、义务关系的协议,广泛用于施工项目管理进行履约经营,故亦属法律方法。在市场经济中,这是最重要的法律管理方法。

施工项目管理中可用的技术管理方法是大量的。最重要的适用方法有:网络计划方法、价值工程方法、数理统计方法、信息管理方法、线性规划方法、ABC分类方法、目标管理方法、行为科学和领导科学、控制论、系统分析方法等。技术管理方法是管理中的硬方法,以定量方法居多,有少量定性方法,其科学性更高,管理效果更好,并有利于信息管理。

第二章 工程承包合同管理

第一节 合同管理概述

一、有关概念

1. 合同

合同亦称"契约",是双方(或数方)当事人依法订立的有关权利及义务的协议,对当事人具有约束力。

2. 经济合同

经济合同是指平等民事主体的法人、其他经济组织、个体工商相互之间,为实现一定经济目的,明确相互权利义务关系而订立的合同。经济合同除具有一般合同的特征以外,还有自己的特征:

(1)经济合同对当事人有特定要求。经济合同是从事市场经营活动的平等民事主体之间横向财产、经济关系的法律的表现形式。因此,订立经济合同的当事人应是具有法人资格的社会组织,或者是具有生产经营资格的其他经济组织或个人。

(2)经济合同是当事人之间的经济协议。首先经济合同的内容是经济性的,经济合同确认的是经济流转过程中的商品货币关系,合同规定的当事人的权利、义务及违约责任都是经济性的。其次,订立经济合同的当事人都有一定的经济目的。合同当事人一方或双方订立经济合同是为进行生产经营或完成某种任务的需要,没有任何一方当事人在订立合同时的直接目的是满足自身个人生活消费的。

(3)经济合同是双向有偿合同。经济合同所反映的商品交换关系,是建立在平等互利基础上的,每一方当事人都要为自己所得到的财产或其他经济利益向对方偿付相应的代价,双方当事人的权利义务是对等的,除非法律有规定,当事人一方享有权利必须承担相应的义务。

(4)一般采用书面形式。

3. 建设工程承包合同

建设工程承包合同是发包方与承包方之间为完成特定的工程项目,明确相互权利、义务关系的协议。合同规定由承包方(勘察、设计、建筑、安装单位)按期保质保量地完成发包方(建设单位)交付的、有特定标准的基建工作,发包方按期接受勘察设计文件和验收竣工工程,并支付勘察设计费和工程价款或报酬。建设工程承包合同是勘察、设计、建筑、安装四种合同的总称。

中华人民共和国建设部和国家工商行政管理局于1999年就《建设工程施工合同》制订了

一个标准通用格式,即《示范文本》。其中分为三大部分,即协议书部分、通用条款部分和专用条款部分。

第一部分的协议书部分由工程概况、工程承包范围、合同工期、质量标准、合同价款、组成合同的文件、承包人向发包人的承诺、支付合同价款的方式和期限及合同生效条款等组成。这一部分是某一工程的具体核心的法律内容。

第二部分的通用条款基本为每个工程皆应遵守的公共法律条款,是按一般惯例、双方平等的前提下的双向约束。

第三部分是对适用标准及规范、图纸、双方权利和义务、施工组织设计和工期、质量与验收、安全施工、合同价款与支付、材料设备供应、工程变更、竣工验收与估算、违约、索赔和争议及其他内容如工程分包、保险、合同份数等具体内容由双方具体协商,以合同的形式固定下来的内容。

二、合同管理的意义

1. 工程建设合同管理概述

合同管理是工程建设管理中一项十分重要的内容,在任何工程项目的建设过程中,其主体行为必定形成各方面的社会关系,如政府建设管理机关、项目法人、设计单位、施工单位、监理单位等。其中,除政府管理机关是依法律、法规对工程建设主体行为行使行政监督管理外,其他各方面社会关系都是通过"合同"这一契约关系形成的,如设计有设计的委托合同,施工有工程建设施工合同,监理有监理委托合同等。

在工程建设活动中的投资控制、进度控制、质量控制三大控制,都是在受合同保护和制约下进行的。

工程建设合同管理知识涉及面广、综合性强,因此,作为一名合格的工程管理人员,必须学会按照"以法律为准绳,以合同为核心"的原则,掌握工程建设合同管理的专门知识和技能,以做好工程项目的管理工作。

为什么要订立合同,发包人与承包人之间在履行合同时发生争议又如何解决呢?

首先是和解或者要求有关主要部门调解。当事人不愿和解、调解或和解、调解不成的,双方可以在专用条款内约定以下一种方式解决争议:

第一种解决方式:双方达成仲裁协议,向约定的仲裁委员会申请仲裁。

第二种解决方式:向有关辖权的人民法院起诉。

2. 工程建设合同管理的意义

加强工程建设合同管理是建立法制的需要,工程建设合同是工程产品的交换的法律形式,是规范建筑市场主体间设定的权利、义务等法律行为的法律依据——从法律角度对工程承包活动作出预测,提出避免法律风险的方法,增强企业应变、发展和竞争的能力。因此,加强合同管理,自觉提高履行合同的义务意识,从而可达到为维护建筑市场秩序的目的。同时,加强合同管理也有利于开放国际建筑市场,特别是加入世贸组织后,建筑业将迅猛地发展,这更需要有一个健全建筑市场的法规体系。

加强工程建设合同管理是提高企业经济效益的需要。建筑企业在市场经济竞争中,要不断地创造利润,提高经济效益,其重要途径之一就是要加强合同管理,合同管理涉及面广,因此,它既是基础管理,又是效益管理。

所谓基础管理,是指企业在开拓工程建设项目承包时,市场信息的先导、计划制定的依据等管理工作,当合同管理不当时,企业对内、对外的一切工程建设活动就失去了基础。

所谓效益管理,是对建筑企业的一系列经济活动进行有效的组织、监督、检查,以保证企业正常施工和正常结算的管理过程。

3. 工程建设合同管理的目的

建立社会主义市场经济,就是要建立完善的社会主义法律经济,在工程建设领域中,首先要加强建筑市场的法制建设,健全建筑市场的法规体系,以保证市场的繁荣和建筑业的发达。同时,加强建筑市场的法制建设也有利于开放国际建筑市场,特别是加入WTO后,建筑业将得到迅猛的发展,这更需要有一个健全的建筑市场的法规体系。

4. 工程建设合同管理的依据

工程建设合同管理,是对工程建设项目有关的各类合同,从条件的拟定、协商、签署、执行情况的检查和分析等进行科学管理,通过管理实现工程项目"三控制"的任务要求。所以讲,工程合同管理是控制工程质量、进度和造价的重要依据。

三、法人制度

1. 法人概念

我国《民法通则》规定:法人是具有民事权利能力和民事行为能力,依法独立享有民事权利和承担民事义务的组织。同时应具备以下四个条件:

(1)依法成立的组织;
(2)有必要的财产或经费;
(3)有自己的名称、组织机构和场所;
(4)能够独立承担民事责任。

2. 法人的分类

(1)企业法人和非企业法人。

企业法人——以营业为目的的经济组织。

非企业法人——非营利性、从事文教、卫生等,含社会团体。

(2)社团法人和财团法人。

社团法人——由一定的成员集合而组成的法人,可以是营利的,也可以是公益的。

财团法人——由财产的集合而组成的法人。

四、施工合同的特点及作用

(一)施工合同的特点

1. 合同标的特殊性

(1)施工合同的标的是各类建筑产品。建筑产品的基础部分与大地相连,不能移动,因此决定了施工合同标的的特殊性。

(2)建筑产品的类别庞杂(其外观、结构、使用目的不同),所以,建筑产品都需单独设计和施工,即建筑产品是单体性生产,这也决定了施工合同标的的特殊性。

2. 合同履行的长期性

建筑物的施工由于结构复杂、体积大、建筑材料类型多、工作量大,这样,就需要较长的施工工期,同时,在施工过程中还可能因为不可抗力、工程变更、材料供应不及时等原因而导致工期顺延,这些情况决定了施工合同的履行期限具有长期性的特点。

3. 合同内容的多样性和复杂性

虽然合同的当事人只有两方,但它涉及到的主体却有许多种。与大多数经济合同相比较,施工合同的履行期限长、标的额大、涉及的法律关系多,如劳动关系、保险关系、运输关系等,同时,施工合同除了应具备经济合同的一般条款外,还需有其他的专用条款、协议等。

4. 合同管理的严格性

(1)合同签订管理的严格性:签订施工合同必须经过严格的审批程序,还要得到相关部门,如规划、环保等部门的批准。

(2)合同履行管理的严格性:在施工合同的履行过程中,除了合同当事人、监理工程师要对合同进行严格管理外,经济合同主管部门、金融机构、建设行政主管机关,都要对施工合同的履行进行监督和管理。

(3)合同主体管理资料的严格性:国家对施工合同的主体有严格的管理制度,如发包方必须具备组织协调能力;承包方必须具备有关部门核定的资质等级并持有营业执照等证明文件。

(二)施工合同的作用

1. 明确建设单位和施工企业在施工中的权利和义务

施工合同一旦签订,即具有法律效力。这是双方在履行合同中的行为准则,双方都应以施工合同为行为的依据。双方应认真履行各自的义务,任何一方无权随意变更或解除施工合同;任何一方违反合同规定的内容,都必须承担相应的法律责任。

2. 有利于对工程施工的管理

施工合同是合同当事人(发包方和承包方)履行合同约定的依据。同时,有关国家机关、金融机构要对工程施工进行监督和管理,施工合同也是其重要依据。

3. 有利于建筑市场的培育和发展

在市场经济条件下,合同是维持市场运转的主要因素,因此,培育和发展建筑市场,首先要培育合同(契约)意识。推行建设监理制度、实行招投标制等,都是以签订施工合同为基础。

4. 是推行监理的依据和推行监理制的需要

监理单位对工程建设的监理是以订立的施工合同为前提和基础的。建设单位一经委托监理单位对发包工程实行监理,则监理单位对工程进行监督的依据也就是施工合同。

五、施工合同的分类

施工合同的分类见表2-1。

表 2-1 施工合同的分类

类别		内容
按合同计价方式进行分类	单位合同	它是指整个合同期执行同一合同单价,而工程量则按实际完成数量进行计算的合同
	总价合同	它要求投标者按照招标文件的要求,对工程建设报一个总价。它主要适用于工程风险和工程规模都不太大的工程项目
	成本加酬金合同	它是由建设单位向施工企业支付工程项目的实际成本,并按事先约定的某一种方式支付酬金的合同类型。在这类合同中,建设单位需承担工程建设实际发生的一切费用,因此,也就承担了项目的全部风险
按施工内容进行分类		根据建设工程种类的不同,可将施工合同可以分为土木施工合同、设备安装施工合同,管道线路敷设施工合同等
按承包单位的数量进行分类		根据承包单位数量的不同,可将施工合同分为总承包施工合同和分承包施工合同

第二节 工程承包合同的签订和履行

一、合同谈判

1. 目的

业主:

(1)了解报价构成,进一步压价;

(2)了解和审查施工规划和技术措施是否合理,班子是否有力,对质量和进度是否有保证;

(3)听取建议,以便修改设计方案、图纸、规范。

承包商:

(1)争取中标,进一步宣传自己;

(2)争取合理价格;

(3)争取改善合同条款。

2. 谈判的内容

(1)关于工程范围:做到范围清楚、责任明确,防止报价漏项;

(2)关于合同文件:①修改和补充意见作为"附录"补充进条款中;②对业主质疑的,书面答复或通知,可作为合同组成部分(考虑到计价和索赔的依据);③"图纸要经双方签字认可,方可作为合同文件",防止业主借补充图纸增加工程量;④对于付款和结算工程量及价格清单,应经双方签字;⑤签字前要检查。

(3)关于双方的一般义务:①履约保证,应商讨一个双方及银行皆能接受的保函银行(争取由中国银行直接开业保函);②工程保险:合同中以不作国别限制为佳;③不可预见因素(如自然和人为的)应取得、可取得合理费用的条款;

(4)关于劳务:不同地点有劳务价差,国外应由对方业主办理入境许可证等;

(5)关于材料和工艺:质检,用什么材料等,报业主工程报批要有时间限制,批准时间要限制。

(6)关于开工和工期:①对于业主影响开工的因素要列入合同中,如"三通一平";②施工中,变更设计或增加工程量,要延长工期;③拖延付款,影响工期要延长;④自然因素影响工期应由业主承担。

(7)关于工程维修:工程维修预留保修金的比例及结清时间。

(8)关于工程的变更和增减:变更要有限额,超过限额,承包商有权修改单价。

(9)关于施工机具、设备和材料。

(10)关于不可抗拒的特殊风险。

二、合同的签订

签订是双方意志达成统一的表现。业主和承包商的法人代表正式授权委托的全权代表签署后,合同即开始生效。

三、合同的履行

1. 准备工作

(1)人员和组织准备(成立项目班子、进施工队伍);
(2)施工准备(接受现场、领取资料、建造营地、准备设备、选购材料等);
(3)办理有关手续(施工许可证、保险、保函等);
(4)筹措资金;
(5)学习合同文件等。

2. 各方职责

(1)业主(派联络代表、施工前的移民、征地等准备工作、按计划付款、处理外围关系等);
(2)监理工程师(监督、管理和检查、协调现场关系、控制进度、质量、检查材料、审批记录、结算、耗款等);
(3)承包商(按要求施工、汇报工作进度情况、放样、测量、实验成果报批、制定安全措施、维修、保养设备、采购材料、机具、填写施工报表等)。

第三节 施工合同管理

一、施工合同的管理

施工合同的管理,是指各级工商行政机关、建设行政主管机关、金融机构对施工合同的管理,也包括建设单位(发包单位)、社会监理单位、承包企业依照法律和行政法规、规章制度,采取法律的、行政的手段,对施工合同关系进行组织、指导协调及监督,以保护施工合同当事人的合法权益,处理施工合同纠纷,防止、制裁违法行为,保证施工合同法规的贯彻实施等一系列活动。施工合同的管理可分为两个层次,第一层次为国家机关及金融机构对施工合同的管理;第二层次为建设工程施工合同当事人及监理单位等对施工合同的管理(表2-2)。

表 2-2 施工合同的管理

管理部门	内 容
国家机关及金融机构	宣传施工合同的法律、法规;指导和督促业务主管部门和企事业单位的施工合同管理工作,建立合同管理系统网络;督促施工合同的订立和履行;进行施工合同的鉴证和备案工作;查处违法施工合同等
建设行政主管机关	宣传贯彻国家有关经济合同方面的法律、法规和方针政策;对施工合同的签订进行审查,监督检查合同履行,依法查处违法行为;确定损失赔偿范围;调解施工合同纠纷
金融机构	对信贷管理、结算管理、当事人的账户管理
发包方和监理单位	1. 施工合同的签订管理:发包方或监理单位,应对承包方的资格、信贷和履行进行预审,并做好施工合同的谈判签订管理。 2. 施工合同的履行管理:①工期管理:按合同规定,要求承包方在开工前提出包括分月、分段进度计划,进行实际检查;对影响进度计划的因素进行分析,属于发包方的原因,应及时主动解决;属承包方的原因,应督促其迅速解决。②质量管理:检验工程使用的材料、设备质量;检验工程使用的半成品及构件的质量;按合同规定的规范、规程监督检验施工质量;按合同规定的程序验收隐蔽工程和需要中间验收工程的质量;验收单项竣工工程和全部竣工工程的质量。③费用管理:严格合同价款的管理,对预付工程款进行管理;对工程进行核实确认,进行工程款的结算和支付;对变更价款的确定。 3. 施工合同的档案管理:应做好施工合同的档案管理工作。项目全部竣工之后,应将全部文件加以系统整理,建档保管

二、《建设工程施工合同条件》的组成内容

国家建设部、国家工商行政管理局于1991年3月颁布了一份我国施工合同示范文本。这份施工合同示范文本由《建设工程施工合同条件》(简称《合同条件》)和《施工合同协议条款》(简称《协议条款》)两部分组成。《合同条件》是通用条款,它基本上适用于各类建设工程;《协议条款》是按《合同条件》的顺序拟定的,主要是为《合同条件》的修改补充而提供的一个协议的格式,承、发包双方针对工程实际情况,把对《合同条件》的修改补充和不予采用的一致意见按《协议条款》的格式形成的协议。

《合同条件》是由词语含义、合同文件、双方一般责任、施工组织设计和工期、质量管理与验收、合同价款与支付、材料设备供应、设计变更、竣工与结算、争议违约与索赔等内容所组成。

1. 词语含意

(1)发包方(简称甲方),是协议条款约定的、具有发包主体资格并被承包方接受的当事人;甲方驻工地代表,是甲方在条款中指定的代表人;

(2)承包方(简称乙方),是协议条款约定的、具有承包主体资格并被发包方接受的当事人;

(3)甲方驻工地代表,是甲方在条款中指定的代表人;

(4)社会监理,是甲方委托具备法定资格的工程监理单位或人员对工程进行的监理;

(5)总监理工程师,是工程监理单位委派的监理总负责人;

(6)工程质量监督部门,是国务院各有关部门、各级建设行政主管部门或其授权的工程质量监督机构;

(7)工程,是协议条款约定具体内容的永久工程;

(8)合同价款,是按有关规定或协议条款约定的各种取费标准计算的、用以支付乙方按照合同要求完成工程内容的价款总额;

(9)费用,是甲方在合同价款之外,需要直接支付的开支和乙方应负担的开支;

(10)工期,是协议条款约定的合同工期;

(11)开工日期,是协议条款约定的工程开工日期;

(12)竣工日期,是协议条款约定的工程竣工日期;

(13)书面形式,是根据合同发生的手写、打字、复写、印刷的各种通知、任命、委托、证书、签证、备忘录、会议纪要及经确认的电报、电传等;

(14)不可抗力,是指战争、动乱,或非甲乙双方责任造成的爆炸、火灾以及协议条款约定等级以上的风、雪、雨、地震等对工程造成损害的自然灾害。

2. 施工双方的一般责任

施工合同的一般责任分甲方代表、乙方驻工地代表、甲方工作、乙方工作四个方面。对双方一般责任确定的主要依据是《建筑安装工程承包合同条例》。

(1)甲方代表责任:按合同约定,及时向乙方提供所需指令、批准、图纸并履行其他约定的义务。

(2)乙方代表责任:按甲方代表批准的施工组织设计(或施工方案)和依据合同发出的指令组织施工。

(3)甲方工作:甲方应按条款约定的时间和要求,一次或分阶段完成土地征用;施工现场的三通一平;提供施工现场的工程地质和地下管线资料及水准点与坐标控制点并以书面形式交给乙方;组织图纸会审并向乙方进行图纸交底等。

(4)乙方工作:向甲方代表提供年、季、月工程进度计划及相应的统计报表和工程事故报告;按协议条款约定的数量和要求,向甲方代表提供在施工现场办公和生活的房屋及设施;遵守地方政府和有关部门对施工场地交通和施工噪声等的管理;保证施工现场的清洁程度符合规定。

三、合同中的进度、费用、质量的控制

(一)进度控制

进度控制,是施工合同管理的重要部分。合同当事人应在合同规定的工期内完成施工任务,为此,甲方代表(或总监理工程师)应当落实进度控制部门的人员,乙方应编制合理的施工进度计划,并落实人员对具体进度计划进行控制。

施工合同的进度控制可以分为施工准备阶段、施工阶段和竣工验收阶段三个部分。在示范文本中,确定了施工合同进度控制的有关内容。

1. 施工准备阶段

(1)双方约定合同工期:合同工期是施工合同工期的主要条款之一,合同工期是指从施工的工程起到完成施工合同协议条款双方约定的全部内容,工程达到竣工验收标准所经历的时间。在合同协议条款中约定的合同工期的具体方法有两种:一是约定具体的开工日期和竣工日期,竣工日期是根据包括休息日和法定节假日在内的总日历工期天数推算而得;另一种是不

明确规定开工日期和竣工日期,而是明确规定工期天数,同时,规定甲方代表发布开工令的日期作为开工日期。

(2)承包方提交计划进度:承包方在协议条款中除应写明承包方提交施工组织设计(或施工方案)的进度计划的要求和时间外,还应写明承包方应负的违约责任和违约金金额。

(3)甲方代表或监理工程师批准进度计划:对施工单位上报的进度计划,甲方代表或监理工程师应当按协议条款约定的时间,予以批准或提出修改意见,逾期不批复,可视为该施工组织设计和进度计划已批准。

(4)延期开工:延期开工有两种,一是承包方要求的延期开工。承包方要求延期开工应在协议条款约定的开工日期5天内,向甲方代表提出延期开工的理由和要求,甲方代表应在收到申请后的3天内答复承包方,如3天内不予以答复,可视为同意。经甲方代表同意的延期开工,不视为承包方违约;否则,应视为承包违约。二是发包方要求延期开工,发包方必须征得承包方同意,并以书面形式通知承包方后可推迟开工日期,但发包方应承担承包方因相应顺延工期造成的经济支出。

2. 施工阶段的进度控制

(1)监督进度计划的执行:承包方必须按批准的进度计划组织施工,并接受甲方代表对进度的检查、监督。甲方代表一般每月检查一次。同时,承包方必须提交一份上月进度实际执行情况报告和本月的施工计划。

(2)暂停施工:当工程师在确有必要时,可要求承包方暂停施工,并在提出要求后48小时内提出处理意见。承包人应当按工程师的要求停止施工,并妥善保护已完工程。如停工责任在甲方,由甲方承担经济支出,相应顺延工期;如停工责任在承包方,由承包方承担发生的费用。

(3)设计变更:①乙方对原设计变更须经甲方代表同意,并对:(a)变更超过原设计标准和规模时须经原设计和规划审核部门批准;(b)送原设计单位审查,并取得相应图纸和说明。②甲方对原设计进行变更,施工中甲方对原设计的变更,必须征得原设计和规划部门批准。③变更事项,双方办理变更、洽商后,乙方按甲方代表要求进行下列变更:(a)增减合同约定的工程数量;(b)更改有关工程的性质、质量、规格;(c)更改部分的标高、基线、位置和尺寸;(d)增加工程需要的附加工作;(e)改变有关工程的施工时间和顺序。

(4)工期延误:①工程量变化和设计变更;②一周内非乙方原因停水、停电造成停工累计超过8小时;③不可抗力;④合同中约定或甲方代表同意给予顺延的其他情况。

3. 竣工验收阶段

(1)工程应当按照约定的工期按时竣工,如具备了顺延工期的条件,应按照程序办理顺延工程;否则,乙方应承担违约责任。

(2)工程具备竣工验收条件,乙方按照国家工程竣工有关规定,向甲方代表提供完整的竣工资料和竣工报告。甲方代表收到竣工报告后,应在协议条款约定时间内组织有关部门进行验收,并在验收5天内给予批准或提出修改意见。

(3)甲方代表在收到乙方送交的竣工验收报告后10天内无正当理由不组织验收,或验收后5天内不予批准且不能提出修改意见,可视为竣工验收报告已被批准,即可办理结算手续。

(二) 质量控制

工程施工中质量控制是合同履行的重要环节,施工合同的质量控制涉及到许多方面的因素,任何一个方面的缺陷和疏漏,都会使工程质量无法达到预期的标准。

1. 合同双方对标准、规范的约定

(1) 施工合同当事人双方应在《协议条款》中约定施工中使用的国家标准、规范。按照《中华人民共和国标准化法》(1988 年 12 月 29 日第七次全国人民代表大会常务委员会第五次会议通过) 的规定,为保障人体健康、人身财产安全的标准属于强制性标准。建设工程施工技术要求、安全要求和方法即为强制性标准,施工合同双方当事人必须执行。

(2) 甲方如提出超过标准规范的要求,在征得乙方同意后可作为施工和验收要求,并须明确规定产生的费用的承担。

(3) 按时、按质、按量提供施工所需图纸,是保证工程施工质量的重要方面。甲方如果不能在开工前提供全套图纸,应将不能按时提供图纸的名称和提供时间在条款协议中写明。

2. 材料设备供应的质量控制

工程建设的材料设备供应的质量控制,是整个工程质量控制的基础。

(1) 承包人采购的材料设备:①承包人负责采购材料设备的,应按照专用条款约定及设计和有关要求采购,并提出产品合格证明、对材料的质量负责;②承包人采购的材料设备与设计或标准不符时,承包人应按工程师要求的时间运出施工现场,重新采购符合要求的产品,并承担由此发生的费用,同时,由此延误的工期不予顺延;③承包人采购的材料设备使用前,承包人应按工程师的要求进行检验或试验,不合格的不得使用,检验或试验费用由承包人承担;④承包人需要使用代用材料时,应经工程师认可才能使用,由此增减的合同价款双方可以书面形式议定。

(2) 发包人供应材料设备:①发包人供应材料设备,双方应当约定发包人供应材料设备的一览表,作为本合同的附件;②发包人按一览表约定的内容提供材料设备,并向承包人提供产品合格证明,对其质量负责,同时,所供材料设备到货前 24 小时,应以书面形式通知承包人,由发包人会同承包人共同清点;③发包人供应的材料设备与一览表不符时,发包人承担有关责任;发包人应承担责任的内容,双方可根据专用条款内的约定;④发包人提供的材料设备使用前,由承包人负责检验或试验,不合格的不得使用,检验或试验费用由发包人承担。

3. 工程验收的质量控制

工程验收是一项以确认工程是否符合施工合同规定为目的的行为,是质量控制的最重要环节。

(1) 工程质量:①工程质量应当达到协议书约定的质量标准,质量标准的评定应以国家或行业的质量检验评定标准为依据;②因承包人的原因而达不到质量标准,承包人应承担违约责任;③双方对工程质量有争议,由双方同意的质量检测机构鉴定,其费用由责任方承担。

(2) 检查与返工:①在施工过程中,甲方代表(监理工程师)及其委派人员对工程的检查检验,是他们的一项日常性工作和重要职责;②承包人应认真按照标准、规范和设计图纸要求以及甲方代表依据合同发出的指令施工,并随时接受甲方代表的检查检验,为检查检验提供便利条件;③工程质量达不到约定标准的部分,一经发现,应要求承包人拆除或重新施工,承包人应按甲方代表的要求拆除和重新施工,直到符合约定标准。重新施工的费用由承包人承担,工期不予顺延;④甲方代表的检查检验不应影响施工的正常进行。

(3)隐蔽工程和中间验收:①工程具备隐蔽条件或达到专用条款约定的中间验收部位,承包人先进行自检,并在隐蔽或中间验收前48小时以书面形式通知甲方代表验收,验收合格,甲方代表在验收记录上签字后,承包人可进行隐蔽和继续施工;②甲方代表不能按时验收,应在验收前24小时以书面形式向承包人提出延期要求,但延期限不能超过48小时。如仍未按以上时间提出延期要求,不进行验收,承包人可自行组织验收,甲方代表应承认验收记录;③经甲方代表验收,工程质量符合标准、规范和设计图纸要求,验收24小时后,甲方代表不在记录上签字,则视为甲方代表已经认可验收记录,承包人可进行隐蔽或继续施工。

(4)竣工验收:竣工验收是全面考核建设工作,检查是否符合设计要求的重要环节。竣工工程必须符合的基本要求及程序:①完成工程设计和合同规定的各项工作内容,达到国家规定的竣工条件;②工程质量应符合国家有关法律、法规、技术标准、设计文件及合同规定的要求,并经质量监督机构核定合格或优良;③工程所用的设备和主要建筑材料构件应具有产品质量管理出厂检验合格证明和复检报告;④具有完整的工程技术档案和竣工图;⑤已签署工程保修证书;⑥工程具备竣工验收条件,乙方按国家工程竣工有关规定,向甲方代表提供完整的竣工资料和竣工验收报告,甲方代表在收到竣工验收报告后,在协议条款约定时间内组织有关部门验收,并在验收5天内给予批准或提出修改意见;⑦甲方代表在收到乙方送交的竣工验收报告后10天内无正当理由不组织验收,或验收后5天内不予批准且不能提出修改意见,可视为竣工;验收报告已被批准,即可办理结算手续。

(三)费用控制(投资控制)

费用控制包括合同价款与调整、支付方法及变更价款的确定及施工中涉及的其他费用,应按有关规定或协议条款约定在施工合同中明确。

1. 合同价款及调整

(1)合同价款应依据中标通知书中的中标价和非招标工程的工程预算书确定。合同价款在协议书内约定后任何一方不得擅自改变。合同价款可以按照固定价格合同、可调价格合同和成本加酬金合同三种方式约定。固定价格合同,是指在约定的风险范围内价款不再调整的合同,但也并不是绝对不可调整,而是在约定范围内的风险由承包方承担,对风险以外的合同价款可以调整,但必须在专用条款内约定。

(2)合同价款的调整条件:①法律、行政法规和国家政策变化影响合同价款;②工程造价管理部门公布的价格调整;③一周内非承包人原因停水、停电、停气造成停工累计超过8小时;④双方约定的其他因素。

2. 工程预付款

实行工程预付款的,预付时间不迟于约定的开工日期前7天,发包人不按约定预付,承包人应在约定预付时间7天后向发包人发出要求预付的通知,发包人仍不能按要求付款,承包人可在发出通知后7天停止施工,发包人对此承担违约责任。

3. 工程量的确定

(1)承包人应按专用条款约定时间向甲方代表提交已完工程量的报告,甲方代表接到报告后 7 天内按设计图纸核实已完工程量,并在计量前 24 小时通知承包人参加,如承包人收到通知后不参加计量,计量结果有效,可作为工程价款支付的依据。

(2)甲方代表收到承包方报告后 7 天内未进行计量,从第 8 天起,承包人在报告中开列的工程量视为被确认,作为工程价款支付的依据。

4. 工程进度款支付

(1)在确认计量结果后 14 天内,发包人应向承包人支付工程款(进度款)。按约定时间发包人应扣回预付款,与工程进度款同期结算。

(2)发包人超过约定支付时间不支付工程款(进度款),承包人可向发包人发出要求付款的通知,发包人收到通知后仍不能按要求付款,可与承包人商签延期付款协议,经承包人同意后可延期支付。协议应明确延期时间和从计量签字后第 15 天起计算应付款的贷款利息。

(3)发包人不按合同约定支付工程款,双方又未签延期付款协议而导致施工无法进行,承包人可停止施工,由发包方承担违约责任。

5. 变更价款的确定

(1)变更价款的确定程序:设计变更发生后,承包方在工程设计变更确定后 14 天内,提出变更工程价款报告,经工程师确认后调整合同价款。如承包方在确定变更后 14 天内不向工程师提出变更工程款报告时,则视为该项设计变更不涉及合同价款的变更;工程师在收到工程变更价款报告之日起 7 天内,予以确认。工程师无正当理由不确认时,自变更价款报告送达之日起 14 天后变更价款报告自行生效。工程师不同意承包方提出的变更价格,则按照合同约定的争议解决方法处理。

(2)变更价款的确定方法:合同中已有适用于变更工程的价格,可按已有价格计算,变更合同价款;合同中只有类似于变更工程的价格,则可以参照此价格确定变更价格,变更合同价款;合同中没有适用于或类似于变更工程的价格,则由承包方提出适当的变更价格,经工程师确认后执行。

6. 施工中涉及的其他费用

(1)安全施工方面的费用;

(2)专利技术及特殊工艺涉及的费用。

第四节 工程承包的风险管理

风险(Risk):一般指由于从事某项特定活动过程中存在的不确定性而产生的经济或财务损失、自然破坏或损伤的可能性。

一、风险因素辨识

下面将介绍风险因素的分类方法以及在国内工程和国际工程中可能遇到的风险因素。

(一)风险因素分类

风险因素范围很广,内容很多,根据风险因素的研究角度不同,大致有以下几种分类方法:

(1)根据风险严峻程度来分,可分为两类:第一类是特殊风险,也可以称之为非常风险,这主要是指业主所在国的政治风险,即由于内战、革命、暴动、军事政变或篡夺政权等原因,引起了政权更迭,从而有可能使项目合同作废,甚至没收承包商的财产等。虽然合同条件中一般都有规定,这类风险属于业主应承担的风险,但政权更迭后,原有的政府被推翻,由原政府签订的一切合同等均有可能被废除,因而承包商无处索赔。这类风险一般是"致命风险",对承包商打击巨大,几乎是无法弥补的。第二类是特殊风险以外的各类风险,这些风险因素尽管有的也可能造成严重的危害,有的可能造成一般危害,但只要善于管理,采取必要的防范措施,有一些风险是可以转移或避免的。

(2)根据工程实施阶段不同,可分为:投标阶段的风险、合同谈判阶段的风险、合同实施阶段的风险三大类,这是为了从工程项目实施全过程角度来分析和管理风险。

(3)根据研究工程风险的范围,可分为:项目风险、国别风险和地区风险三大类。这是指对于一个国际承包商来讲,他不仅要考虑具体的承包项目所面临的风险,更重要的是他必须从全局出发,考虑得更广、更远、更深。这样他所面临的风险就不仅仅是具体项目的风险,而且范围更广泛,具有国家特征以至地区特征的重大风险。如在中东地区就不能仅考虑某一个国家内部的风险,而应把整个中东地区各国之间以及宗教的冲突作为一个地区冲突来考虑。

(4)根据风险的来源性质,大体上可分为:政治风险、经济风险、技术风险、商务及公共关系风险和管理方面风险五大类。

本节仅就特殊风险之外的风险,采用按风险来源角度出发的分类方法,并综合考虑具体项目风险、国别风险和地区风险,比较详细地分析讨论国际工程与国内工程承包中可能产生的各种风险因素。

(二)风险因素辨识

一个公司的领导、一个工程的项目经理或是一个投标小组,在研究招标文件(或合同文件)时以及在合同实施过程中,必须要有强烈的风险意识,也就是要用风险分析与管理的眼光来研究接触到的每个问题,思考这个问题是否有风险?风险程度如何?一个善于驾驭风险的管理者必须对可能遇到的风险因素有一个比较全面而深刻的了解,以防患于未然。下面按风险来源分类介绍各方面的风险因素。

1. 政治风险

政治风险是指承包工程所处国家和地区的政治背景可能给承包商带来的风险。在那些不稳定的国家和地区,政治风险有可能使承包商遭受严重损失。对于政治风险,承包商在投标决策阶段就应加强调查研究,一般政治动乱都是有先兆的。政治风险大致有以下几个方面:

(1)战争内乱。工程所在地区发生局部短暂的内乱战争,造成国内动乱、政权更迭、国内政治经济情况恶化、建设项目可能被终止或毁约;或建设现场直接、间接遭到战争的破坏;或由于战争或骚乱使工程现场不得不中止施工。因而施工期限被迫拖延,成本增大;或在骚乱期间,承包商为保护其生命财产,而撤退回国、转移他处,从而被迫支付许多额外开支等。这些情况下常常使业主和承包商都遭到极大损失,承包商有时只得到极少的索赔,有时甚至得不到索赔。

(2)收归国有,没收与征用。业主国家根据本国政治和经济需要,颁布国有化政策,强行将承包工程收归国有,且不代替原工程业主履行义务,导致承包商无处申诉。也可能给没收资产的外国公司以少量补偿,但仍难以弥补巨大损失。有时可能采取变相手法,如对外国公司强收差别税,办理物资清关时无理刁难,禁止汇出利润等。

(3)拒付债务。某些国家在财力枯竭情况下,对政府项目简单的废弃合同,拒付债务;对于这类政府项目,承包商很难采取有效措施来挽回损失。有些政府可以使用主权豁免理论,使自己免受任何诉讼。有些工程所在国政局发生根本性变化,推翻了原政府,掌握政权,宣布不承认前政府的一切债务,致使承包商无法收取以完工程而尚未支付的应付款额。

(4)制裁与禁运。由于某些国际组织、西方大国对工程所在国家实行制裁与禁运,也有可能对工程造成很大影响。

(5)对外关系。业主国家与邻国关系好坏,其边境安全稳定与否,是否潜藏战争危险;业主国家与承包商所有国关系好坏,及是否建立正式外交关系,承包商所在国政府与工程所在国是否有某些设计工程承包的协议;业主筹建项目资金来源如系国际金融组织或外国政府、外国金融机构贷款,那么业主国家对这些组织的各项有关规定是否熟悉了解,业主国家的信誉如何等。

(6)业主国家社会管理、社会风气。业主国家政府办事效率高低,政府官员廉洁与否,当地劳务素质如何,当地劳务的工会组织对外国公司的态度,是否常用罢工手段向雇主提出各种要求等,都将直接或间接地影响工程能否正常进行。

以上各种风险因素主要是在国际工程承包中可能遇到的风险,但是某些风险因素在国内工程中也可能发生。

2. 经济风险

经济风险主要表现在以下几个方面:

(1)外汇风险。一般来说,业主希望对承包商支付工程所在国的货币作为工程款,而承包商希望得到能保值的硬通货,最后在支付条款中往往双方都作出一定让步。有时在招标文件中业主对硬通货比例作出规定。

外汇风险涉及到一个很大的范围,工程承包中常遇到的外汇问题有:①工程所在国外汇管制严格,限制承包商汇出外币,甚至汇出外币用以购买材料、设备也受限制;②外汇浮动,当地币贬值,从而使承包商赚取的当地币不能换到相应的硬通货;③有的业主对外币延期付款,承包商又要向银行支付贷款较高的利率,因而倒贴利率差;④有时订合同时所订的外汇比例太低,不够使用;⑤有时订合同时选定的外汇贬值等。

为了保护自己,承包商通常要求工程付款应以某种较稳定外汇硬通货计价并固定汇率,如果难以获得业主同意,也应有适当的保值条款。

(2)保护主义。有些国家,特别是发展中国家,制订了保护其基本国利益的措施。这些措施(包括一些法律和规定)有可能影响工程承包。归纳起来有以下几个方面:①规定合资公司中对外资股份的限制,以保证大部分利益归国家。②对本国和外国公司招标条件不一视同仁。有些国家规定外国公司投标价格必须比当地公司投标价低若干个百分点才能被授标,或者必须与当地公司联合才能参加投标。对外国公司的劳务、材料、设备的进入也附加种种限制。③有些国家对本国和外国公司实行差别税收,以保护本国利益。④对外国公司强制保险。

(3)税收歧视。国际承包到工程所在国承包工程,必然被列为该工程所在国的义务纳税人,因此必须遵守所在国的税收法令、法规。另外,承包商还要熟悉和遵守承包商本国对其海外收入实行的税收政策和条例。

对承包商来讲,经常面对的是工程所在国对外国承包商所实行的种种歧视政策。常常被索要税法规定以外的费用,或种种摊派,或者受到该国公务人员在执法过程中排外情绪的影响,构成承包商面对的潜在风险因素。

(4)物价风险。物价上涨是最常遇到的风险,几乎在世界上任何国家都不例外,而我国和一些发展中国家则更为严重。物价上涨风险表现为多种形式:如固定总价合同,虽然投标时考虑了各种物价上涨因素,但对这些因素很可能估计不足;有时合同中没有价格调整公式,或仅有外币价格调整公式而无当地价格调整公式;有时虽有价格调整公式,但是包含的因素不全,或有关价格指数不能如实反映情况等。有的调价方法有限制性规定(如几个月后才调价)。

(5)业主支付能力差,拖延付款。业主资金不足,支付能力差,以各种形式拖欠支付,如拖延每月支付而合同中未订有拖延支付如何处理规定;或虽然有业主拖延支付时应付利息的规定,但利率很低;或业主找借口拖延签发变更命令而使新增项目得不到支付;或业主在工程末期拖延支付最终结算工程款与拖延发还保留金等。

(6)工程师的拖延或减扣。由于工程师工作效率低,拖延签署支付;或是工程师过于苛刻,有意拖延支付,或找各种借口减扣应支付的工程款;或是工程师水平低,对一些索赔问题迟迟提不出建议或作不出决定;特别是对"包干"项目,在项目未完成前拒绝支付或支付的比例很少等。工程师的拖延签署或减扣必然导致业主对支付的拖延和减扣。

(7)海关清关手续繁杂。有时承包商在合同执行过程中,大量物资需从国外进口,一方面,有的承包商不了解当地法规、政策;另一方面有些国家清关手续繁杂,海关办事效率低,工作人员不廉洁,以致造成物资供应不及时,从而影响工程施工,甚至造成工程拖期。

(8)分包。分包风险应从两方面分析,即作为承包商选择分包商和作为分包商被总包商雇用时可能出现的风险。

承包商作为总承包商选择分包商时,可能会遇到分包商违约,不能按时完成分包工程而造成整个工程进展的风险,或是对分包商协调、组织工作做得差而影响全局。特别是我国承包商常把工程某部分分包给国内有关施工单位,而合同协议又职责不清,容易相互推诿,有时分包单位派出人员的素质无法审查,也容易造成经营管理不善而影响工程正常进行。

如果一个工程的分包商较多,则容易引起相互干扰和连锁反应。如分包商工序的合理搭接和配合;个别分包商违约或破产,从而使局部工程影响到整个工程等。

相反,如果作为分包商承揽分包合同,常遇到总包商盲目压价,转嫁合同风险或提出各类不合理的苛刻条件,要求分包商接受使分包商处于被动地位而造成风险。

(9)没收保函。在国际承包工程中,当事一方为避免对方违约而遭受损失,要求对方提供可靠的担保,这是国际上公认的正常保障措施,国内工程承包有的也要求履约保证。如果对保函业务不太熟悉,就很容易在这方面遭到风险损失。实际上,有些风险是由于承包商不慎违约而造成的结果,也有一些是业主的无力索赔,甚至是欺诈行为造成的。

(10)垫资承包的风险。有些合同中,业主明确要求承包商垫资承包,即采用先贷款,再支付的办法。但到工程开工后,业主无力支付,致使承包商不能即时收回资金。

还有一些变相的垫资承包。如业主以资金紧张为由,不给承包商提供工程预付款,让承包商自己出资解决施工前期中遇到的各种问题;又如业主在合同实施期间长期拖欠工程款,使承包商垫付的大量资金无法即时收回等,这在国际工程承包中经常会遇到。

3. 技术风险

(1)工程地质条件。对于一个工程,特别是大型工程和地下工程,工程地质条件非常重要。

一般业主提供一定数量的地质和地基条件资料,但不负责解释和分析。因而这方面的风险很大,如在施工过程中发现现场地质条件与施工图设计出入很大,如钻孔施工中遇到大量漂石等引起的钻进困难而使设备能力不足,增加设备费用和工期拖延等。

(2)水文气候条件。这包括两方面:一方面指对工程所在地的自然气候条件估计不足所产生的问题,如严寒、酷暑、多雨等对施工的影响;另一方面是对当地出现的异常气候,如特大暴雨、洪水、泥石流、塌方等。虽然按照一般合同条件,后一类异常气候造成的工期拖延可以得到补偿,但财产损失很难全部得到补偿。

(3)材料供应。它包括两个方面:一是质量不合格,没有质量检验证明,工程师不验收,因而引起返工或由于更换材料拖延工期;二是材料供应不及时(包含业主提供的材料或承包商自己采购的材料),因而引起停工、窝工而延误工期。

(4)设备供应。同样有质量不合格,没有质量检验证明,工程师不验收,因而引起返工或更换,或者未能按照安装顺序按期供货,或是机械设备运行状态不佳等。

(5)技术规范。技术规范要求不合理或过于苛刻,工程量表中项目说明不明确而投标时未发现。

(6)不及时提供设计图纸。由于工程师工作的原因,不能及时提供图纸,导致施工进度延误,以至窝工,而合同条件中又没有相应的补偿规定。

(7)工程变更。包括设计变更和工程量变更。变更常影响承包商原有的施工计划和安排,带来一系列问题。如果处理得好,在执行变更命令过程中,向业主要求索赔,把风险转化为利润。

(8)运输问题。对于陆上运输,要选择可靠的运输公司,订好运输合同,防止因材料或设备未按时运到工地而影响施工进度。对于海上运输,由于港口压船、卸货、海关验关等很容易引起时间耽误,影响施工。

(9)外文翻译引起的问题。由于翻译不懂专业、不懂合同和招标文件所产生的翻译错误而又未被发现。

以上九条风险,除外文翻译以外,国内工程承包时都可能发生。

4. 商务及公共关系等方面的风险

(1)与业主的关系。如业主以各种理由为借口,或工作效率低下,延误办理承包商的各种材料、设备、人员的进关手续,延误支付,拖延签发各种证件等。

(2)与工程师的关系。如不按进度计划要求发放施工图纸、已完成的工程得不到及时的确认或验收,或不及时确认进场材料等。

(3)联营体内部各方的关系。联营体内的各家公司是临时性伙伴,彼此不了解,很容易产生公司之间或人员之间的矛盾,从而影响施工。联营体协议订得不好,如职责、权利、义务等不明确,也会影响施工。

(4)与地方部门的关系。这主要是指工程所在地区的有关政府职能部门,如劳动局、税收局、统计局以至警察局等,如果关系处理不好也会招致麻烦和风险。

5. 管理方面的风险

(1)项目的领导班子不胜任。项目经理不称职,不懂合同管理,不能及时解决所遇到的各类问题,没有和业主、工程师打交道的能力。

(2)工人效率。特别是到一个生疏的国家和地区,雇用当地工人施工时,对当地工人的技术水平、工效以至当地的劳动法等,都应有仔细的调查了解。

(3)开工前的准备工作。由于订购的施工机械或材料未能及时到位,工地通水、通电、交通等准备工作不足引起的问题。

(4)施工机械维修条件。当地无维修条件,或不能满足要求,或备用件购置困难等。

(5)不了解的国家和地区可能引起的麻烦。在投标时因时间紧而未及时细致考察工地以外的各种外部条件,如生活物品供应、运输、通讯等,而到开工后才发现,往往需要增加许多开支。

上述的种种风险因素很难全面概括国际和国内承包工程中可能遇到的各类风险。值得再一次强调的是,工程承包管理人员头脑中一定要有风险意识,要能及时发现风险苗头,力争防患于未然。

二、风险分析方法

风险分析是近几十年来发展起来的一门综合性边缘学科,它最初起源于可靠性分析。在 C. B. Chapman 1987 年所著的"Risk Analysis for Projects"一书中对风险分析(Risk Analysis)作了如下的定义:风险分析是分析处理由各种不确定性因素产生的各种问题的一整套方法,包括风险的辨识(Identification)、风险的估计(Evaluation)和风险的控制与管理(Management)。

风险分析的特点是广泛应用各门学科的理论和方法。在西方,风险分析已形成一门独立的学科,美国风险分析协会每年定期出版《风险分析》(Risk Analysis)杂志。但是,即便在西方,风险分析的大部分内容是有关技术风险、设备质量风险和可靠性工程问题的,而关于工程项目的风险分析则论及很少。从这个角度看,风险分析还是一门不很完善和不很成熟的学科。

从事工程承包,要面对众多的风险因素,分析起来极为困难。而我国在这方面起步较晚,对经验和教训缺少系统的总结,工程项目风险分析的研究几乎还处于空白状态,大部分工程项目的风险分析还处于定性阶段,缺乏定量的分析方法。现对比较适用的工程风险分析方法作一简单介绍。

专家评分比较法。该方法主要找出各种潜在的风险因素并对风险后果作出定性估计。这种方法适用于对那些风险很难在较短时间内用统计方法、实验分析方法或因果关系论证得到的情形。这种分析方法最先用于风险辩识,但当前已发展到用来估计和评价风险的后果及大小。

在投标前采用专家评分比较法分析风险,具体步骤如下:

第一步,由投标小组成员、有投标和工程施工经验的(最好由去该国或该地区工作过的)工程师以及负责该项目的成员组成专家小组,共同就某一项目可能遇到的风险因素进行分类、排序,并分别为各个因素确定权数,以表征其对项目风险的影响程度。

第二步,将每个风险按出现的可能性分为很大、比较大、中等、不大、较小这五个等级。并赋予各等级一个定量数值,如分别以 1.0、0.8、0.6、0.4 和 0.2 打分。

第三步,将每项风险因素的权数与等级分别相乘,求出该项目风险因素的得分。各项风险因素的得分之和即为此工程项目风险因素的总分。显然,总分越高说明风险越大。

表 2-3 为用专家评分比较法对风险因素进行分析的示例。

表 2-3 专家评分比较法分析风险因素

可能发生的风险因素	权数 A	风险因素发生的可能性 B					A×B
		很大 1.0	比较大 0.8	中等 0.6	不大 0.4	较小 0.2	
1. 物价上涨	0.15		√				0.12
2. 地层变化	0.10			√			0.06
……							……
10. 海洋运输问题	0.10			√			0.06
……							
		ΣA×B=0.52					

$\Sigma A\times B$ 叫风险度,表示一个项目的风险程度。由 $\Sigma A\times B=0.52$,说明该项目的风险水平中等,是一个可以投标的项目。

可见,"专家评分法"是采用若干专家对同一项目风险进行评价的方法。在该方法中,每个专家评分结果所占份量是同等的。而在实际工作中,由于各位专家经验和知识水平各不相同,其对项目评价结果也应有所区别。基于这一点,又提出一种改进的"专家评分法"。进一步考虑专家的权威性程度,并对他们评定结果的重要性、权威性予以评价。

改进的"专家评分法",可分为两个步骤:第一步即是上面介绍的"专家评分法",每位专家评分后得出一个风险度;第二步由公司的少数领导和权威人士对参与评分的专家参照以下几个方面,确定专家权威性值。例如:

(1)在工程所在地进行工程承包工作的经验。①工作年限;②从事过的工程项目数;③参与研究过的工程项目数;④担任相关职务的年数。

(2)对投标项目所在地项目情况的了解程度。

(3)是否参加了投标准备工作。

(4)知识结构。

(5)在投标项目风险分析讨论会上发言的水平。

对于不同项目,可以侧重不同方面来评价,视具体情况而定。

该权威性的取值可在 0.5~1.0 之间,1.0 代表专家的最高水平,对于其他专家,权威性取值可相应减少。最后的风险度值为各位专家评定的风险度乘以各位专家的权威性值的和再除以全部专家权威性值的总和。

三、风险的防范

对风险进行辨识分析和评价之后,承包商应根据招标文件要求和自身实际情况,决定是否参加投标。一般来讲,对于风险极其严重的项目,多数承包商会放弃投标;对于潜伏严重风险的项目,承包商应从工程实施全过程,全面地、认真地研究风险因素和可以采用的减轻风险、转移风险、控制损失的方法。

(一)风险的分析

风险的分析和防范要贯彻于从投标开始到项目实施结束的全过程。

1. 投标阶段

这一阶段如果细分还可分为资格预审阶段、研究投标报价阶段和递送投标文件阶段。

资格预审阶段只能根据资格预审文件的一般介绍和对该国、该地区、该项目的粗略了解，对风险因素只能进行初步分析。对于一些不清楚的风险因素，投标时要重点调查和研究。

研究投标报价阶段应该对所有可能出现的风险进行深入调查和分析，以确定各项风险因素的加权值，同时将对风险因素的分析送交项目投标决策人，以便研究决定是否递送投标文件。

递送投标文件阶段即是在决定投标后，根据风险因素的分析，确定工程估价中风险系数的高低，以便确定风险费和其他费用，从而决定总报价。

2. 合同谈判阶段

要力争将风险因素发生的可能性减小，增加限制业主的条款，并且采用保险、分散风险等方法来减少风险。

3. 合同实施阶段

项目经理及主要领导干部要经常对投标时开列的风险因素进行分析，特别是权数大、发生可能性大的因素，以主动防范风险的发生，同时注意研究投标分析时未估计到的、可能产生的风险。

4. 合同实施结束

要专门对风险问题进行总结，以便不断提高本公司风险分析和防范的水平。

(二) 正确判断和确定风险因素

一个工程在投标时可能会发现许多类似风险的因素和问题，究竟哪一些是属于风险因素？风险因素是指那些有可能发生的潜在危险，从而可能导致经济损失和时间损失的因素，或者是影响人身安全的因素。

要正确地估计和确认风险因素，首先要深入细致地调查研究，不论在投标决策阶段或是在投标前的准备工作中，要注意调查研究，包括对项目所在国和地区的政治形势、经济形势、业主资信、物资供应、交通运输、自然条件等方面的调查研究；其次是依赖投标人员的实践经验和知识面，因为一个项目投标，要牵涉到招标承包、工程技术、物资管理、合同、法律、金融、保险、贸易等许多方面的问题，所以要有各方面的有经验的专家来参加分析研究。国外一些公司对重要项目的风险评估，都要在由总经理主持的专门委员会上审议、讨论、确定是否投标。

在项目投标阶段会发生许多不确定因素，凡通过调查研究可以排除的或是根据合同条款有可能在问题发生后通过索赔解决的，一般都不列为风险因素，例如图纸变更，工作范围变更引起的费用增加，都是可以根据合同条件向业主索赔的，一般不应列为风险因素。

(三) 风险的防范

风险的防范应该从递交投标文件、合同谈判阶段就开始，到工程实施完成合同结束为止。主要可以从以下几个方面入手。

1. 风险的回避

(1) 充分利用合同条款。在投标阶段及时发现招标文件中可能发生的风险问题，争取在合同谈判阶段,通过合同中有关规定或条款来解决。

例如业主的招标文件中仅仅规定了月支付证书在监理工程师签字后业主应支付的期限,而未说明到期不支付怎么办,合同谈判时就应该争取加上到期不支付应该支付利息的规定以及较高的利率等。

增设保值条款。在订合同时,如果用当地货币计价,支付一定比例的外币,最好采用固定汇率以防止外汇风险。也可以采用将当地币汇率与美元汇率(或其他硬通货汇率)挂钩,规定一个幅度的方法。在幅度之内,价格不变,在幅度以外,则按美元(或其他硬通货币)汇价变动幅度相应调整其价格。这特别适合于用两种以上货币支付的合同。

增设风险合同条款。在工程承包合同中写进风险合同条款尤为重要。通常国际工程承包合同中都有不可抗力条款。但对于不可抗力的含义,各国的解释不同。例如,专制行为(如政府规定的全面性增加税收、劳务费上调、物价上涨),在许多国家不被视为风险因素,但承包商又必须执行。如果不针对这类风险写入相应的补偿措施,承包商必然要蒙受重大损失。一般来讲,关于人力不可抗拒和特殊风险,FIDIC《土木工程施工合同条件》中的有关条款是公正和合理的,得到各国业主和承包商的普遍接受,可以作为增设风险合同条款的参考。

增设有关支付条款。例如若招标文件中未列入调价公式,则应主动争取列入;对于签订合同后政府法令政策而引起的费用增加,可以要求业主按实际情况给予补偿等。

(2)外汇风险的回避。外汇风险在对外承包企业中主要表现在两个方面:一是外汇收支过程中的汇兑损失;二是企业所持有的流动外汇现金的保值。为避免在这两方面遭受损失,在签订合同前,应考虑以下几种方法。

选择有利的外币计价结算。它包括两个方面的内容:一是要选择国际金融市场上可自由兑换的货币,如美元、英镑、日元、德国马克、法国法郎等。这些货币一旦出现汇率风险可以立即兑换成另一种货币。二是要在可自由兑换货币中争取硬通货币,即汇价稳定或趋于上浮的货币。

使用多种货币计价结算。国际工程承包合同中多采用几种货币组合支付的形式,这种做法能减轻双方的汇率风险,特别是只采用单一货币带来的风险。例如,20世纪80年代初中国某工程公司与意大利某公司签订了一项为期十年的工程承包合同,该合同采用美元、德国马克和意大利里拉计价结算,其中美元占40%,德国马克占50%,意大利里拉占10%,实质上使用了当时软(里拉)、中(马克)、硬(美元)三种货币,由于软硬货币的搭配使用,双方都达到了不同程度的避免或减轻外汇风险的目的。

参加汇率保险。向保险公司投保汇率也是一种回避风险的方法。虽然这样做承包公司要缴纳一笔保险费,但可以避免因汇率剧降带来的风险。尤其是我国在外承包工程项目不多的公司,对国际金融市场的汇率浮动趋势的风险缺乏预见能力,因此参加汇率保险是有效的。

(3)减少承包商资金、设备的垫付。承包商为承包工程一般都要购置一定的施工机械、设备及临建工程。这笔费用越少越好,一旦遇到风险,可以进退自如。这笔投资如能控制在工程总价所含利润之内,正常情况下不会有太大风险。一般来说,总价中所含利润、风险费及设备折旧费往往不低于15%;反之,如果大大超过,预计利润则风险必将加大。一般情况下,承包商除使用企业原有设备材料外,还可以在当地租赁,或指令分包商自带设备等措施来减少自身资金设备的垫付。

2. 风险的分散和转移

向保险公司投保,这是将一部分风险转移给保险公司承担的办法。虽然采用这种方法要支付一定的保险费用,但相对于风险损失而言则是很小的数字,而且承包商可以将保险费计入工程成本。除了按合同规定,承包商应进行"工程一切险""第三方保险"外,还应为参加该工程的所有施工人员进行人身事故和医疗保险,进行施工机械保险,此外,承包商可根据情况进行其他方面保险,如货物运输保险、汽车保险以至战争保险等。

向分包商转移风险,这是承包商常用的转移风险方式。在分包合同中,通常要求分包商接受业主合同文件中的各项合同条款,使分包商分担一部分风险,有的承包商直接将风险比较大的部分分包出去,将业主规定的误期损害赔偿费如数订入分包合同,将这项风险转移给分包商。

下面给出一个承包商成功转移风险给分包商的实例。

某对外公司承接国外某菜市场工程,主体工程含两层混凝土结构主菜场建筑物、集中空调、全套冷热水供水、排水管线和设备安装。合同总金额约 2 800 多万美元,该项目分包工程大小共 12 项,包括电器及空调、水卫及消防、混凝土制作等,分包金额约 600 多万美元,约占总承包额的 1/4。这些分包工程大多是在工程最后阶段才动工,允许的施工期限短,如果分包工作拖延就可能延误整个工期。因此,从整个工程看,能否按期完工,关键是抓好分包商的工作。又由于总报价已很低,从而决定寻找分包商有难度。为此,该公司项目经理部发动全体成员,广泛联系,寻找当地可靠的分包商询价、压价,使其分包价格尽量控制在合同价之内。同时,有意地把总包商与业主签订的总包合同的有关条款,如履约保证金、保留金比率及无预付款的约定等,全部加给分包商,以此来转移风险。另外分包合同中还规定在总包商拿到业主相应的工程款后才支付给分包商,从而保证了各分包商在总包商的控制之下。通过这些措施,成功地管理好了分包工作,保证了工期,取得了良好的经济效益。

3. 确定控制风险费

在工程实施阶段加强成本控制。在编制成本控制计划时,在每类费用及总成本计划中都应适当留有余地。另外,在投标报价中也要考虑一定比例的风险费,在国外也叫不可预见费。这笔费用是对那些业主已明确的潜在风险处理预备费,一般在 4%~8%之间,对于一个工程而言,是取高限还是取低限,取决于风险分析的结果。

索赔也是避免风险损失的重要措施之一。承包商在索赔时,只要理由充分、证据确凿、索赔价格和期限合理,按规定的索赔程序,就完全有可能取得补偿,弥补损失。

第五节 FIDIC 土木工程施工合同简介

一、FIDIC 简介

FIDIC 是指国际咨询工程师联合会(Fédération Internationale Des Ingénieurs – Conseils),它是由该联合会名称用法语书写的五个词的字头组成的缩写,读音"菲迪克"。各国的咨询工程师大都在本国组成一个咨询工程师协会,这些协会的国际联合会就是"FIDIC"。

1913 年欧洲四个国家的咨询工程师协会组成了 FIDIC。从 1945 年第二次世界大战结束后至今,FIDIC已拥有来自全球各地的56个成员国,可以说"FIDIC"代表了世界上大多数咨询工程师,也是最具有权威性的咨询工程师组织。

FIDIC下属有两个地区成员协会:FIDIC亚洲及太平洋地区成员协会(ASPAC);FIDIC非洲成员协会集团(CAMA)。FIDIC下设许多专业委员会,如业主咨询工程师关系委员会(CCRC)、土木工程合同委员会(CECC)、电气机械合同委员会(EMCC)、职业责任委员会(PLC)等。

FIDIC专业委员会编制了许多规范性文件,这些文件不仅FIDIC成员国采用,而且世界银行、亚洲开发银行、非洲开发银行的招标样本也常常采用。人们常常笼统地用"FIDIC合同条件"一词,这样说是不正确的,因为我们经常采用的既有FIDIC《土木工程施工合同条件》(国际上通称FIDIC"红皮书",以下即用此简称),也有FIDIC《电气和机械工程合同条件》(国际上通称FIDIC"黄皮书"),这两个合同条件的内容有一定的区别,适用于不同的工程范畴,另外还有《业主/咨询工程师标准服务协议书》(国际上通称FIDIC"白皮书")等。

二、FIDIC《土木工程施工合同条件》简介

国际工程的实施大都采用公开招标投标,签订合同以及委托监理工程师对工程进行监督管理的方式。在业主颁发的招标文件(一般都委托咨询工程师代为拟定)中及随后签订的承包合同中,"合同条件"都是合同文件的重要组成部分之一。土木工程施工合同条件即是用于土木工程合同的。FIDIC《土木工程施工合同条件》第一版于1957年出版,1965年改编出版第二版,1977年改编出版第三版,我国由世界银行贷款的项目如京、津、塘高速公路采用的就是这个版本。十年之后,FIDIC所属"土木工程合同委员会"(CECC)在广泛听取了各方意见之后,对第三版进行了较多的改动和补充,保留了条款的编码顺序和大部分标题。1987年出版了第四版,1988年又出版了修订版。

最近开工的一批世界银行贷款的工程项目,如开封至洛阳高速公路、二滩水电站都采用了第四版。该书的前言中指出,这本合同条件既可用于国际招标的土木工程施工合同,稍加修改后也同样适用于国内的合同。我国财政部主编的《世界银行贷款项目招标采购文件范本》即采用了FIDIC"红皮书",又在取得世界银行和FIDIC同意后对其中的20多条进行了修改和增补,读者在采用此范本时应注意。最近财政部正在准备对这些范本进行修改。

FIDIC"红皮书"共分两大部分:第一部分为通用条件,第二部分则是考虑到每个项目的工程性质、地区特性等而将合同条件具体化的专用条件。通用条件对于各种类型的土木工程(如房屋建筑、公路、桥梁、水利、港口、铁路、各类工厂的土建工程等)均适用,条款中详细规定了在执行合同过程中,遇到诸如开工、停工、延误、变更、风险、索赔、支付、争议、违约等各类问题时,工程师处理问题的职责和权限,也对业主和承包商的权利和义务作了明确的规定,因而不论对业主、工程师,还是对承包商来讲,都必须熟悉和理解这些合同条件,才有可能在合同实施过程中自觉地、正确地运用这些合同条件。不论在国内承担涉外工程(如世界银行、亚洲开发银行等组织或外国政府贷款的工程,外资或合资企业的工程等)或去国外承包工程和担任咨询、监理工作,都需要十分熟悉合同条件。

当业主和咨询工程师编制某个工程的招标文件时,针对该项目将有关合同通用条款具体化,或修改某些条款,或补充新条款,所有这些均写入合同条件第二部分,凡合同条件第二部分与第一部分不一致之处,均以第二部分为准。FIDIC在1989年还出版了一本FIDIC"红皮书"

应用指南,这本书中除了在各个条款下面有解释说明性的文字以外,还有一些在某些情况下需要修改"通用条件"时的替代条款的示例,这种示例的标题一般与原条款相同,但向右错动两个字。

总之,合同条件是合同文件的重要组成部分,在工程招标、投标时,在合同签订和实施过程中,都应该仔细地研究阅读和应用合同条件,如果你能对 FIDIC《土木工程施工合同条件》有一个比较深入的理解,在从事国际工程(包括国内的涉外工程)时,遇到各个国家或有关工程的合同条件不是采用 FIDIC 的合同条件时,你也比较容易理解。需要特别提醒的是,FIDIC 的合同条件经过多次修改后,对业主、承包商双方来说是比较公正的,如果你拿到的合同条件与 FIDIC 的合同条件不同时,则应进行逐条的对比和研究,分析业主为什么要修改这一条,从中找出你需要注意的问题。在从事国内工程时这本合同条件也很有参考价值。

第三章 施工项目的生产要素管理

第一节 施工项目生产要素的内容

一、劳动力

随着我国市场经济的不断发展,施工企业现在已经有了多种形式的用工,包括固定工、合同工和临时工,在这类工种之中,"农民工"占有相当大的比重,而且已经形成了弹性结构。在施工任务增大时,可以多用农民合同工或农村建筑队。任务减少时,可以少用农民合同工或农村建筑队,以避免窝工。由于可以从农村招用年轻力壮的劳动力,劳动力招工难和不稳定的问题基本得到了解决,也改变了队伍结构,加强了施工项目(第一线)用工,促进了劳动生产率的提高。我国建筑施工劳动生产率长期徘徊的状况得到了改善。农民工和临时工到企业中来,既不增加企业的负担,又不增加城市和社会的负担,因而大大节省了福利费用,减轻了国家和企业的负担,适应了建筑施工和施工项目用工弹性和流动性的要求。建筑业用工的变化,也为农村富余劳动力转移和贫困地区脱贫致富提供了机会。

施工项目中的劳动力,关键在使用,使用的关键在提高效率,提高效率的关键是如何调动职工的积极性,调动积极性的最好办法是加强思想政治工作和利用行为科学,从劳动力个人的需要和行为的关系的观点出发,进行恰当的激励。以上也是施工项目劳动管理的正确思路。

二、材料

建筑材料按在生产中的作用可分为主要材料、辅助材料和其他材料。其中主要材料指在施工中被直接加工,构成工程实体的各种材料,如钢材、水泥、木材、砂、石等;辅助材料指在施工中有助于产品的形成,但不构成实体的材料,如促凝剂、脱模剂、润滑物等;其他材料指不构成工程实体,但又是施工中必需的材料,如燃料、油料、砂纸、棉纱等。另外,周转材料(如脚手架材、模板材等)、工具、预制构配件、机械零配件等,都因在施工中有独特作用而自成一类,其管理方式与材料基本相同。

建筑材料还可以按其自然属性分类,包括金属材料、硅酸盐材料、电器材料、化工材料、金属材料等,它们的保管、运输各有不同要求,需分别对待。

施工项目材料管理的重点在现场,在使用,在节约和核算。就节约来讲,其潜力是最大的。

三、机械设备

施工项目的机械设备,主要是指作为大型工具使用的大、中、小型机械,既是固定资产,又是劳动手段。施工项目机械设备管理的环节,有选择、使用、保养、维修、改造、更新。其关键也在使用,使用的关键是提高机械效率,提高机械效率必须提高利用率和完好率。我们应该通过机械设备管理,寻找提高利用率和完好率的措施。利用率的提高靠人,完好率的提高在于保养与维修,这一切又都是施工项目机械设备管理深层次的问题。

四、技术

技术的含义很广,指操作技能、劳动手段、劳动者素质、生产工艺、试验检验、管理程序和方法等。任何物质生产活动都是建立在一定的技术基础上的,也是在一定技术要求和技术标准的控制下进行的。随着生产的发展,技术水平也在不断提高,技术在生产中的地位和作用也就越来越重要。对施工项目来说,由于其单件性、露天性、宽大而复杂性等特点,就决定了技术的作用更显重要。施工项目技术管理,是对各项技术工作要素和技术活动过程的管理。技术工作要素包括技术人才、技术装备、技术规程、技术资料等;技术活动过程指技术计划、技术运用、技术评价等。技术作用的发挥,除决定于技术本身的水平外,在极大程度上还依赖于技术管理水平。没有完善的技术管理,先进的技术是难以发挥作用的。施工项目技术管理的任务有四项:一是正确贯彻国家和行政主管部门的技术政策,贯彻上级对技术工作的指示与决定;二是研究、认识和利用技术规律,科学地组织各项技术工作,充分发挥技术的作用;三是确立正常的生产技术秩序,进行文明施工,以技术保工程质量;四是努力提高技术工作的经济效果,使技术与经济有机地结合。

五、资金

施工项目的资金,从流动过程来讲,首先是投入,即筹集到的资金投入到施工项目上;其次是使用,也就是支出。资金管理,也就是财务管理,它主要有以下环节:编制资金计划,筹集资金,投入资金(施工项目经理部收入),资金使用(支出),资金核算与分析。施工项目资金管理的重点是收入与支出问题,收支之差涉及核算、筹资、贷款、利息、利润、税收等问题。

第二节 施工项目劳动管理

一、劳动力的组织形式

项目施工中的劳动力组织,是指劳务市场向施工项目供应劳动力的组织方式及施工的班组中工人的结合方式。施工项目的劳动力组织形式有以下几种。

(1)企业劳务部门所管理的劳动力,应组织成作业队(或称劳务承包队),可以成建制地或部分地承包项目经理部所辖的一部分或全部工程的劳务作业。该作业队内设有管理人员,可管辖该队作业人员。其职责是接受劳务部门的派遣,承包工程,进行内部核算,职工培训,思想工作,生活服务,支付工人劳动报酬。如果企业规模较大,还可由3~5个作业队组成劳务分公司,亦实行内部核算。作业队内划分班组。

(2)项目经理部根据计划与劳务合同,接收到作业队派遣的作业人员后,应根据工程的需要,或保持原建制不变,或重新进行组合。组合的形式有以下三种。

专业班组:即按施工工艺,由同一工种(专业)的工人组成的班组。专业班组只完成其专业范围内的施工过程。这种组织形式有利于提高专业施工水平,提高熟练程度和劳动效率,但是给协作配合增加了难度。

混合班组：它由相互联系的多工种工人组成，可以在一个集体中进行混合作业，工作中可以打破每个工人的工种界限。这种班组对协作有利，但却不利于专业技能及熟练水平的提高。

大包队：这实际上是扩大的专业班组或混合班组，适用于一个单位工程或分部工程的作业承包。该队内还可以划分专业班组。其优点是可以进行综合承包，独立施工能力强，有利于协作配合，简化了管理工作。

二、劳动力的优化配置

劳动力优化配置的目的是保证生产计划或施工项目进度计划的实现，使人力资源得到充分利用，降低工程成本。与此相关的问题是：劳动力配置的依据与数量，劳动力的配置方法和来源。

（一）劳动力配置的依据

就企业来讲，劳动力配置的依据是劳动力需要量计划。企业的劳动力需要量计划是根据企业的生产任务与劳动生产率水平计算的。

就施工项目而言，劳动力的配置依据是施工进度计划。

（二）劳动力的配置方法

一个施工企业，当已知劳动力需要数量以后，应根据承包到的施工项目，按其施工进度计划和工种需要数量进行配置。因此，劳动管理部门必须审核施工项目的施工进度计划和其劳动力需要计划。每个施工项目劳动力分配的总量，应按企业的建筑安装工人劳动生产率进行控制。

（1）应在劳动力需用量计划的基础上再具体化，防止漏配。必要时根据实际情况对劳动力计划进行调整。

（2）如果现有的劳动力能满足要求，配置时尚应贯彻节约的原则。如果现有劳动力不能满足要求，项目经理部应向企业申请加配，或在企业经理授权范围内进行招募，也可以把任务转包出去。如果在专业技术或其他素质上现有人员或新招收人员不能满足要求，应提前进行培训，再上岗作业。培训任务主要由企业劳务部门承担，项目经理部只能进行辅助培训，即临时性的操作训练或试验性操作练兵，进行劳动纪律、工艺规范及安全作业教育等。

（3）配置劳动力时应积极可靠，让工人有超额完成的可能，以获得奖励，进而激发出工人的劳动热情。

（4）尽量使作业层正在使用的劳动力和劳动组织保持稳定，防止频繁调动。当在用劳动组织不适应任务要求时，应进行劳动组织调整，并应敢于打乱原建制进行优化组合。

（5）为保证作业需要，工种组合、技术工人与壮工比例必须适当、配套。

（6）尽量使劳动力均衡配置，以便于管理，使劳动资源强度适当，达到节约的目的。

（三）劳动力的来源

企业进行两层分离，组建了内部生产要素市场、项目法施工的劳动力来源按下述要求考虑。

(1)从企业总体上讲,劳动力的主要来源是:自有固定工人;自建筑劳务基地成建制招募的合同制工人;其他合同工人。随着我国改革的深入,企业自有固定工人逐渐减少,合同制工人逐渐增加,而主要的工人来源将是建筑劳务市场,实行"定点定向,双向选择,专业配套,长期合作",形成"两点一线"("两点"即劳务输出方与输入方,"一线"即建筑市场)。

(2)就施工项目来讲,作业工人统一由企业内部劳务市场按项目经理部的劳动力计划提供。内部劳务市场提供的劳动力,大部分来自建筑劳务市场。特殊的劳动力,经企业劳务部门授权,由项目经理部自行招募。企业内部劳务市场,由企业劳务部门统一管理,项目经理部不设固定的劳务队伍。当任务需要时,与内部劳务市场管理部门签订合同,任务完成后,解除合同,劳动力退归劳务市场。项目经理享有和行使劳动用工自主权,自主决定用工的时间、条件、方式和数量,自主决定用工形式,并自主决定解除劳动合同、辞退劳务人员等。

三、劳动力的动态管理

劳动力的动态管理指的是根据生产任务和施工条件的变化对劳动力进行跟踪平衡、协调,以解决劳务失衡、劳务与生产要求脱节的动态过程。其目的是实现劳动力动态的优化组合。

(一)项目经理部对劳动力的动态管理起主导作用

项目经理部应做好以下几方面的工作:
(1)根据施工任务的需要和变化,从社会劳务市场中招募和遣返(辞退)劳动力。
(2)项目经理部根据劳动力需要量计划与作业队签订劳务合同,并按合同向作业队下达任务,派遣队伍。
(3)对劳动力进行企业范围内的平衡、调度和统一管理。施工项目中的承包任务完成后收回作业人员,重新进行平衡、派遣。
(4)负责对企业劳务人员的工资、奖金管理,实行按劳分配,兑现合同中的经济利益条款,进行合乎规章制度及合同约定的奖罚。

(二)项目经理部是项目施工范围内劳动力动态管理的直接责任者

项目经理部劳动力动态管理的责任是:
(1)按计划要求向企业劳务管理部门申请派遣劳务人员,并签订劳务合同。
(2)按计划在项目中分配劳务人员,并下达施工任务单或承包任务书。
(3)在施工中不断进行劳动力平衡、调整,解决施工要求与劳动力数量、工种、技术能力、相互配合中存在的矛盾。在此过程中按合同与企业劳务部门保持信息沟通、人员使用和管理的协调。
(4)按合同支付劳务报酬。解除劳务合同后,将人员遣归内部劳务市场。

(三)劳动力动态管理的原则

(1)动态管理以进度计划与劳务合同为依据。
(2)动态管理应始终以企业内部市场为依托,允许劳动力在市场内作充分合理的流动。
(3)动态管理应以动态平衡和日常调度为手段。
(4)动态管理应以达到劳动力优化组合和以作业人员的积极性充分调动为目的。

四、劳务承包责任制

劳动服务方式应当实行劳务承包责任制,即由企业劳务管理部门与项目经理部通过签订劳务承包合同承包劳务,派遣作业队完成承包任务。作业队到达项目现场以后,服从项目经理部的具体安排,接受根据承包合同下达的大包任务书或施工任务单,按大包任务书或任务单的要求施工。

(一)企业劳务部门与经理部签订劳务合同的内容

一份企业劳务管理部门和项目经理部签订的劳务合同,应包括下列内容:
(1)作业任务及应提供的计划工日数和劳动力人数。
(2)进度要求及进场、退场时间。
(3)双方的管理责任。
(4)劳务费计取及结算方式。
(5)奖励与罚款。

其中的关键内容是双方的责任。企业劳务管理部门应负责包任务量完成,包进度,包质量,包安全,包节约,包文明施工,包劳务费用。项目经理部应负责作业队进场后的各种保证:保施工任务饱满和生产的连续性、均衡性,保物资供应和机械配套,保各项质量、安全防护措施落实,保技术资料及时供应,保文明施工所需的一切费用及设施等。

(二)劳动管理部门或项目经理部向作业队下达劳务承包责任状

责任状是上级向下级或是雇主(项目经理部)向被雇员(承包队)下达任务,下级向上级或是雇主(项目经理部)向被雇员(承包队)作出承诺的协议性文件。

责任状根据已签订的合同建立,劳务承包责任状的内容如下:
(1)作业队承包的任务内容及计划安排。
(2)对作业队的进度、质量、安全、节约、协作和文明施工要求。
(3)考核标准及作业队应得的报酬、上缴任务。
(4)对作业队的奖罚规定。

五、施工项目的劳动分配方式

(一)劳动分配的内容

施工项目劳动分配的内容包括以下方面:
(1)作业队劳务费的收入。
(2)作业队对班组劳动报酬的支付及奖罚收支。
(3)作业队向劳务管理部门上缴任务的完成。
(4)班组内部的分配。
(5)项目经理部与企业劳务部门劳务费结算。

（二）劳动分配的依据

(1)企业的劳动分配制度。
(2)劳动工资核算资料及设计预算。
(3)劳务承包合同及劳务责任状。
(4)劳务考核结果。

第三节　施工项目材料管理

一、施工项目现场材料管理

凡项目所需的各类材料,自材料采购进入施工现场至施工结束清理现场为止的全过程所进行的材料管理,均属施工现场材料管理的范围。

（一）现场材料管理责任

施工项目经理是现场材料管理全面领导责任者,施工项目经理部主管材料人员是施工现场材料管理的直接责任人,班组料具员在主管材料员业务指导下,协助班组长组织和监督本班组合理领、用、退料。现场材料人员应建立材料管理岗位责任制。

（二）现场材料管理的内容

(1)材料计划管理。项目开工前,向企业材料部门提出一次性计划,作为供应备料依据;在施工中,根据工程变更及调整的施工预算,及时向企业材料部门提出调整供料月计划,作为动态供料的依据,根据施工图纸、施工进度,在加工周期允许时间内提出加工制品计划,作为供应部门组织加工和向现场送货的依据;根据施工平面图对现场的设计,按使用期提出施工设施用料计划,报供应部门作为送料的依据;按月对材料计划的执行情况进行检查,材料供应不间断。

(2)材料进场验收。为了把住质量和数量关。在材料进场时必须根据进料计划、送料凭证、质量保证书或产品合格证,对材料的数量和质量进行验收;验收工作按质量验收规范和计量检测规定进行;验收内容包括品种、规格、型号、质量、数量、证件等;验收要作好记录、办理验收手续;对不符合计划要求或质量不合格的材料应拒绝验收。

(3)材料的储存与保管。进库的材料应验收入库,建立台账;现场的材料必须防火、防盗、防雨、防变质、防损坏;施工现场材料的放置要按平面布置图实施,做到位置正确、保管处置得当、合乎堆放保管制度,要日清月结、定期盘点、账实相符。

(4)材料领发。凡有定额的工程用料,凭限额领料单领发材料;施工设施用料也实行定额发料制度,以设施用料计划进行总控制;超限额的用料,用料前应办理手续,填制限额领料单,注明超耗原因,经签发批准后实施;建立领发料台账,记录领发状况和节超状况。

(5)材料使用监督。现场材料管理责任者应对现场材料的使用进行分工监督。监督的内容包括:是否按材料作用合理用料,是否严格执行配合比,是否认真执行领发料手续,是否做到谁用谁清、随清随用、工完料退场地清,是否按规定进行用料交底和工序交接,是否做到按平面图堆料,是否按要求保护材料等。检查是监督的手段,检查要做到情况有记录、原因有分析、责任有明确、处理有结果。

(6)材料回收。班组余料必须回收,及时办理退料手续,并在限额领料单中登记扣除。余料要造表上报,按供应部门的安排办理调拨和退料。设施用料、包装物及容器,在使用周期结束后组织回收。建立回收台账,处理好经济关系。

(7)周转材料的现场管理。按工程量、施工方案编报需用计划。各种周转材料均应按规格分别码放,阳面朝上,垛位见方,露天存放的周转材料应夯实场地,垫高30cm,有排水措施,按规定限制高度,垛间留有通道,零配件要装入容器保管,按合同发放,按退库验收标准回收,做好记录,建立维修制度,按周转材料报废规定进行报废处理。

(三)大力探索节约材料的新途径

材料量的节约,途径非常之多。哪些途径最有效?这就必须运用科学的管理成果进行探索。以下方法应大力研究应用。

(1)找出材料管理的重点。主要材料是管理的重点,最具节约潜力。

(2)学习存储理论,用以指导节约库存费用。由于长期以来,材料供应始终处在卖方市场状态下,采购人员往往不注意存储问题,使得材料使用与材料采购脱节,材料存储与资金管理脱节,按计划供应和实际供应脱节,供应量与使用时间脱节等。研究和应用存储理论对于科学采购、节约仓库面积、加速资金周转等都具有重要意义。研究存储理论的重点是如何确定经济存储量、经济采购批量、安全存储量、订购点等,这实际上就是存储优化问题。

(3)不但要研究材料节约的技术措施,更重要的是研究材料节约的组织措施。组织措施比技术措施见效快、效果大。因此要特别重视施工规划(施工组织设计)对材料节约技术组织措施的设计,特别重视月度技术组织措施计划的编制和贯彻。

(4)重视价值分析理论在材料管理中的应用。价值分析的目的是以尽可能少的费用支出,可靠地实现必要的功能。由于材料成本降低的潜力最大,故有必要认真研究价值分析理论在材料管理中的应用。因为价值分析的基本公式是:价值=功能/成本,为了既提高价值又降低成本,可以有三个途径:第一是功能不变,成本降低,如使用岩棉板代替聚苯板保温,就属此类情况;第二是在功能不受很大影响的前提下,大大降低成本,如使用滑动模板以节省模板料和模板费即属此类情况;第三是既降低成本,又提高功能,如使用大模板做到以钢代木、代架、代操作平台即属此类。

(5)正确选择降低成本的对象。价值分析的对象,应是价值低的、降低成本潜力大的对象。这也是降低材料成本应选择的对象,应着力"攻关"。

(6)改进设计、研究材料代用。按价值分析理论,提高价值的最有效途径是改进设计和使用代用材料,它比之改进工艺的效果要大得多。因此应大力进行科学研究,开发新技术,以改进设计,寻找代用材料,使材料成本大幅度降低。

二、施工项目的材料采购及供应

施工项目材料管理的目的是贯彻节约的原则,节约材料费用,降低工程成本。由于材料费在流动资金占用中和工程成本中所占的比重最大,故加强材料管理是提高施工企业经济效益的最主要途径。

材料采购供应是材料管理的首要环节,与材料供应市场关系极大。问题的焦点集中在项目施工应建立在怎样的材料供应体制上。

(一)材料供应权应主要集中在承包法定人层次上

承包人对工程所需的主要材料、大宗材料实行统一计划、统一采购、统一供应、统一调度和统一核算,可以把材料管理工作贯穿于施工项目管理的全过程,即投标报价、落实施工方案、组织项目班子、编制供料计划、组织项目材料核算、实施奖惩的全过程;建立统一的企业内部建筑材料市场,进行材料供应的动态配置和平衡协调。承包法定人的材料供应地位既不能被社会材料市场所代替,又不能被众多的专业施工队所代替。

(二)项目经理部有材料采购供应权

为满足施工项目材料特殊的需要,调动项目管理层的积极性,企业应将材料采购权下放到项目经理部,负责采购供应计划外材料、特殊材料和零星材料。对企业材料部门的采购,项目管理层也应有建议权。这样,施工项目材料管理的主要任务便集中于提出需用量计划,与企业材料部门签订供料合同,控制材料使用,加强现场管理,设计材料节约措施,完工后组织材料结算与回收等。随着建材市场的扩大和完善,项目经理部的材料采购供应权越来越大。

第四节 机械设备管理

一、机械设备的合理使用

(1)人机固定,实行机械使用、保养责任制,将机械设备的使用效益与个人经济利益联系起来。

(2)实行操作证制度。专机的专门操作人员必须经过培训和统一考试,确认合格,发给操作证。这是保证机械设备得到合理使用的必要条件。

(3)操作人员必须坚持搞好机械设备的例行保养。

(4)遵守合理使用规定。这样,可以防止机件早期磨损,延长机械使用寿命和修理周期。

(5)实行单机或机组核算,根据考核的成绩实行奖惩,这也是一项提高机械设备管理水平的重要措施。

(6)建立设备档案制度。这样就能了解设备的情况,便于使用与维修。

(7)合理组织机械设备施工。必须加强维修管理,提高机械设备的完好率和单机效率,并合理地组织机械的调配,搞好施工的计划工作。

(8)培养机务队伍。应采取办训练班、进行岗位练兵等形式,有计划、有步骤地做好培训和提高工作。

(9)搞好机械设备的综合利用。机械设备的综合利用是指现场安装的施工机械尽量做到一机多用。尤其是垂直运输机械,必须综合利用,使其效率充分发挥。它负责垂直运输各种构件材料,同时作回转范围内的水平运输、装卸车等。因此要按小时安排好机械的工作,充分利用时间,大力提高其利用率。

(10)要努力组织好机械设备的流水施工。当施工的推进主要靠机械而不是人力的时候,划分施工的大小必须考虑机械的服务能力,把机段作为分段的决定因素。要使机械连续作业,不停歇,必要时"人歇马不歇",使机械三班作业。一个施工项目有多个单位工程时,应使机械在单位工程之间流水,减少进出场时间和装卸费用。

(11)机械设备安全作业。项目经理部在机械作业前应向操作人员进行安全操作交底,使操作人员对施工要求、场地环境、气候等安全生产要素有清楚的了解。项目经理部按机械设备的安全操作要求安排工作和进行指挥,不得要求操作人员违章作业,也不得强令机械带病操作,更不得指挥和允许操作人员野蛮施工。

(12)为机械设备的施工创造良好条件。现场环境、施工平面图布置应适合机械作业要求,交通道路畅通无障碍,夜间施工安排好照明。协助机械部门落实现场机械标准化。

二、施工项目机械设备的选择

随着建筑科学技术的发展,建筑工业化、机械化水平正迅速提高,以机械施工代替繁重的体力劳动,机械设备的数量、种类、型号也在不断增多,在施工中起的作用越来越大,加强对施工机械设备的管理优化工作日益重要,施工项目机械设备管理优化,就是按照优化原则对施工机械设备进行选择、合理使用与适时更新。因此,施工项目机械设备管理的任务是:正确选择施工机械,保证在使用中处于良好状态,减少闲置、损坏,提高使用效率及产出水平,施工项目机械设备的选择原则是切合实际,经济合理。选择方法有以下几种。

(一)综合因素

如果有多种机械的技术性能可以满足施工要求,还应对各种机械的下列特性进行综合考虑,包括:工作效率,工作质量,使用费和维修费,能源耗费量,占用的操作人员和辅助工作人员,安全性,稳定性,运输、安装、拆卸及操作的难易程度和灵活性,机械的完好性和维修难易程度,对气候条件的适应性,对环境保护的影响程度等。由于项目较多,在综合考虑时如果优劣倾向性不明显,则可用定时计算法求出综合指标再加以比较。方法是较多的,可以用简单评分法,也可以用加权评分法。

[例3-1] 设有3台钻孔灌注桩施工钻机GPF-15型、GQ-12B型和GZ50型,它们的技术性能均可满足施工需要,假如3台钻机在上述各种特性中,前三项满分均为10分,其余各项满分均为8分,每项指标又分成三级,评定结果见表3-1。将各机械的分值相加,高者为优。本方案最后应选用GPF-15型钻机。

(二)用单位工程量成本进行比较优选

在使用机械时,总要消费一定的费用,这些费用可分成两类:一类称为操作费或称为可变费用,它随着机械的工作时间而变化,如操作人员的工资、燃料动力费、小修理费、直接材料费等;另一类费用是按一定施工期限分摊的费用,称为固定费,如折旧费、大修理费、机械管理费、投资应付利息、固定资产占用费等。用这两类费用计算"单位工程量成本"的公式是:

$$单位工程量成本 = \frac{操作时间固定费 + 操作时间 \times 单位时间操作费}{操作时间 \times 单位时间产量}$$

表 3-1　加权评分表

序号	特性	等级	标准分	GPF-15型钻机	GQ-12B型钻机	GZ50型钻机
1	工作效率	A B C	10 8 6	10	10	8
2	工作质量	A B C	10 8 6	8	8	8
3	使用费和维修费	A B C	10 8 6	8	8	6
4	能源耗费量	A B C	8 6 4	8	6	4
5	占用人员	A B C	8 6 4	8	8	6
6	安全性	A B C	8 6 4	8	6	8
7	稳定性	A B C	8 6 4	8	6	8
8	完好性和维修难易	A B C	8 6 4	8	6	4
9	安、拆、用的难易和灵活性	A B C	8 6 4	8	6	6
10	对气候适应性	A B C	8 6 4	6	6	6
11	对环境影响	A B C	8 6 4	6	6	8
	总计分数			82	80	72

第三章 施工项目的生产要素管理

[例 3-2] 假如有两种钻机均可满足施工需要,预计每月使用时间为230h,有关经济资料见表3-2,问选哪一种为好?

解:两种钻机的单位工程量成本计算如下:

$$钻机 A 的单位工程量成本 = \frac{7\,000+38\times230}{230\times1.5} = 45.62 \text{ 元/m}^3$$

$$钻机 B 的单位工程量成本 = \frac{8\,400+35\times230}{230\times1.6} = 44.70 \text{ 元/m}^3$$

显然钻机B的单位工程量成本低于钻机A,应当选用钻机B。

表3-2 钻机的有关经济资料

机种	月固定费用(元)	每小时操作费(元)	每小时产量(m³)
钻机 A	7 000	38	1.5
钻机 B	8 400	35	1.6

(三) 用"界限使用时间"判断应选用哪种机械

单位工程量成本受使用时间的制约。如果我们能将两种机械单位工程量成本相等时的使用时间计算出来,则决策工作会更简便,也更可靠,我们把这个时间称为"界限使用时间"。

假如 R_A 和 R_B 分别为A机和B机的固定费用;Q_A 和 Q_B 分别为A机和B机的单位时间产量;P_A 和 P_B 分别为A机和B机的每小时操作费;界限使用时间为 X_0,则两机的单位工程量成本相等时可表示为:

$$\frac{R_A+P_A X_0}{Q_A X_0} = \frac{R_B+P_B X_0}{Q_B X_0} \tag{3-1}$$

解此式得:

$$X_0 = \frac{R_B Q_A - R_A Q_B}{P_A Q_B - P_B Q_A} \tag{3-2}$$

这就是"界限使用时间"的计算公式。显然,使用时间高于这个时间和低于这个时间时,单位工程量成本的变化会使选用机械的决策得到相反的结果。

为了判断使用时间的变化对决策的影响,我们假设两机的单位时间产量相等,则上式可以简化为:

$$X_0 = \frac{R_B - R_A}{P_A - P_B} \tag{3-3}$$

此式可用图3-1表示。

从图3-1中可以看出,当 $R_B - R_A > 0$,$P_A - P_B > 0$ 时,若使用机械的时间少于 X_0,则选用机械A为优;若使用机械的时间多于 X_0,则选用机械B为优。反之,当 $R_B - R_A < 0$,$P_A - P_B < 0$,使用机械的时间少于 X_0 时,选用机械B为优;当使用时间多于 X_0 时,选用机械A为优。后者的情形与前者是相反的,这样,欲作决策,首先要计算"界限使用时间",然后根据实际工程需要的预计使用时间,作出选用机械的决策。

[例3-3] 求出例2的"界限使用时间",并计算使用90h和110h的单位工程量成本,以验核上述选用规律。

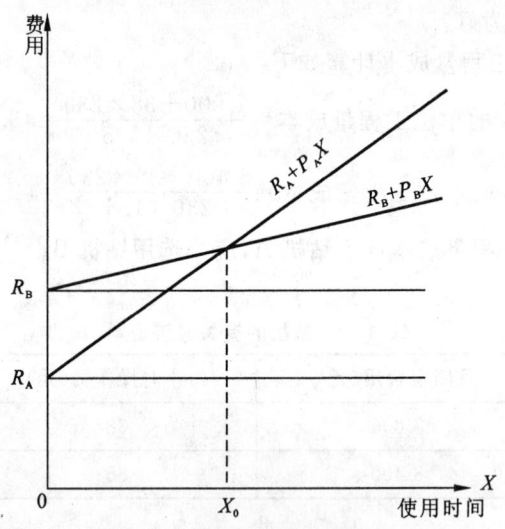

图 3-1 使用时间和费用关系

解:"界限使用时间"X_0的计算如下:

$$X_0 = \frac{R_B Q_A - R_A Q_B}{P_A Q_B - P_B Q_A} = \frac{8\,400 \times 1.5 - 7\,000 \times 1.6}{38 \times 1.6 - 35 \times 1.5} = 168.7\text{h}$$

由于分子、分母均大于 0,故当使用时间低于 168.7h 时,选用 A 机;当使用时间高于 168.7h 时,选用 B 机。

(四)用折算费用法(等值成本法)进行优选

当机械在一项工程中使用时间较长,甚至涉及到购置时,在选择时往往涉及到机械的原值(投资)。利用银行贷款时又涉及到利息,甚至复利计息。这时,可采用折算费用法(又称等值成本法)进行计算,低者为优。

所谓折算费用是预计机械使用时,按年或按月摊入成本的机械费用。这项费用涉及机械原值、年使用费、残值和复利利息。计算公式是:

年折算费用＝每年按等值分摊的机械投资＋每年的机械使用费

在考虑复利和残值的情况下:

年折算费用＝(原值－残值)×资金回收系数＋残值×利率＋年度机械使用费

$$\text{资金回收系数} = \frac{i(1+i)^n}{(1+i)^n - 1}$$

式中:i——复利率;

n——计利期。

[例 3-4] 某基础公司承包了一项大的基础工程项目,施工组织设计基本完成后,发现本公司现有的设备均不能满足需要,故需要作出是购买设备还是向机械出租站租赁的决策。经测算有表 3-3 的资料可供决策。

解:自购机械的年折算费用计算如下:

$$自购机械年折算费用 = (200\,000 - 20\,000) \times \frac{0.10(1+0.10)^{10}}{(1+0.10)^{10}-1} + 20\,000 \times 0.10 + 40\,000$$
$$= 71\,295(元)$$

年租金及使用费用 $= 80\,000 + 40\,000 = 120\,000(元)$

这样看来,自购机械年折算费用比租赁机械的年支出费用要低 48 705 元(即 120 000 - 71 295),故不宜租赁,可做出自购机械的决策。

表 3-3 自购与租赁设备费用资料

方案	一次投资(元)	年使用费(元)	使用年限	残值	年复利率(%)	年租金(元)
自购	200 000	40 000	10	20 000	10	—
租赁	—	80 000	—	—	—	40 000

三、施工机械设备的维修

(一)机械设备的保养

1. 机械设备的磨损

机械设备的磨损可分为三个阶段。

第一阶段:磨合磨损。这是初期磨损,包括制造或大修理中的磨合磨损和使用初期的走合磨损,这段时间较短。此时,只要执行适当的走台期使用规定就可降低初期磨损,延长机械使用寿命。

第二阶段:正常工作磨损。这一阶段零件经过走合磨损,光洁度提高了,磨损较少,在较长时间内基本处于稳定的均匀磨损状态。这个阶段后期,条件逐渐变坏,磨损就逐渐加快,进入第三阶段。

第三阶段:事故性磨损。此时,由于零件配合的间隙扩展而使负荷加大,磨损激增,可能很快磨损。如果磨损程度超过了极限不及时修理,就会引起事故性损坏,造成修理困难和经济损失。

2. 机械设备的保养

机械设备保养目的是为了保持机械设备的良好技术状态,提高设备运转的可靠性和安全性,减少零件的磨损,延长使用寿命,降低消耗,提高机械施工的经济效益。保养分为例行保养和强制保养。例行保养属于正常使用管理工作,它不占用机械设备的运转时间,由操作人员在机械运转间隙进行。其主要内容是:保持机械的清洁,检查运转情况,防止机械腐蚀,按技术要求润滑等等。强制保养是隔一定周期,需要占用机械设备的运转时间而停工进行的保养,强制保养是按照一定周期和内容分级进行的。保养周期根据各类机械设备的磨损规律、作业条件、操作维护水平及经济性四个主要因素确定。

(二)机械设备的维修

机械设备的修理,是对机械设备的自然损耗进行修复,排除机械运行的故障,对损坏的零部件进行更换、修复。对机械设备的预检和修理,可以保证机械的使用效率,延长使用寿命。

机械设备的修理可分为大修、中修和零星小修。

大修是对机械设备进行全面的解体检查修理,保证各零部件质量和配合要求,使其达到良好的技术状态,恢复可靠性和精度等工作性能以延长机械的使用寿命。

中修是大修间隔期间对少数总成进行大修的一次性平衡修理,对其他不进行大修的总成只执行检查保养。中修的目的是对不能继续使用的部分总成进行大修,使整机状况达到平衡,以延长机械设备的大修间隔。

零星小修一般是临时安排的修理,其目的是消除操作人员无力排除的突然故障、个别零件损坏,或一般事故性损坏等问题,一般都是和保养相结合,不列入修理计划之中,而大修、中修需要列入修理计划,并按计划预检修制度执行。

第五节 施工项目资金管理

施工项目资金管理的主要环节有:资金收入预测;资金支出预测;资金收支对比;奖金筹措;资金使用管理。

一、施工项目资金管理要点

(1)确定施工项目经理当家理财的中心地位。哪个项目的资金,由哪个项目支配使用。

(2)项目经理部应在企业内部银行中申请开设独立账户,由内部银行办理项目资金的收、支、划、转,由项目经理签字确认。

(3)内部银行实行"有偿使用"、"存贷计息"、"定额考核",定额内低利率、定额外高利率的内部贷款办法。项目资金不足时,通过内部银行解决,不搞平调。

(4)项目经理部按月编制资金收支计划,企业工程部签订供款合同,公司总会计师批准,内部银行监督实施,月终提出执行情况分析报告。

(5)项目经理部应及时向发包方收取工程预付备料款,做好分期结算、预算增加账、竣工结算等工作,定期进行资金使用情况和效果分析,不断提高资金管理水平和效益。

(6)建设单位所交"三材"和设备,是项目资金的重要组成部分。项目经理部应设置台账,根据收料凭证及时登记入账,按月分析耗用情况,反映"三材"收入及耗用动态。定期与交料单位核对,保证数据资料完整、正确,为及时做好竣工结算创造条件。

(7)项目经理部每月定期召开业主代表、分包、供应、加工各单位代表碰头会,协调工程进度、配合关系、资金及甲方供料事宜。

二、施工项目资金收入与支出的预测及对比

(一)资金收入预测

项目资金是按合同价款收取的,在实施施工项目合同的过程中,应从收取工程预付款(预付款在施工后以冲抵工程价款方式逐步扣还给建设单位)开始,每月按进度收取工程进度款,到最终竣工结算,按时间测算出价款数额,做出项目收入预测表,绘出项目资金按月收入图及项目资金按月累加收入图。

资金收入测算工作应注意以下几个问题:

(1)由于资金测算工作是一项综合性工作,因此要在项目经理主持下,由职能人员参加,共同分工负责完成。

(2)加强施工管理,确保按合同工期要求完成,免受延误工期罚款造成的经济损失。

(3)严格按合同规定的结算办法测算每月实际应收的工程进度款数额,同时要注意收款滞后时间因素,即按当月完成的工程量计算应收取的工程进度款不一定能按时收取,但应力争缩短滞后时间。

按上述原则测算的收入,形成了奖金的收入在时间上、数量上的总体概念,为项目筹措资金、加快资金周转、合理安排资金使用提供科学依据。

(二)资金支出预测

1. 项目资金支出预测的依据

(1)成本费用控制计划。
(2)施工组织设计。
(3)材料、物资储备计划。

根据以上依据,测算出随着工程的实施,每月预计的人工费、材料费、施工机械使用费、物资储运费、临时设施费、其他直接费和施工管理费等各项支出,使整个项目的支出在时间上和数量上有一个总体概念,以满足资金管理上的需要。

2. 项目资金支出预测应注意的问题

(1)从实际出发,使资金支出预测更符合实际情况,资金支出预测,在投标报价中就已开始做了,但不够具体,因此,要根据项目实际情况,将原报价中估计的不确定因素加以调整,使之符合实际。

(2)必须重视资金的支出时间价值。资金支出的测算是从筹措资金和合理安排调度资金角度考虑的,一定要反映出资金支出的时间价值,以及合同实施过程中不同阶段的资金需要。

(三)资金收入与支出对比

图 3-2 将施工项目资金收入预测累计结果和支出预测累计结果绘制在一个坐标图上。图中曲线 A 是施工计划曲线,曲线 B 是资金预计支出曲线,曲线 C 是预计资金收入曲线。B、C 曲线之间的距离是相应时间收入与支出资金数之差,也即应筹措的资金数量。图中 a、b 间的距离是本施工项目应筹措资金的最大值。

三、施工项目资金的筹措

(一)施工过程所需要的资金来源

施工过程所需要的资金来源,一般是在承发包合同条件中规定了的,由发包方提供工程备料款和分期结算工程款提供。为了保证生产过程的正常进行,施工企业也可垫支部分自有资金,但在占用时间和数量方面必须严加控制,以免影响整个企业生产经营活动的正常进行。因此,施工项目资金来源的渠道有以下几种。

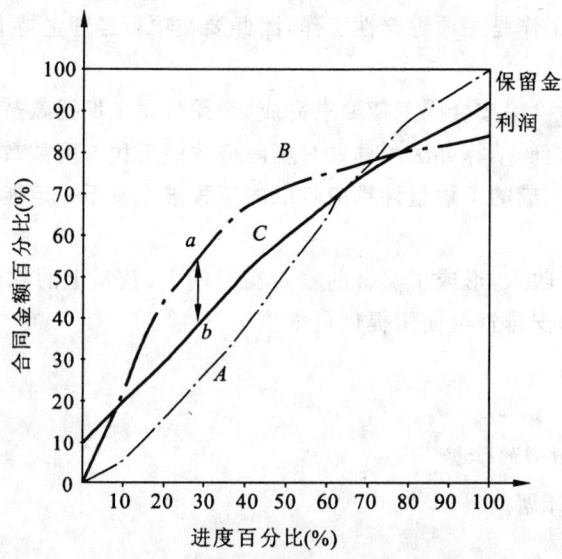

图 3-2 项目费用支出预测程序图

(1) 预收工程备料款。
(2) 已完施工价款结算。
(3) 银行贷款。
(4) 企业自有资金。
(5) 其他项目资金的调剂占用。

(二) 筹措资金的原则

(1) 充分利用自有资金。其好处是：调度灵活，不须支付利息，比贷款的保证性强。
(2) 必须在经过收支对比后，按差额筹措资金，避免造成浪费。
(3) 把利息的高低作为选择资金来源的主要标准，尽量使用低利率贷款。用自有资金时也应考虑其时间价值。

(三) 资金筹措计算

1. 利用银行贷款

如果以工程的合同价为 C，工程所需的周转资金为 C 的 $P_1\%$，业主给予的预付款 A 为 C 的 $P_2\%$，预期利润为 C 的 $P_3\%$，工期为 T 月，月平均利润率为 $P_A\%$。显然，承包商只用自有资金 S 承包时，则 S 与 C 的关系应如下式：

$$S=\frac{(P_1-P_2)C}{100} \tag{3-4}$$

或他可以承包的合同金额 C 为：

$$C=\frac{100S}{P_1-P_2} \tag{3-5}$$

总利润额：

$$P = C \times \frac{P_3}{100} \tag{3-6}$$

自有资金月平均利润率：

$$P_A = \frac{100P}{T \times S}(\%) \tag{3-7}$$

如可从银行借到贷款 B，利率为 $P_4\%$（单利），则该承包商可以承包的合同金额为：

$$C = \frac{100(S+B)}{(P_1-P_2)} \tag{3-8}$$

预期利润：

$$P = 毛利润 - 贷款利息$$

或

$$P = \frac{C \times P_3}{100} - \frac{BT \times P_4}{100} \tag{3-9}$$

故自有资金形成的月平均利润率 $P_A(\%)$ 为：

$$P_A = \frac{100P}{T \times S}(\%) = \frac{\frac{C \times P_3}{100} - \frac{BT \times P_4}{100}}{T \times S} \times 100(\%) = \frac{C \times P_3 - BT \times P_4}{T \times S}(\%) \tag{3-10}$$

如需要的周转资金为 C 的 $P_1=20\%$，预付款 A 为 C 的 $P_2=10\%$，预期利润为 C 的 $P_3=2\%$，月平均利润率 $P_4=1.25\%$，自有资金 $S=150$ 万元，银行借到贷款 $B=150$ 万元，$T=12$ 月，则分别计算只用自有资金和利用银行贷款两种情况的结果（表 3-4）。

由表 3-4 可知，当自有资金不变时，利用银行贷款，可以显著提高承包合同金额和月平均利润率。即使只能贷款 150 万元，承包合同金额和月平均利润率也可分别提高到 3 000 万元和 2.08%。

从银行贷款可采用存款抵押、资产抵押或短期透支等方式。

表 3-4 只利用自有资金和同时利用银行贷款比较

只用自有资金	自有资金＋银行贷款
合同金额：$C = \frac{100 \times 150}{(20-10)} = 1\ 500$ 万元	$C = \frac{(150+150)}{(20-10)} \times 100 = 3\ 000$ 万元
预期利润：$P = \frac{1\ 500 \times 2}{100} = 30$ 万元	$P = \frac{3\ 000 \times 2}{100} - \frac{150 \times 12 \times 1.25}{100} = 37.5$ 万元
月平均利润率：$P_A = \frac{100 \times 30}{12 \times 150}(\%) = 1.60\%$	$P_A = \frac{100 \times 37.5}{12 \times 150}(\%) = 2.08\%$

2. 资金筹措的动态分析

资金筹措的动态分析要求编制资金流动计划。编制资金流动计划的目的是要确定在施工过程中承包商何时需要多少资金，以便进行资金筹集安排和成本控制。一般可按月度计算资金流动量，大型项目也可按季度安排。

资金流动计划由资金投入计划和资金回收计划组成,可用表格或图线形式表示。它们主要分别依据施工总进度计划、工程预算,并考虑劳力、材料和设备的投入时间、合同价格及合同中支付条款等分项计算。二者的计算时间划分应一致,以便比较分析。

资金投入计划中一般考虑前期费用,暂设工程费用,人员费用,施工机具费用,材料费用,项目永久设备采购、运达工地和安装试车费用,不可预见费,贷款利息,管理费等。资金回收计划中则考虑工程施工预付款、材料设备预付款、月进度款、最终结算付款、保证金的退还等。现举例说明。

假设某基坑工程的施工总进度计划及各施工过程的持续时间和成本分别示于图3-3及表3-5中,如毛利润率估定为合同价的10%,净利润率为净收入的8%,保留金为合同价的5%,其最大额为3万元。在工程竣工后发还50%的保留金,其余50%在6个月维修期满后发还。业主的月进度款付款每月延迟一个月。该承包商编制了资金投入计划和资金回收计划(均以图线表示,如图3-4所示),并据之求出施工期间所需贷入现金最高额、利息额和净利润值,分析计算过程如下:

施工过程	施工进度(月)					
	1	2	3	4	5	6
场地平整	4.5	4.5				
支护桩施工		4.0	4.0	4.0		
基础桩施工				12.0	6.0	
帷幕墙施工				15.0		
底板封隔				2.0	4.0	
锚杆及开挖						20.0
费用(万元)	4.5	8.5	4.0	33.0	10.0	20.0

图3-3 施工总进度计划

表3-5 各分项工程持续时间及施工费用

分项工程	持续时间(月)	施工总费用(万元)
场地平整	2	9.0
支护桩施工	3	12.0
基础桩施工	1.5	18.0
帷幕墙施工	1	15.0
底板封隔	1.5	6.0
锚杆及开挖	1	20.0

表 3-6 中第 6 月末月进度款索款额=80.0-3.0(保留金最大额)=77.0 万元。第 7 月末业主付款累计为 $77.0+\dfrac{3.0}{2}=78.5$ 万元(竣工验收后退还所扣保留金的 50%)。第 12 月末又退还余下的一半保留金 1.5 万元,故第 12 月末累计回收资金=78.5+1.5=80.0 万元。

表 3-6 现金投入加收金额计算 （单位:万元）

月份	1	2	3	4	5	6	7	…	12
月施工费用	4.500	8.500	4.000	33.000	10.000	20.000			
累计施工费用	4.500	13.000	17.000	50.000	60.000	80.000			
累计毛利润额	0.450	1.300	1.700	5.000	6.000	8.000			
累计施工投入成本	4.050	11.700	15.300	45.000	54.000	72.000	72.000	72.000	
月进度款付款额（扣除保留金后）		4.275	12.350	16.150	47.500	57.000	77.000		
现金加收原金额	0	4.275	12.350	16.150	47.500	57.000	78.500		80.000

将每月累计投入和回收的资金绘成如图 3-4 所示的现金流量图线,则图中阴影部分中的最大纵距离就是所需筹集的资金最高额。考虑到金额不大,可用短期贷款方式解决所缺的资金。这样,阴影部分的面积乘以贷款利率,就是所付出的预期利息总额。据以上分析,可以求得：

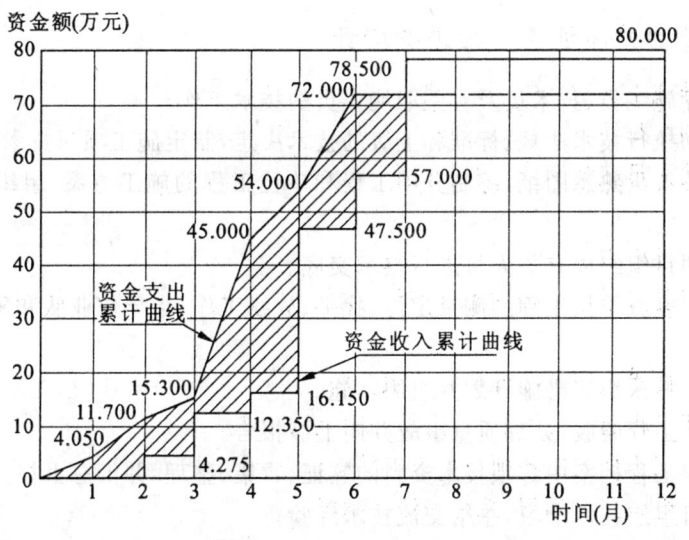

图 3-4 现金流量分析图

(1)所需筹集的资金最高额发生在第 5 个月末以前,其值为 54.000-16.150=37.850 万元。

(2)如不足的资金以年利率 $i=12\%$ 从银行贷款来补足,则利息总额 I 可计算如下。

图 3-4 中阴影部分面积 F 为：

$$F=\frac{1}{2}[(4.050-0)+(4.050+11.700)+(11.700+15.300-2\times4.275)+(15.300\\+45.000-2\times12.350)+(45.000+54.000-2\times16.150)+(54.000+72.000\\-2\times47.500)+2\times(72.000-57.000)]\times1=100.925(万元·月)$$

故利息总额为：

$$I=100.925\times\frac{1}{12}\times0.12=1.00925(万元)$$

(3) 净利润＝总收入－总成本－利息
$$=80.000-72.000-1.00925=6.99075(万元)$$

第六节 施工项目技术管理

一、施工项目技术管理的内容和分工

(一) 施工项目技术管理的内容

(1) 技术基础工作的管理，包括：实行技术责任制、执行技术标准与技术规程、制定技术管理制度、开展科学试验、交流技术情报、管理技术文件等。
(2) 施工过程中技术工作的管理，包括：施工工艺管理、技术试验、技术核定、技术检查等。
(3) 技术开发管理，包括：技术培训、技术革新、技术改造、合理化建议等。
(4) 技术经济分析与评价。

(二) 施工项目技术负责人的主要职责

(1) 直接领导施工员、技术员及有关职能人员的技术工作。
(2) 负责贯彻执行技术法规、标准和上级的技术决定，制定施工项目技术管理制度。
(3) 组织有关人员熟悉图纸，编制分项工程和单位工程的施工方案，组织按施工组织设计施工。
(4) 向施工项目组织内有关人员进行技术交底。
(5) 负责组织复查单位工程的测量定位、找平、放线工作，指导作业队和班组的质量检查工作。
(6) 审定施工技术组织措施计划并组织实施。
(7) 参加隐蔽工程验收，处理质量事故并向上级报告。
(8) 负责组织工程档案中各项技术资料的签证、收集、整理，并汇总上报。
(9) 领导项目组织技术学习，总结交流技术经验。

二、施工项目的主要技术管理制度

(一) 图纸学习和会审制度

制定、执行图纸会审制度的目的是领会设计意图，明确技术要求，发现设计文件中的差错

与问题,提出修改与洽商意见,避免技术事故或产生经济与质量问题。

（二）施工组织设计管理制度

按企业的施工组织设计管理制度,制定施工项目的实施细则,着重于单位工程施工组织设计及分部分项工程施工方案的编制与实施。

（三）技术交底制度

施工项目技术系统既要接受企业技术负责人的技术交底,又要在项目内进行层层交底,故要编制制度,以保证技术责任制落实,技术管理体系正常运转,技术工作按标准和要求运行。

（四）施工项目材料、设备检验制度

材料、设备的检验制度的宗旨是保证项目所用的材料、构件、零配件和设备的质量,进而保证工程质量。

（五）工程质量检查及验收制度

制定工程质量检查验收制度的目的是加强工程施工质量的控制,避免质量差错造成永久隐患,并为质量等级评定提供数据和情况,为工程积累技术资料和档案。工程质量检查验收制度包括工程预检制度、工程隐检制度、工程分阶段验收制度、单位工程竣工检查验收制度、分项工程交接检查验收制度等。

（六）技术组织措施计划制度

制定技术组织措施计划制度的目的是为了克服施工中的薄弱环节,挖掘生产潜力,加强其计划性、预测性,从而保证完成施工任务,获得良好技术经济效果和提高技术水平。

（七）工程施工技术资料管理制度

工程施工技术资料是施工单位根据有关管理规定,在施工过程中形成的应当归档保存的各种图纸、表格、文字、音像材料等技术文件材料的总称,是工程施工及竣工交付使用的必备条件,也是对工程进行检查、维护、管理、使用、改建和扩建的依据。制订该制度的目的是为了加强对工程施工技术资料的统一管理,提高工程质量的管理水平。它必须贯彻国家和地区有关技术标准、技术规程和技术规定,以及企业的有关技术管理制度。

（八）其他技术管理制度

除以上几项主要的技术管理制度以外,施工项目经理部还必须根据需要,制定其他技术管理制度,保证有关技术工作正常运行,例如土建与水电专业施工协作技术规定、工程测量管理办法、技术革新和合理化建议管理办法、计量管理办法、环境保护工作办法、工程质量奖罚办法、技术发明奖励办法等。

三、施工项目的主要技术管理工作

根据技术标准、技术规程、建筑企业的技术管理制度,施工项目经理部应制订技术管理制度，施工项目组织还应做好以下技术管理工作。

(一) 设计文件的学习和图纸会审

图纸会审是施工单位熟悉、审查设计图纸，了解工程特点、设计意图、关键部位的工程质量要求，帮助设计单位减少差错的重要手段。它是项目组织在学习和审查图纸的基础上，进行质量控制的一种重要而有效的方法。会审图纸有三方代表，即建设单位或其委托的监理单位、设计单位和施工单位。可由监理单位（或建设单位）主持。先由设计单位介绍设计意图和图纸、设计特点、对施工的要求。然后，由施工单位提出图纸中存在的问题和对设计单位的要求，通过三方讨论与协商，解决存在的问题，写出会议纪要，交给设计人员，设计人员将纪要中提出的问题通过书面的形式进行解释或提交设计变更通知书。图纸审查的内容包括：

(1) 是否为无证设计或越级设计，图纸是否经设计单位正式签署。

(2) 地质勘探资料是否齐全。如果没有工程地质资料或无其他地基资料，应与设计单位商讨。

(3) 设计图纸与说明是否齐全，有无分期供图的时间表。

(4) 设计地震烈度是否符合当地要求。

(5) 几个单位共同设计的，相互之间有无矛盾；专业之间平、立、剖面图之间是否有矛盾；标高是否有遗漏。

(6) 总平面与施工图的几何尺寸、平面位置、标高等是否一致。

(7) 防火要求是否满足。

(8) 建筑结构与各专业图纸本身是否有差错及矛盾；结构图与建筑图的平面尺寸及标高是否一致，建筑图与结构图的表示方法是否清楚，是否符合制图标准，预埋件是否表示清楚，是否有钢筋明细表，若无，则钢筋混凝土中钢筋构造要求在图中是否说明清楚，如钢筋锚固长度与抗震要求是否相符等。

(9) 施工图中所列各种标准图册施工单位是否具备，若无，如何取得。

(10) 建筑材料来源是否有保证。图中所要求的条件、企业的条件和能力是否有保证。

(11) 地基处理方法是否合理。建筑与结构构造是否存在不能施工、不便于施工，容易导致质量、安全或经费等方面的问题。

(12) 工艺管道、电气线路、运输道路与建筑物之间有无矛盾，管线之间的关系是否合理。

(13) 施工安全是否有保证。

(14) 图纸是否符合监理规划中提出的设计目标描述。

(二) 施工项目技术交底

技术交底的目的是使参与施工的人员熟悉和了解所担负的工程的特点、设计意图、技术要求、施工工艺和应注意的问题。应建立技术交底责任制，并加强施工质量检验、监督和管理，从而提高质量。

1. 技术交底的要求

技术交底是一项技术性很强的工作，对保证质量至关重要，不但要领会设计意图，还要贯彻上一级技术领导的意图和要求。技术交底必须满足施工规范、规程、工艺标准、质量检验评定标准和建设单位的合理要求。所有的技术交底资料都是施工中的技术资料，要列入工程技术档案。技术交底必须以书面形式进行,经过检查与审核,有签发人、审核人、接受人的签字。整个工程施工、各分部分项工程,均须作技术交底。特殊和隐蔽工程,更应认真作技术交底。在交底时应着重强调易发生质量事故与工伤事故的工程部位,防止各种事故的发生。

2. 设计交底

由设计单位的设计人员向施工单位交底,内容包括:

(1)设计文件依据:上级批文、规划准备条件、人防要求、建设单位的具体要求及合同;

(2)建设项目所处规划位置、地形、地貌、气象、水文地质、工程地质、地震烈度;

(3)施工图设计依据:包括初步设计文件,市政部门要求,规划部门要求,公用部门要求,其他有关部门(如绿化、环卫、环保等)的要求,主要设计规范,甲方供应及市场上供应的建筑材料情况等;

(4)设计意图:包括设计思想,设计方案比较情况,建筑、结构和水、暖、电、通、煤气等的设计意图;

(5)施工时应注意事项:包括建筑材料方面的特殊要求,建筑装饰施工要求,广播音响与声学要求,基础施工要求,主体结构设计采用新结构、新工艺对施工提出的要求。

3. 施工单位技术负责人向下级技术负责人交底的内容

(1)工程概况一般性交底;

(2)工程特点及设计意图;

(3)施工方案;

(4)施工准备要求;

(5)施工注意事项:包括地基处理、主体施工、装饰工程的注意事项及工期、质量、安全等。

4. 施工项目技术负责人对工长、班组长进行技术交底

技术负责人应按工程分部、分项进行交底,内容包括:设计图纸具体要求;施工方案实施的具体技术措施及施工方法;土建与其他专业交叉作业的协作关系及注意事项;各工种之间协作与工序交接质量检查;设计要求、规范、规程、工艺标准;施工质量标准及检验方法;隐蔽工程记录、验收时间及标准;成品保护项目、办法与制度;施工安全技术措施。

5. 工长向班组长交底

工长主要是利用下达施工任务书的时候进行分项工程操作交底。

(三)隐蔽工程检查与验收

隐蔽工程是指完工后将被下一道工序所掩盖的工程(如打桩工程中的钢筋笼)。隐蔽工程项目在隐蔽前应进行严密检查,作出记录,签署意见,办理验收手续,不得后补。有问题需复验的,须办理复验手续,并由复验人作出结论。填写复验日期。建筑工程隐蔽工程验收项目如下。

(1)地基验槽:包括土质情况、标高、地基处理。

(2)基础、主体结构各部位的钢筋均须办理隐检:内容包括钢筋的品种、规格、数量、位置、锚固或接头位置长度及除锈、代用变更情况,板缝及楼板胡子筋处理情况,保护层情况等。

(3)现场结构焊接。钢筋焊接包括焊接型式及焊接种类;焊条、焊剂牌号(型号);焊口规格;焊缝长度、厚度及外观清渣等;外墙板的键槽钢筋焊接;大楼板的连接筋焊接;阳台尾筋焊

接。

钢结构焊接包括:母材及焊条品种、规格;焊条烘焙记录;焊接工艺要求和必要的试验;焊缝质量检查等级要求;焊缝不合格率统计、分析及保证质量措施、返修措施、返修复查记录等。

(4)高强螺栓施工检验记录。

(5)屋面、厕浴间防水层下的各层细部做法,地下室施工缝、变形缝、止水带、过墙管做法等,外墙板空腔立缝、平缝、十字缝接头、阳台雨罩接头等。

(四)施工的预检

预检是该工程项目或分项工程在未施工前所进行的预先检查。预检是保证工程质量、防止可能发生差错造成质量事故的重要措施。除施工单位自身进行预检外,监理单位应对预检工作进行监督并予以审核论证。预检时要做出记录。建筑工程的预检项目如下:

(1)建筑物位置线,现场标准水准点,坐标点(包括标准轴线桩、平面示意图),重点工程应有测量记录。

(2)基槽验线,包括轴线、放坡边线、断面尺寸、标高(槽底标高、垫层标高)、坡度等。

(3)导管,包括直径长度、密封情况、孔深及导管下入深度、埋深、超灌等。

(4)混凝土拌合物的和易性,特别是坍落度和骨架材料的级配,对水下导管浇灌混凝土有很大影响,稍不注意,很有可能造成浇灌失败或者事故。

(5)预制构件(如静压桩段)吊装定位,包括轴线位置、构件型号、构件支点的搭接长度、堵孔、清理、锚固、标高、垂直偏差以及构件裂缝、损伤处理等。

(6)设备基础,包括位置、标高、几何尺寸、预留孔、预埋件等。

(7)混凝土施工缝留置的方法和位置,接槎的处理(包括接槎处浮动石子清理等)。

(8)各层间地面基层处理,屋面找坡、保温、找平层质量,各阴阳角处理。

(五)技术措施计划

技术措施是为了克服生产中的薄弱环节,挖掘生产潜力。保证完成生产任务,获得良好的经济效果,在提高技术水平方面采取的各种手段或办法。它不同于技术革新,技术革新强调一个"新"字,而技术措施则是综合已有的先进经验或措施,如节约原材料,保证安全,降低成本等措施。要做好技术措施工作,必须编制、执行技术措施计划。

1.技术措施计划的主要内容

(1)加快施工进度方面的技术措施。

(2)保证和提高工程质量的技术措施。

(3)节约劳动力、原材料、动力、燃料的措施。

(4)推广新技术、新工艺、新结构、新材料的措施。

(5)提高机械化水平,改进机械设备的管理,以提高完好率和利用率的措施。

(6)改进施工工艺和操作技术,以提高劳动生产率的措施。

(7)保证安全施工的措施。

2.施工技术措施计划的编制

(1)施工技术措施计划应同生产计划一样,按年、季、月份级编制,并以生产计划要求的进度与指标为依据。

(2)编制施工技术措施计划应依据施工组织设计和施工方案。

(3)编制施工技术措施计划时,应结合施工实际,公司编制年度技术措施纲要;分公司编制年度和季度技术措施计划;项目经理部编制月度技术措施计划。

(4)项目经理部编制的技术措施计划是作业性的,因此在编制时既要贯彻上级编制的技术措施计划,又要充分发动施工员、班组长及工人提出的合理化建议,使计划有群众基础。

(5)编制技术措施计划应计算其经济效果。

3.技术措施计划的贯彻执行

(1)在下达施工计划的同时,下达到栋号长、工长及有关班组。

(2)对技术措施计划的执行情况应认真检查,发现问题及时处理,督促执行。如果无法执行,应查明原因,进行分析。

(3)每月底施工项目技术负责人应汇总当月的技术措施计划执行情况,填写报表上报、总结、分布成果。

(六)施工组织设计

施工组织设计是一项重要的技术管理工作,也是施工项目管理规划,其内容将在本书的后续章节中介绍。

第四章 施工组织

第一节 施工组织研究的对象和任务

一、施工组织的研究对象

建筑施工组织是研究和制定组织建筑安装工程施工全过程既合理又经济的方法和途径。现代建筑工程是许许多多施工过程的组合体,每一种施工过程都能用多种不同的方法和机械来完成。即使是同一种工程,由于施工速度、气候条件及其他许多因素的关系,所采用的方法也不同。施工组织要善于在每一独特的场合下,找到最合理的施工方法和组织方法,并善于应用它。为此,必须运用一定的科学方法来解决建筑施工组织的问题。

二、现代建筑对施工组织提出的要求

建筑施工组织目前所面对的施工项目是现代化建筑物,这些建筑不论在规模上,还是在功能上都是以往任何时代的建筑所不能比拟的,它们反映在施工技术上的特征是高耸、大跨度、超深基础;反映在安装技术上的特征是都配备有现代化的通信系统、监控系统、自动控制系统与环境系统、综合布线系统等内容;反映在安全施工方面要求有严格的安全措施和消防措施;反映在质量方面要求严格按照 ISO-9000 质量标准体系,高效优质地施工;在环境保护、文明施工上要求做到无污染、无噪声、无公害、工地文明、整洁、形象美观等。这些都给施工组织带来了广泛的研究内容,提出了许多新的要求。

三、施工组织的任务

施工要多快好省地完成施工生产任务,必须有科学的施工组织,合理地解决好一系列问题。其具体任务如下。
(1)确定开工前必须完成的各项准备工作;
(2)计算工程数量、合理部署施工力量,确定劳动力、机械台班、各种材料、构件等的需要量和供应方案;
(3)确定施工方案,选择施工机具;
(4)安排施工顺序,编制施工进度计划;
(5)确定工地上的设备停放场、料场、仓库、办公室、预制场地等的平面布置;
(6)制定确保工程质量及安全生产的有效技术措施。

此外,施工的总方案可以是多种多样的,我们应该根据工程具体的任务特点、工期要求、劳动力数量及技术水平、机械装备能力、材料供应以及构件生产、运输能力、地质、气候等自然条

件及技术条件进行综合分析,从几个方案中反复比较,选择出最理想的方案。

把上述各项问题加以综合考虑,并做出合理的决定,形成指导施工生产的技术经济文件——施工组织设计。它本身是施工准备工作,而且是指导施工准备工作、全面布置施工生产活动、控制施工进度、进行劳动力和机械调配的基本依据,对于是否能多快好省地完成建筑工程的施工生产任务起着决定性的作用。

四、施工组织的一般原则

根据国内外工程施工所积累的经验,在组织施工时应遵循以下几项原则。

1. 科学合理地安排施工顺序

虽然建筑产品的生产具有单件性,其施工顺序会随工程性质、施工条件和使用要求的不同而有所不同,但是,我们仍然可以找出可以遵循的规律,主要有:

(1)先进行准备工程施工,后进行正式工程施工。但是,这不是说非得将所有的准备工作都完全做好才能开始正式工程的施工,只要准备工作做到能基本满足正式工程开工的需要即可。

(2)正式施工应先进行全场性工程,然后进行各个工程项目的施工。全场性工程是指场地平整、管线铺设、道路铺设等。

(3)永久性工程要尽量和临时工程相结合。一些可供施工期间使用的永久性建筑可以先行建造,以减少临时工程施工,节约临时工程费。开挖和填方的结合要求我们系统地考虑施工中所必需的取土场、弃土场和场内运输问题。

(4)单位工程或单项工程的施工,既要考虑空间顺序,也要考虑工种顺序。空间顺序解决施工的走向问题,工种顺序解决时间上的搭接问题。应充分利用工作面,争取时间。

2. 保质保量加快建设

在保证质量的前提下,加快建设速度,贯彻保重点、保投产、保证建设项目按期或提前完成。

在施工部署方面,要贯彻集中力量打歼灭战的方针,适当缩短战线,分期分批组织施工。要集中人力、物力、财力,首先保证重点工程的建成,同时安排好一般工程的施工,做到修一段、通一段,在较短的时间内将拟建的项目分期分批地完成,迅速形成运输生产能力,尽快交付使用,以尽早发挥工程效益。

3. 提高机械化水平

努力提高施工机械化水平是实现快速施工的根本途径。应结合施工企业具体的机具配备情况、工期要求等,作出合理的布置和安排,逐步提高综合机械化水平,以充分利用和发挥现有机具设备的效能。

4. 提高预制装配程度

积极采用先进技术,逐步提高预制装配程度。根据设计要求和当地实际可能,积极而稳妥地采用新结构、新工艺、新材料和成熟的先进施工方法,以提高劳动效率,降低工程成本。

扩大预制装配程度,扩大工厂化生产是建筑施工的发展方向,它为充分实现机械化、克服季节影响和施工流动性创造了有利条件,要因地制宜,从实际出发,充分挖掘潜力,统一规划,有计划地进行;要实行工厂预制和现场预制相结合,内部加工和外部加工相结合,根据工程性质、运输力量和附属加工厂条件加以确定。此外,结构标准化也是实现工厂化的主要条件之一。

5. 采用先进的施工技术和科学的组织方法

采用先进且适合自身特点的施工技术,应用科学的组织方法,合理选择施工方案。

先进的施工技术是提高劳动生产率、改善工程质量、加快工程进度、降低工程成本的重要源泉。因此,在编制施工组织设计文件时,应根据具体的施工条件和自身的技术力量,广泛采用国内外先进的施工技术。在施工组织方面,尽量使用被国内外施工实践所证明的行之有效的组织方法——流水作业方法和网络计划技术。

6. 落实季节性施工措施

努力克服冬季、雨季的不利影响,恰当地安排冬季、雨季的施工项目,并采用有效措施,以增加全年施工日数,加快建设进度。

7. 贯彻增产节约原则

因地制宜,就地取材,尽量利用当地资源,减少运输量,节约能源;节约施工用地,力争少占或不占良田。

第二节 施工组织的具体内容

一、工程项目分解

一个建设项目的分解体系如图 4-1 所示。

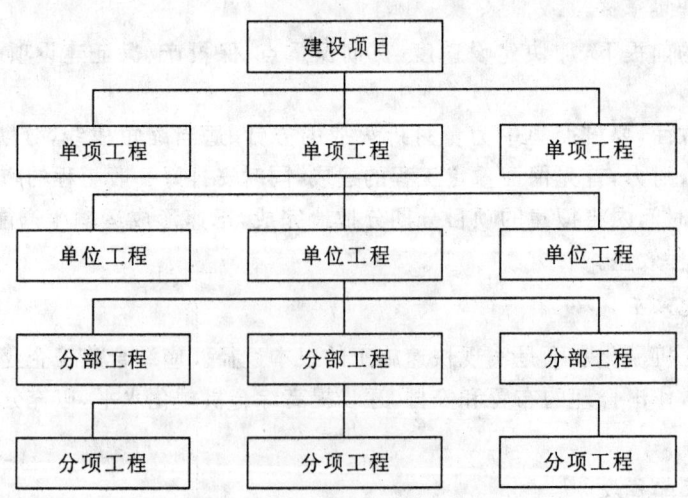

图 4-1 工程项目分解体系

由于建设项目是一个庞大的体系,它由许多不同功能的部分组成,而每个部分又有着构造上的差异,使得施工生产和造价计算都不可能简单化、统一化,必须有针对性地分别对待每一项具体内容,由部分至整体地实现生产和计算。这就产生了如何对建设项目进行具体划分的问题。"建设项目划分"指的就是怎样对建设项目进行分解。根据我国的有关规定和几十年来的一贯做法，也根据建设项目建设和其价格确定的需要，建设项目是按以下方式划分的。

（一）建设项目

建设项目是指按一个总的设计意图，由一个或几个单项工程所组成，经济上实行统一核算，行政上实行统一管理的建设单位。一般以一个企业、事业单位或独立的工程作为一个建设项目。

（二）单项工程

单项工程是指具有独立的设计文件，可以独立施工，建成后能够独立发挥生产能力或效益的工程。如工业项目的生产车间、设计规定的主要产品生产线。非工业生产项目是指建设项目中能够发挥设计规定的主要效益的各个独立工程，如办公楼、影剧院、宿舍、教学楼等。单项工程是建设项目的组成部分。

（三）单位工程

单位工程是指具有独立设计，可以独立组织施工，但完成后不能独立发挥效益的工程。它是单项工程的组成部分。如一个车间可以由土建工程和设备安装两类单位工程组成。

1. 建筑工程包括下列单位工程
(1) 一般土建工程；
(2) 工业管道工程；
(3) 电气照明工程；
(4) 卫生工程；
(5) 庭院工程等。

2. 设备安装工程包括下列单位工程
(1) 机械设备安装工程；
(2) 通风设备安装工程；
(3) 电气设备安装工程；
(4) 电梯安装工程等。

（四）分部工程

分部工程是单位工程的组成部分。建筑按主要部位划分，如基础工程、墙体工程、地面与楼面工程、门窗工程、装饰工程和屋面工程等；设备安装工程由设备组别组成，按照工程的设备种类和型号、专业等，划分为建筑采暖工程、煤气工程、建筑电气安装工程、通风与空调工程、电梯安装工程等。

（五）分项工程

分项工程就是建设项目的基本组成单元，是由专业工种完成的中间产品。它可通过较为简单的施工过程就能生产出来，可以有适当的计量单位。它是计算工料消耗、进行计划安排、统计工作、实施质量检验的基本构造因素,如内墙砌砖、墙面抹水泥砂浆等,都称作分项工程。

二、施工组织设计的分类

施工组织设计按编制对象范围的不同可分为施工组织总设计、单位工程施工组织设计、分部分项工程施工组织设计三种。

1. 施工组织总设计

施工组织总设计是以整个建设项目为对象编制的,目的是对整个工程项目的施工进行通盘考虑、全面规划,用以指导全场性的施工准备和有计划地运用施工力量,开展施工生产活动,是作为全局性的指导文件。然后在它的指导下,再深入研究总项目下的分项目(单位工程)组织设计。例如,某施工企业承揽到一项新建公路工程,此工程含有隧道、桥梁、路线和一个战场,则此项公路工程就是总项目。施工组织总设计,就是对其包含的隧道、桥梁、路线和战场作出总的规划。

有了项目施工组织总设计,就能满足合同文件所规定的要求,保证工程按质按量及时交付生产使用。从总的规划出发,从人力和物力、时间和空间、技术和组织上作出全面而合理的安排,如生产诸要素如何做到优化组合,材料和机械设备如何选定、何时供应,能源怎样解决,如何规划交通运输线路、各种临时设施及现场总的布置。从而确定整个项目的施工期限、施工顺序、主要施工方法、拟定技术上先进、经济上合理的技术组织措施和有效的劳动组织,以达到快、好、省和安全地完成施工项目的目的,实现较好的经济效益和社会效益。

2. 单位工程施工组织设计

单位工程施工组织设计是指在总项目内的、以单位工程或单项工程为对象编制的具体施工组织设计。其任务是按照总体设计的要求,根据现场施工的实际条件,具体地安排人力、物力和建筑安装工作的进行,是施工企业编制作业计划和制定季度施工计划的重要依据。例如上例中谈到的公路工程中的一座隧道或一座桥梁或一个战场就是一个单位工程。

如果只承揽一座隧道或一座大桥则是独立工程项目,也要按单位工程编制施工组织设计。

3. 分部工程施工组织设计

分部工程施工组织设计也叫分部分项工程作业设计。它是以分部(分项)工程为编制对象,由单位工程的技术人员负责编制,用以具体实施其分部(分项)工程施工全过程的各项施工活动的技术、经济和组织的综合性文件。一般对于工程规模大、技术复杂或施工难度大的建筑物或构筑物,在编制单位工程施工组织设计后,常需对某些重要的又缺乏经验的分部(分项)工程再深入编制施工组织设计。例如:

(1)某些施工时间较长的项目,即跨越几个年度的项目,在编制施工组织总设计时,不可能准确地预见到以后年度各种施工条件的变化,因而也不可能作出完全切实或详尽的施工安排。因此,需要对原年度的项目施工组织设计,用以指导施工。

(2)某些特别重要和复杂,或者缺乏施工经验的分部分项工程,如复杂的桥梁基础工程、特大构件的吊装工程、隧道施工中喷锚工程等,为了保证其施工的工期、质量和顺序,有必要编制专门的施工组织设计。但是,编制这种特殊的施工组织设计,其开工与竣工的工期,要与总体施工组织设计一致。

(3)对一些特殊条件下的施工,如严寒、雨季、沼泽地带和危险地区(如隧道中某段通过瓦斯地层的施工)等,需要采取一些特殊的技术措施,有必要为之专门编制施工组织设计,以保证施工的进行、质量的要求以及人员的安全。

总之,施工组织设计是整个项目施工的龙头,是总体的规划。在这个指导文件规划下,再深入研究各个单位工程,从而制定单位工程的施工设计和特殊的施工设计。在编制施工组织总设计时,可能对某些因素和条件未能预见,而这些因素或条件却是影响整个部署的。这就需要在编制了局部的施工组织设计后,有时还要对全局性的施工组织总设计作必要的修正和调整。

基础工程施工组织设计,属于分部工程施工组织设计,但对有关大规模工程项目来说,它又是施工组织总设计中主要组成部分。

三、施工组织设计的作用

施工组织设计是对工程项目实行科学管理的重要手段,是工程施工不可缺少的部分。

(1)编制施工组织设计可以根据施工的各种具体条件制定拟建工程的施工方案、施工顺序、施工方法、劳动组织和技术组织措施;

(2)可以确定施工进度,保证拟建工程按照合同预定的工期完成;

(3)可以在开工前使管理和技术人员了解到工程项目所需材料、机具和人力的数量及使用的先后顺序;

(4)可以合理安排临时建筑物和构筑物,并和材料、机具等一起在施工现场上作合理的布置;

(5)可以预计到施工中可能发生的各种情况,事先就能做好准备工作;

(6)可以把工程的设计和施工、技术与经济、前方与后方、整个施工企业的施工安排和具体工程的施工组织更紧密地联系起来。

这样,就能对施工项目进行全面系统的管理。

四、施工组织设计的编制程序及内容

(一)编制程序

编制施工组织设计要遵循一定的程序,要按照施工的客观规律,协调和处理好各个影响因素的关系,用科学的方法进行编制。一般的编制程序如下:

(1)分析设计资料,选择施工方案和施工方法;
(2)编制工程进度图;
(3)计算人工、材料、机具需要量,制定供应计划;
(4)临时工程,供水、供电、供热计划;
(5)工地运输组织;
(6)布置施工平面图;
(7)编制技术措施计划与计算技术经济指标;
(8)编写说明书。

不同的施工组织设计阶段,编制程序有所不同。图4-2为施工组织设计的编制程序。

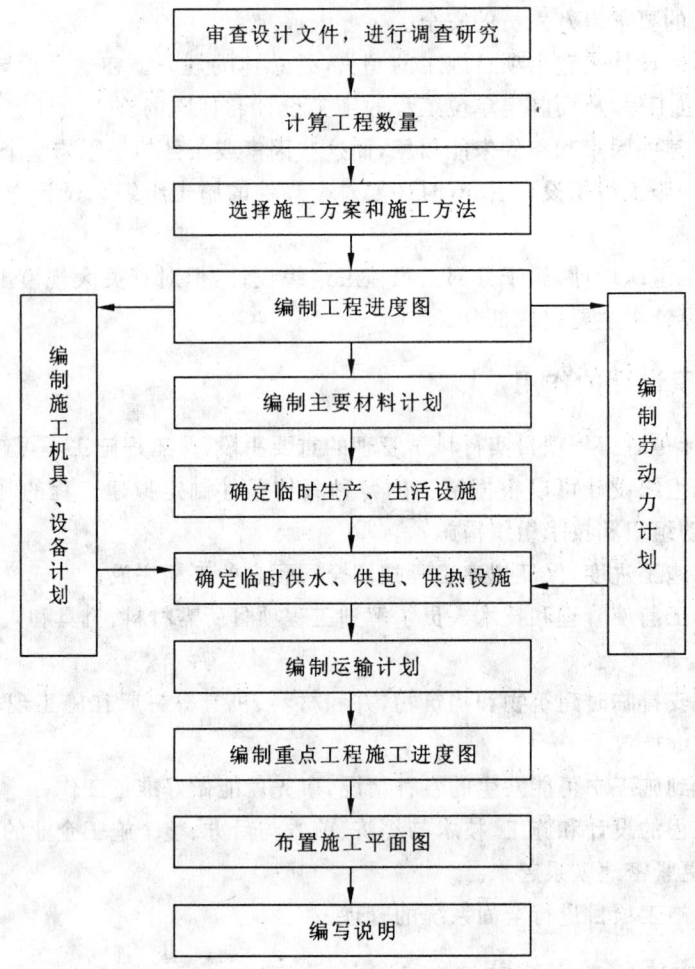

图 4-2 施工组织设计的编制程序

(二) 注意事项

编制施工组织设计,特别是编制实施性施工组织设计时,应认真处理好以下问题,才能使施工组织设计对施工活动具有指导意义。

(1) 根据工程的特点,解决好施工中的主要矛盾,既要突出重点,又要概括全面。但要防止面面俱到,繁琐冗长。

(2) 认真而细致地做好工程排队工作。安排工程进度,是施工组织设计必须解决的关键问题,各项工程的施工顺序和搭接关系以及保证重点工程等问题,只能通过工程排队并合理调整来解决。

(3) 注意技术物资与生活资料的补给,为工地运输创造条件。如新建公路可以从补给线向内修筑,逐段通车,补给线陆续向内延伸,方便运输。

(4) 留有余地,便于调整。由于影响施工的因素很多,所以在执行时必然会出现未能预见到的问题。这就要求编制时力求可行,执行时又根据现场具体情况进行修改、调整、补充,因此,编制的施工组织设计应留有恰当的调整余地。

第三节 流水施工的有关参数

一、流水施工

在组织多块或多段同类基础施工,或将同一区段的施工分成若干个施工区段进行施工时,可以采用依次施工、平行施工和流水施工三种组织施工方式,它们的特点如下。

（一）依次施工组织方式

依次施工组织方式是将拟建工程项目的整个建造过程分解成若干个施工过程,按照一定的施工顺序,前一个施工过程完成后,后一个施工过程才开始施工;或前一个工程完成后,后一个工程才开始施工。它是一种最基本的、最原始的施工组织方式。举例如下：

［例4-1］ 某基坑开挖,分四层进行,分别为东、南、西、北,它们的基础工程量都相等,而且都是由开挖土方、打孔、喷锚、挂网等四个施工过程组成,每个施工过程的施工天数均为5天。其中,挖土方工作队由8人组成；打孔工程队由6人组成；喷锚工作队由14人组成；挂网工作队由5人组成。如按照依次施工组织方式,其施工进度计划如图4-3"依次施工"栏所示。

由图4-3可以看出,依次施工组织方式具有以下特点：
(1)由于没有充分利用工作面去争取时间,所以工期长；
(2)工作队不能实现专业化施工,不利于改进工人的操作方法和施工机具,不利于提高工程质量和劳动生产率；
(3)工作队及工人不能连续作业；
(4)单位时间内投入的资源比较少,如最高人数仅14人,有利于资源供应的组织工作；
(5)施工现场的组织、管理比较简单。

（二）平行施工组织方式

在拟建工程任务十分紧迫、工作面允许以及资源保证供应的条件下,可以组织几个相同的工作队,在同一时间、不同的空间上进行施工,这样的施工组织方式称为平行施工组织方式。

在例4-1中,如果采用平行施工组织方式,其施工进度计划如图4-3中"平行施工"栏所示。

由图4-3可以看出,平行施工组织方式具有以下特点：
(1)充分利用了工作面,争取了时间,可以缩短工期；
(2)工作队不能实现专业化生产,不利于改进工人的操作方法和施工机具,不利于提高工程质量和劳动生产率；
(3)工作队及其工人不能连续作业；
(4)单位时间内投入的资源量成倍增长,如人数最高时达到56人,现场临时设施也相应增加；
(5)施工现场的组织、管理复杂。

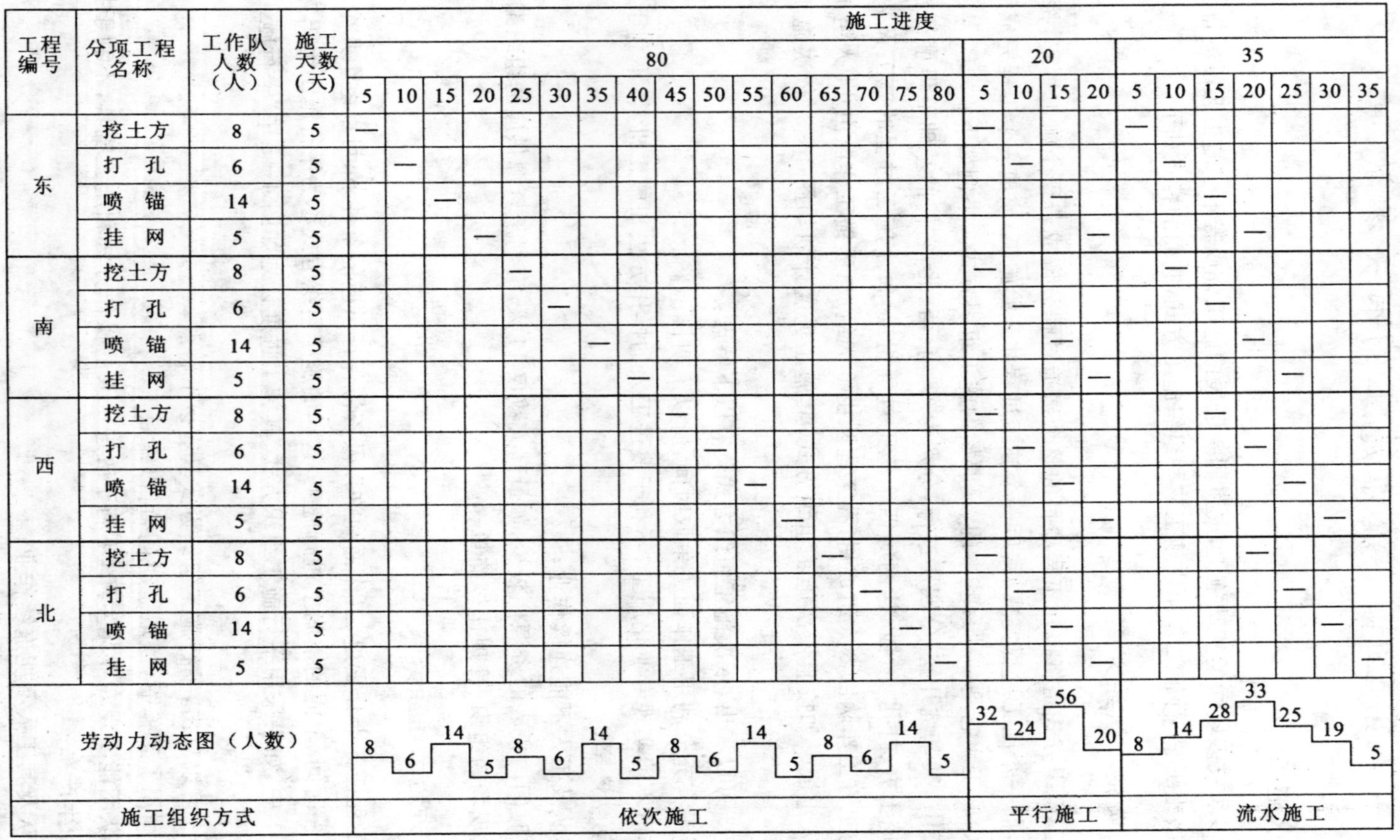

图4-3 施工组织方式

(三) 流水施工组织方式

流水施工组织方式是将拟建工程项目的整个建造过程分解成若干个施工过程,也就是划分成若干个工作性质相同的分部、分项工程或工序;同时将拟建工程项目在平面上划分成若干个劳动量大致相等的施工段;在竖向上划分成若干个施工层,按照施工过程分别建立相应的专业工作队;各专业工作队按照一定的施工顺序投入施工,完成第一个施工段上的施工任务后,在专业工作队的人数、使用的机具和材料不变的情况下,依次地、连续地投入到第二、第三……直到最后一个施工段的施工,在规定的时间内,完成同样的施工任务;不同的专业队在工作时间上最大限度地、合理地搭接起来;当第一施工层各个施工段上的相应施工任务全部完成后,专业工作队依次地、连续地投入到第二、第三,……施工层,保证拟建工程项目的施工全过程在时间上、空间上,有节奏、连续、均衡地进行下去,直到完成全部施工任务。

在例4-1中,如果采用流水施工组织方式,其施工进度计划如图4-3"流水施工"栏所示。

由图4-3可以看出,与依次施工、平行施工相比较,流水施工组织方式具有以下特点:

(1)科学地利用了工作面,争取了时间,工期比较合理;

(2)工作队及其工人实现了专业化施工,可使工人的操作技术熟练,更好地保证工程的质量,提高劳动效率;

(3)专业工作队及其工人能够连续作业,使相邻的专业工作队之间实现了最大限度的合理的搭接;

(4)单位时间投入施工的资源量较为均衡,有利于资源供应的组织工作;

(5)为文明施工和进行现场的科学管理创造了有利条件。

二、流水施工的技术经济效果

流水施工在工艺上划分、时间排列和空间布置上的统筹安排,必然会给相应的项目经理部带来显著的经济效果,具体可以归纳为以下几点:

(1)由于流水工程的连续性,减少了专业工作的间隔时间,达到了缩短工期的目的,可使拟建工程项目尽早竣工,交付使用,发挥投资效益;

(2)便于改善劳动组织,改进操作方法和施工机具,有利于提高劳动生产率;

(3)专业化的生产可提高工人的技术水平,使工程质量相应提高;

(4)工人技术水平和劳动生产率的提高,可以减少用工量和施工暂设建造量,降低工程成本,提高利润水平;

(5)可以保证施工机械和劳动力得到充分利用,提高劳动生产率,可以减少用工量和施工暂设建造量,降低工程成本,提高利润水平;

(6)由于工期短、效率高、用人少、资源消耗均衡,可以减少现场管理费和物资消耗,实现合理储存与供应,有利于提高项目经理部的综合经济效益。

(7)资源和劳动力的投入,是由少增多,由多减少,呈正态分布,有利于资源和人员的供应。

三、流水施工的分级和表达方式

(一) 流水施工的层次划分

根据流水施工组织的范围划分,流水施工通常可分为以下四种。

1. 分项工程流水

分项工程流水施工也称为细部流水施工。它是在一个专业工种内部组织起来的流水施工。在项目施工进度计划表上，它是一条有施工段或工作队编号的水平进度指标线段或斜向进度指示线段。

2. 分部工程流水

分部工程流水施工也称专业流水施工。它是在一个分部工程内部、各分项工程之间组织起来的流水施工。在项目施工进度计划表上，它由一组有施工段或工作队编号的水平进度指示线段或斜向进度指示线段来表示。

3. 单位工程流水

单位工程流水施工也称为综合流水施工。它是在一个单位工程内部、各分部工程之间组织起来的流水工程，在项目施工进度计划表上，它是若干组分部工程的进度指示线段，并由此构成一张单位工程进度计划。

4. 群体工程流水

群体工程流水施工亦称为大流水施工。它是在若干单位工程之间组织起来的流水施工。反映在项目施工进度计划表上，是一张项目施工总进度计划。

流水施工的分级和它们之间的相互关系，如图4-4所示。

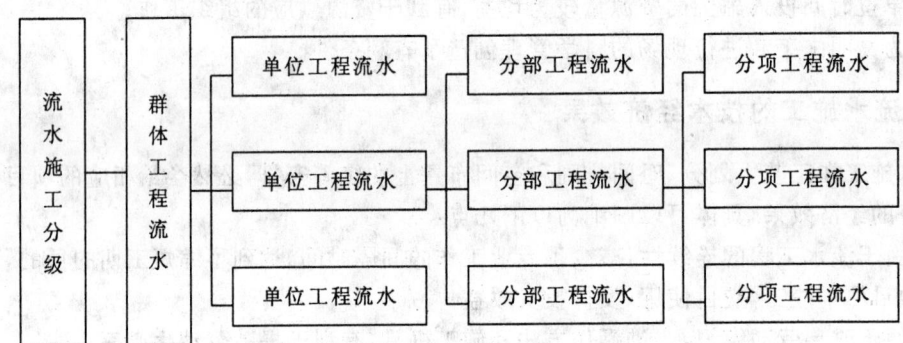

图4-4 流水施工分层示意图

(二)流水施工的表达方式

流水施工的表达方式，主要有横道图和网络图两种表达方式(图4-5)。

1. 水平指标图表

在流水施工水平指示图表的表达方式中，横坐标表示流水施工的持续时间；纵坐标表示开展流水施工的施工过程、专业工作队的名称、编码和数码；呈梯形分布的水平线段表示流水施工的开展情况(图4-6)。

2. 斜向指示图表

在流水施工斜向指示图表的表达方式中，横坐标表示流水施工的持续时间；纵坐标表示开

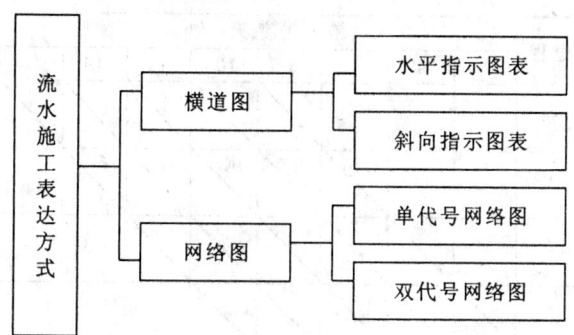

图 4-5 流水施工表达方式示意图

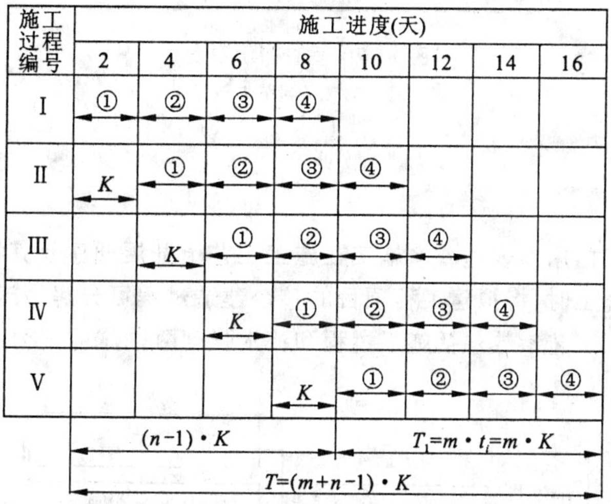

施工过程编号	施工进度(天)							
	2	4	6	8	10	12	14	16
Ⅰ	①	②	③	④				
Ⅱ	K	①	②	③	④			
Ⅲ		K	①	②	③	④		
Ⅳ			K	①	②	③	④	
Ⅴ				K	①	②	③	④

$(n-1)\cdot K$ $T_1 = m\cdot t_i = m\cdot K$

$T = (m+n-1)\cdot K$

图 4-6 水平指示图表

T 为流水施工计划总工期;T_1 为一个专业工作队或施工过程完成其全部施工段的持续时间;n 为专业工作队数或施工过程数,本例为 5;m 为施工段数,本例为 4;K 为流水步距,本例为等步距,$K=2$;t_i 为流水节拍,本图中 $t_i=K$;Ⅰ、Ⅱ、Ⅲ、Ⅳ、Ⅴ为表示专业工作队或施工过程的编号;①、②、③、④表示施工段的编号

展流水施工所划分的施工段编号;n 条斜线段表示各专业工作队或施工过程开展流水施工的情况,如图 4-7 所示。

3. 网络图

有关流水施工网络图的表达方式,详见本书第五章。

四、流水参数

在组织拟建工程项目流水施工时,用以表达流水施工在工艺流程、空间布置和时间安排等方面开展状态的参数,称为流水参数。它主要包括工艺参数、空间参数和时间参数三类。

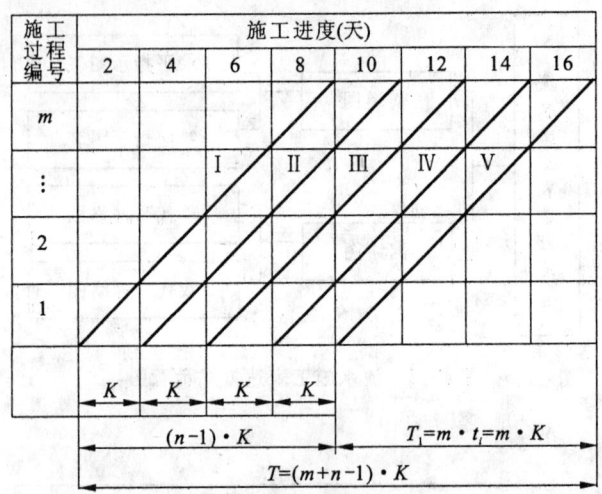

图 4-7 垂直指示图表
符号的含义同图 4-6

(一)工艺参数

在组织流水施工时,用以表达流水施工在施工工艺上开展顺序及其特征的参数。具体来说,是指在组织流水施工时,将拟建工程项目的整个建造过程可分解为施工过程的种类、性质和数目的总称。通常,工艺参数包括施工过程和流水强度两种(图 4-8)。

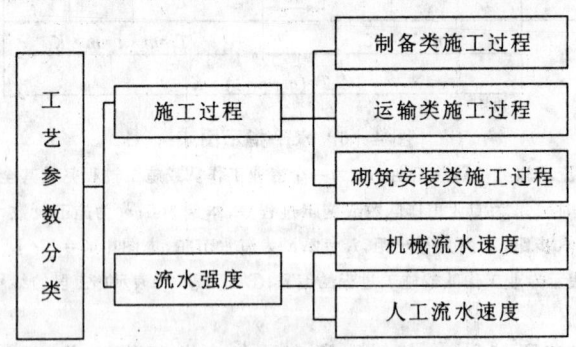

图 4-8 工艺参数分类示意图

1. 施工过程数

在建设项目施工中,施工过程所包括的范围可大可小,根据流水施工层次的划分不同,可以是分部、分项工程,又可以是单位、单项工程。它是流水施工的基本参数之一,根据工艺性质不同,它分为制备类施工过程、运输类施工过程和砌筑安装类施工过程三种。而施工过程的数目,一般以 n 表示。

(1)制备类施工过程。它是指为了提高建筑产品的装备化、工厂化、机械化和生产能力而形成的施工过程。如预制桩桩段等的制备过程。

它一般不占有施工对象的空间,不影响项目总工期,因此在项目施工进度表上不表示;只有在当其占有施工对象的空间并影响项目总工期时,在项目施工进度表上才列入。

(2)运输类施工过程。它是指将建筑材料、构配件、(半)成品、制品和设备等运输到项目工地仓库或现场操作使用地点而形成的施工过程。

它一般不占有施工对象的空间,不影响项目总工期,通常也不列入项目施工进度计划中;只有在当其占有施工对象的空间并影响项目总工期时,才列入项目施工进度计划中。如结构安装工程中,采取随动随吊方案的运输过程。

(3)砌筑安装类施工过程。它是指在施工对象的空间上,直接进行加工,最终形成建筑产品的过程。如地下工程、桩基工程、主体工程、结构安装工程、屋面工程和装饰工程等施工过程。

它占有施工对象的空间,影响着工期的长短,必须列入项目施工进度表上,而且是项目施工进度表的主要内容。

(4)砌筑安装类施工过程。通常,砌筑安装类施工过程按其在项目生产中的作用、工艺性质和复杂程度等不同进行分类,具体分类情况如图4-9所示。

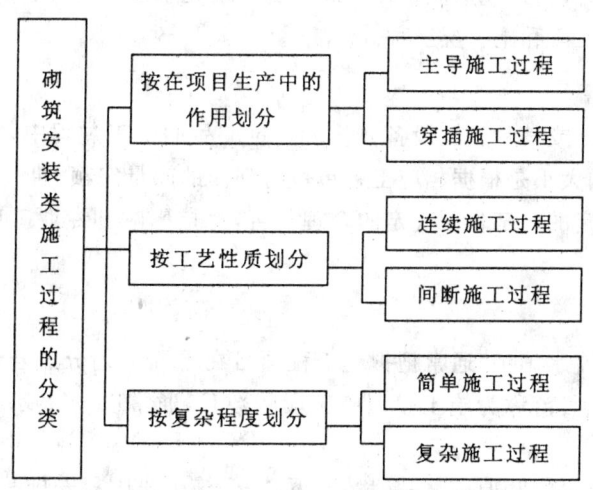

图4-9 砌筑安装类施工过程分类示意图

从图4-9可见,由于划分施工过程的依据不同,同一个拟建工程项目的施工过程可以分成:主导与穿插、连续与间断、简单与复杂等施工过程,如主体工程等施工过程;而有的施工过程,既是穿插的,又是间断的,同时还是简单的施工过程,如装饰工程中的油漆工程等施工过程。因此,一个施工过程从不同角度去研究,它可以是不同的施工过程。但是,它们所处的地位,在流水施工中不会改变。

(5)施工过程数目(n)的确定。施工过程数目主要依据项目施工进度计划在客观上的作用、采用的施工方案、项目的性质和业主对项目建设工期的要求等进行确定。

2. 流水强度

某施工过程在单位时间内所完成的工程量,称为该施工过程的流水强度。流水强度一般以V表示,它可由公式(4-1)或公式(4-2)计算求得。

(1)机械施工过程的流水强度按下式计算:

$$V_i = \sum_{j=1}^{x} R_i \cdot S_i \qquad (4-1)$$

式中:V——某施工过程的机械操作流水强度;

R_i——投入施工过程 i 的某种施工机械台数;

S_i——投入施工过程 i 的某种施工机械产量定额;

x——投入施工过程 i 的施工机械种类数。

(2)人工操作过程的流水强度按下式计算:

$$V = R_i \cdot S_i \qquad (4-2)$$

式中:V_i——某施工过程的人工操作流水强度;

R_i——施工过程 i 的专业工作队人数;

S_i——施工过程 i 的专业工作队每一名工人每班的平均产量定额。

(二)空间参数

在组织流水施工时,用以表达流水在空间布置上所处状态的参数,称为空间参数。空间参数主要有:工作面、施工段和施工层三种。

1. 工作面

某专业工种的工人或某种施工设备在从事建筑产品的施工过程中,所必须具备的活动空间,称为工作面。它的大小是根据相应工种单位时间内的产量定额、建筑安装工程操作规程和安全规程等的要求确定的。工作面确定的合理与否,直接影响到专业工种工人或施工设备的劳动生产效率。

2. 施工段

为了有效地组织流水施工,通常把拟建工程项目在平面上划分成若干个劳动量大致相等的施工段落,这些施工段落称为施工段。施工段的数目,通常以 m 表示。它是流水施工的基本参数之一。

(1)划分施工段的目的和原则。一般情况下,一个施工段内只安排一个施工过程的专业工作队进行施工。在一个施工段上,只有前一个施工过程的工作队提供足够的工作面,后一个施工过程的工作队才能进入该段从事下一个施工过程的施工。

划分施工段是组织流水施工的基础。其目的是:由于建筑产品生产的单件性,可以说它不适于组织流水施工;但是,建筑产品体形庞大的固有特征,又为组织流水施工提供了空间条件,可以把一个体形庞大的"单件产品"划分成具有若干个施工段、施工层的"批量产品",使其满足流水施工的基本要求。在保证质量的前提下,为专业工作队确定合理的空间活动范围,使其按照流水施工的原理,集中人力和物力,迅速地、依次地、连续地完成各段任务,为相邻专业工作队尽早地提供工作面,达到缩短工期的目的。

施工段的划分,在不同的分部工程中,可以采用相同或不同的划分办法。在同一分部工程中最好采用统一的段数,但也不能排除特殊情况,如在单层工业厂房的预制工程中,柱和屋架的施工段划分就不一定相同。对于多标段同类型公路的施工,可以标段为段组织大流水施工。

施工段数要适当,过多了,势必要减少工人数而延长工期;过少了,又会造成资源供应过分集中,不利于组织流水施工。因此,为了使施工段划分得更科学、更合理,通常应遵循以下原则:

①专业工作队在各个施工段上的劳动量要大致相等,其相差幅度不宜超过10%~15%;
②对多层或高层建筑物,施工段的数目,要满足合理流水施工组织的要求,即 $m \geqslant n$;
③为了充分发挥工人、主导机械的效率,每个施工段要有足够的工作面,使其所容纳的劳动力人数或机械台数,能满足合理劳动组织的要求;
④为了保证拟建工程项目的结构整体完整性,施工段的分界线应尽可能与结构的自然界线(如沉降线、伸缩缝等)相一致;如果必须将分界线设在墙体中间时,应将其设在对结构整体性影响少的门窗洞口等部位,以减少留槎,便于修复;
⑤对于多层的拟建工程项目,既要划分施工段,又要划分施工层,以保证相应的专业工作队在施工段与施工层之间,组织有节奏、连续、均衡地流水施工。

(2)施工段数(m)与施工过程数(n)的关系。

①当 $m > n$ 时

[例 4-2] 某基坑为锚杆支护结构,按照划分施工阶段原则,在平面上将它分成东西南北四个施工段,即 $m=4$,在竖向上划分两个施工层,即分两次开挖。施工过程为开挖、打孔、挂网及喷射混凝土,即 $n=3$,各个施工过程在施工段上持续时间为3天,即 $t_i=3$;则流水施工的开展情况如图 4-10 所示。

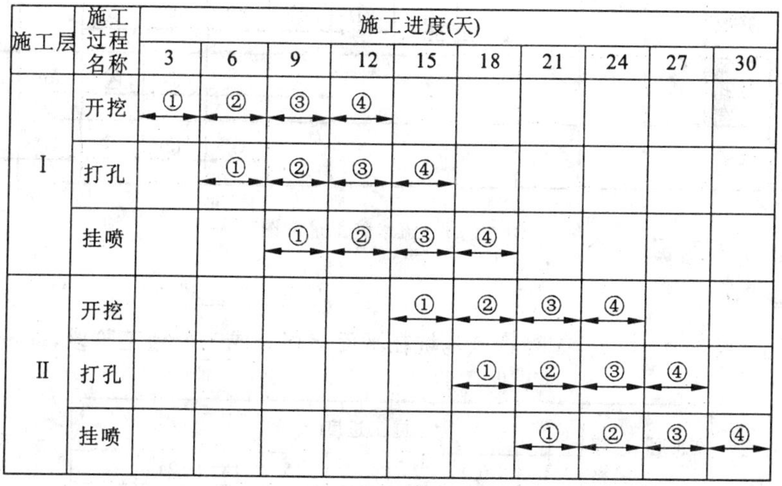

施工层	施工过程名称	施工进度(天)								
		3	6	9	12	15	18	21	24	27	30
Ⅰ	开挖	①	②	③	④						
	打孔		①	②	③	④					
	挂喷			①	②	③	④				
Ⅱ	开挖					①	②	③	④		
	打孔						①	②	③	④	
	挂喷							①	②	③	④

图 4-10 $m > n$ 时流水施工开展状况

由图 4-10 可以看出,当 $m > n$ 时,各专业工作队能够连续作业,但施工段有空闲,如图 4-10 中各施工段在第一层喷完混凝土后,均空闲 3 天,即工作面空闲 3 天。这种空闲,可用于弥补由于技术间歇、组织管理间歇和备料等要求所必需的时间。

在项目实际施工中,若某些施工过程需要考虑技术间歇等,则可用公式(4-3)确定每层的最少施工段数:

$$m_{\min} = n + \frac{\sum Z}{K} \tag{4-3}$$

式中:$m_{\min}$——每层需划分的最少施工段数;
n——施工过程数或专业工作队数;

$\sum Z$——某些施工过程要求的技术间歇时间的总和；

K——流水步距。

[例 4-3] 在例 4-2 中,如果流水步距 $K=3$,当第一层喷射混凝土结束后,要养护 6 天才能进行第二层的施工。为了保证专业队连续作业,至少应划分多少个施工段？

解：依题意,由公式(4-3)可求得：

$$m_{\min} = n + \frac{\sum Z}{K} = 3 + \frac{6}{3} = 5（段）$$

按 $m=5, n=3$ 绘制的流水施工进度图如图 4-11 所示。

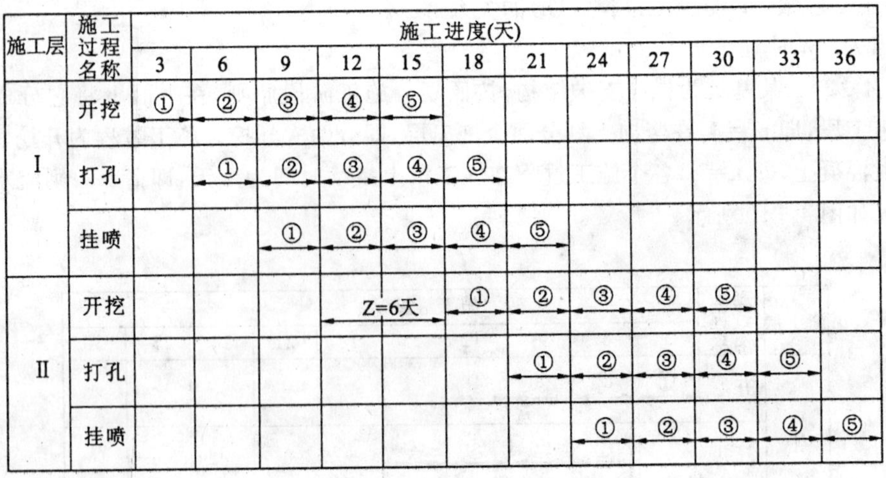

施工层	施工过程名称	施工进度(天)											
		3	6	9	12	15	18	21	24	27	30	33	36
I	开挖	①	②	③	④	⑤							
	打孔		①	②	③	④	⑤						
	挂喷			①	②	③	④	⑤					
II	开挖					Z=6天		①	②	③	④	⑤	
	打孔								①	②	③	④	⑤
	挂喷									①	②	③	④	⑤

图 4-11 流水施工进度图

② 当 $m=n$ 时

[例 4-4] 在例 4-2 中,如果将该基坑在平面上划分成三个施工阶段,即 $m=3$,其余不

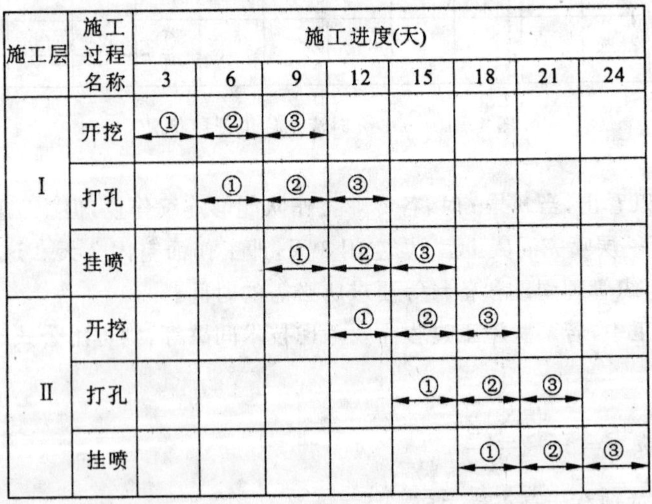

施工层	施工过程名称	施工进度(天)							
		3	6	9	12	15	18	21	24
I	开挖	①	②	③					
	打孔		①	②	③				
	挂喷			①	②	③			
II	开挖				①	②	③		
	打孔					①	②	③	
	挂喷						①	②	③

图 4-12 $m=n$ 时流水施工开始状况

变,则此时的流水施工开展状况,如图 4-12 所示。

由图 4-12 可以看出:当 $m=n$ 时,各专业工作队能连续施工,施工段没有空闲。这是理想化的流水施工方案,此时要求项目管理者,提高管理水平,只能进取,不能回旋、后退。

③当 $m<n$ 时

[例 4-5] 上例中,如果将其在平面上划分成两个施工阶段,即 $m=2$,其他不变,则流水施工开展的状况,如图 4-13 所示。

由图 4-13 可见:当 $m<n$ 时,专业工作队不能连续作业,施工段没有空闲;但特殊情况下,施工段也会有空闲,以致造成大多数专业工作队停工。因一个施工段只供一个专业工作队施工,这样,超过施工段数的专业队就无工作面而停工。在图 4-13 中,开挖工作队完成第一层的施工任务后,要停工 3 天才能进行第二层第一段的施工,其他队组同样也要停 3 天。因此,工期延长了。这种情况对有数个同类型的施工项目,可组织各项目之间的大流水施工,来弥补上述停工现象;但对单一项目的流水施工是不适宜的,应加以杜绝。

施工层	施工过程名称	施工进度(天)						
		3	6	9	12	15	18	21
I	开挖	①→	②→					
	打孔		①→	②→				
	挂喷			①→	②→			
II	开挖				①→	②→		
	打孔					①→	②→	
	挂喷						①→	②→

图 4-13 $m<n$ 时流水施工开展状况

从上面三种情况可以看出:施工段数的多少,直接影响工期的长短,而且要想保证专业工作队能够连续施工,必须满足公式(4-4):

$$m \geqslant n \tag{4-4}$$

应该指出,当无层间关系或无施工层(如某些单层建筑物、基础工程等)时,则施工段数不受公式(4-3)和公式(4-4)的限制,可按前面所述划分施工段的原则进行确定。

3. 施工层

在组织流水施工时,为了满足专业工种对操作高度和施工工艺的要求,将拟建工程项目在竖向上划分为若干个操作层,这些操作层称为施工层。施工层一般以 j 表示。

施工层的划分,要按工程项目的具体情况,根据建筑物的高度、楼层来确定。如砌筑工程的施工高度一般为 1.2m,室内抹灰、木装饰、油漆、玻璃和水电安装等,可按楼层进行施工层划分。

(三)时间参数

在组织流水施工时,用以表达流水施工在时间排列上所处状态的参数,称为时间参数。它包括:流水节拍、流水步距、平行搭接时间、技术间歇时间和组织管理间歇时间五种。

1. 流水节拍

在组织流水施工时,每个专业工作队在各个施工段上完成相应的施工任务所需要的工作延续时间,称为流水节拍。通常以 t_i 表示,它是流水施工的基本参数之一。

流水节拍的大小,可以反映出流水施工速度的快慢、节奏感的强弱和资源消耗量的多少。根据其数值特征,一般将流水施工又分为:等节拍专业流水、异节拍专业流水和无节奏专业流水等施工组织方式。

影响流水节拍数值大小的因素主要有:项目施工时所采取的施工方案,各施工阶段投入的劳动力人数或施工机械台数,工作班次,以及该施工段工程量的多少。为避免工作队转移时浪费工时,流水节拍在数值上最好是半个班的整倍数。其数值的确定,可按以下各种方法进行。

(1)定额计算法。这是根据各施工段的工程量、能够投入的资源量(工人数、机械台数和材料量等),按公式(4-5)或公式(4-6)进行计算:

$$t_i = \frac{Q_i}{S_i \cdot R_i \cdot N_i} = \frac{P_i}{R_i \cdot N_i} \tag{4-5}$$

或

$$t_i = \frac{Q_i \cdot H_i}{R_i \cdot N_i} = \frac{P_i}{R_i \cdot N_i} \tag{4-6}$$

式中:t_i——某专业工作队在第 i 施工段的流水节拍;

Q_i——某专业工作队在第 i 施工段要完成的工程量;

S_i——某专业工作队的计划产量定额;

H_i——某专业工作队的计划时间定额;

P_i——某专业工作队在第 i 施工段需要的劳动量和机械台班数量,$P_i = \frac{Q_i}{S_i}$(或 $= Q_i \cdot H_i$);

R_i——某专业工作队投入的人数或机械台数;

N_i——某专业工作队的工作班次。

在公式(4-5)和公式(4-6)中,S_i 和 H_i 最好是本项目经理部的实际水平。

(2)经验估算法。它是根据以往的施工经验进行估算。一般为了提高其准确程度,往往先估算出该流水节拍的最长、最短和正常(即最可能)三种时间,然后据此求出期望时间作为某专业工作队在某施工阶段上的流水节拍。因此,本法也称为三种时间估算法。一般按公式(4-7)进行计算:

$$t = \frac{a + 4c + b}{6} \tag{4-7}$$

式中:t——某施工过程某阶段上的流水节拍;

a——某施工过程某阶段上的最短估算时间;

b——某施工过程某阶段上的最长估算时间;

c——某施工过程某阶段上的正常估算时间。

这种方法多适用于采用新工艺、新方法和新材料等没有定额可循的工程。

(3)工期计算法。对某些施工任务在规定日期内必须完成的工程项目,往往采用倒排进度法。具体步骤如下:

①根据工期倒排进度,确定某施工过程的工作延续时间;

②确定某施工过程在某施工段上的流水节拍。若同一施工过程的流水节拍不等,则用估算法;若流水节拍相等,则按公式(4-8)进行计算:

$$t=\frac{T}{m} \qquad (4-8)$$

式中:t——流水节拍;

T——某施工过程的工作持续时间;

m——某施工过程划分的施工段数。

当施工段数确定后,流水节拍大,则工期相应地就长。因此,从理论上讲,总是希望流水节拍越小越好。但实际上由于受工作面的限制,每一施工过程在各施工段上都有最小的流水节拍,其数值可按公式(4-9)计算:

$$t_{\min}=\frac{A_{\min} \cdot \mu}{S} \qquad (4-9)$$

式中:$t_{\min}$——某施工过程在某施工段的最小流水节拍;

$A_{\min}$——每个工人所需最小工作面;

μ——单位工作面工程含量;

S——产量定额。

公式(4-9)算出的数值,应取整数或半个工日的整倍数,根据工期计算的流水节拍,应大于最小流水节拍。

2. 流水步距

在组织流水施工时,相邻两个专业工作队在保证施工顺序、满足连续施工、最大限度搭接和保证工程质量要求的条件下,相继投入施工的最小时间间隔,称为流水步距。流水步距以$K_{j,j+1}$表示,它是流水施工的基本参数之一。

(1)确定流水步距的原则。图4-14所示的基础工程,挖土与垫层相继投入第一段开始施工的时间间隔为2天,即流水步距$K=2$(本图$K_{j,j+1}=K$),其他相邻两个施工过程的流水步距均为2天。

从图4-14可知:当施工段确定后,流水步距的大小直接影响着工期的长短。如果施工段不变,流水步距越大,则工期越长;反之,工期就越短。

图4-15表示流水步距与流水节拍的关系,图4-15(a)表示A、B两个施工过程,分两段施工,流水节拍均为2天的情况,此时$K=2$;图4-15(b)表示在工作面允许的条件下,各增加一倍的工人,使流水节拍缩小,流水步距的变化情况。

从图4-15可知,当施工段不变时,流水步距随流水节拍的增大而增大,随流水节拍的缩小而缩小。如果人数不变,增加施工段数,使每段人数达到饱和,而该段施工持续时间总和不变,则流水节拍和流水步距都相应地会缩小,但工期拖长了,如图4-16所示。

从上述几种情况的分析,我们可以得知确定流水步距的原则如下:

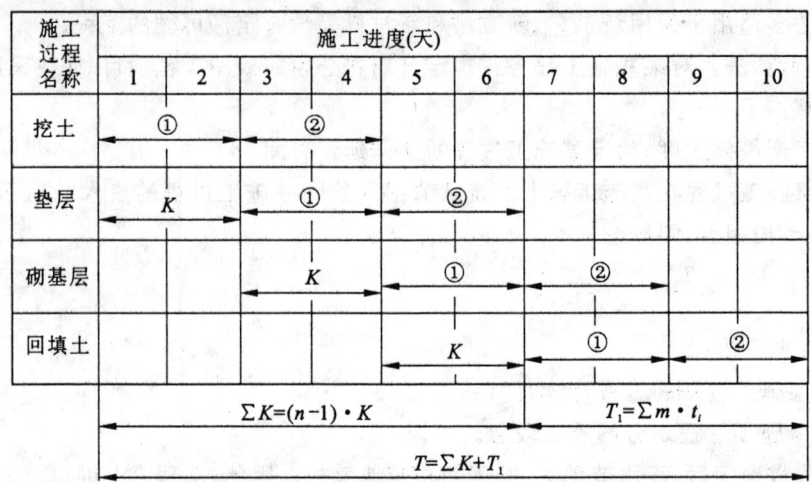

图4-14 流水步距与工期的关系

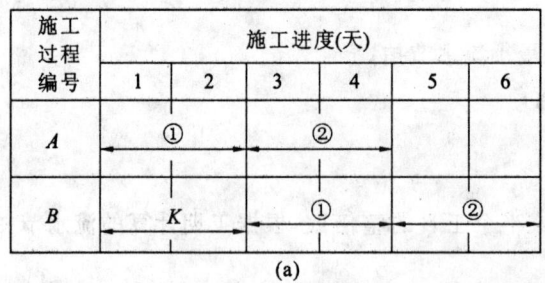

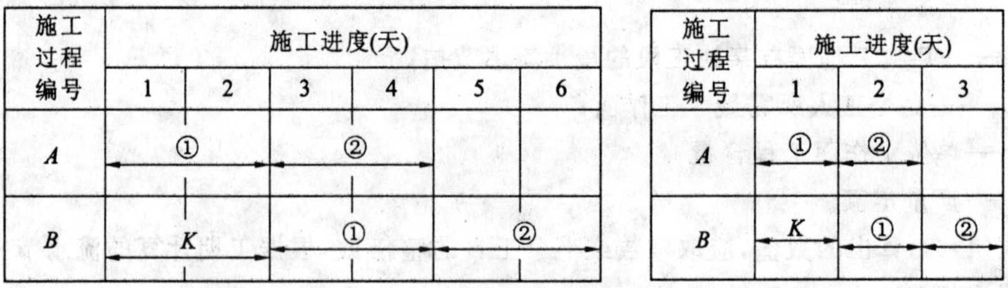

图4-15 流水步距与流水节拍的关系

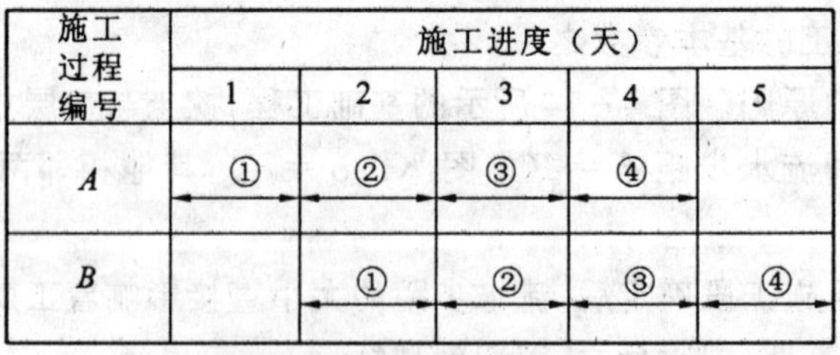

图4-16 流水步距、流水节拍与施工段的关系

①流水步距要满足相邻两个专业工作队在施工顺序上的相互制约关系;
②流水步距要保证各专业工作队都能连续作业;
③流水步距要保证相邻两个专业工作队在开工时间上最大限度地、合理地搭接;
④流水步距的确定要保证工程质量,满足安全生产。
(2)确定流水步距的方法。流水步距的确定方法很多,而简捷适用的方法,主要有图上分

析法、分析计算法和潘特考夫斯基法等。本书仅介绍潘特考夫斯基法。

潘特考夫斯基法也称为"最大差法",简称累加数列法。此法通常在计算等节拍、无节奏的专业流水中,较为简捷、准确。其计算步骤如下:

①根据专业工作队在各施工段上的流水节拍,求累加数列;
②根据施工顺序,对所求相邻的两累加数列,错位相减;
③根据错位相减的结果,确定相邻专业工作队之间的流水步距,即相减结果中数值最大者。

[例4-6] 某项目由四个施工过程组成,分别由A、B、C、D四个专业工作队完成,在平面上划分成四个施工段,每个专业工作队在各施工段上的流水节拍如表4-1所示,试确定相邻专业工作队之间的流水步距。

表4-1 各施工段上的流水节拍

流水节拍(天) 工作队 施工段	①	②	③	④
A	3	4	3	2
B	4	2	3	4
C	2	3	3	2
D	1	2	2	1

解:①求各专业工作队的累加数列:
A:3,7,10,12
B:4,6,9,13
C:2,5,8,10
D:1,3,5,6

②错位相减:

A与B:　　3, 7,10,12
　　－)　　　4, 6, 9, 13
　　────────────────
　　　　　3, 3, 4, 3,－13

B与C:　　4, 6, 9,13
　　－)　　　2, 5, 8, 10
　　────────────────
　　　　　4, 4, 4, 5,－10

C与D:　　2, 5, 8,10
　　－)　　　1, 3, 5, 6
　　────────────────
　　　　　2, 4, 5, 5,－6

③求流水步距:因流水步距等于错位相减所得结果中数值最大者,故有

$$K_{A,B} = \max\{3,3,4,3,-13\} = 4 \text{ 天}$$
$$K_{B,C} = \max\{4,4,4,5,-10\} = 5 \text{ 天}$$
$$K_{C,D} = \max\{2,4,5,5,-6\} = 5 \text{ 天}$$

3. 平行搭接时间

在组织流水施工时，有时为了缩短工期，在工作面允许的条件下，如果前一个专业工作队完成部分施工任务后，能够提前为后一个专业工作队提供工作面，使后者提前进入前一个施工段，两者在同一施工段上平行搭接施工，这个搭接的时间称为平行搭接时间，通常以 $C_{j,j+1}$ 表示。

4. 技术间歇时间

在组织流水施工时，除了要考虑相邻专业工作队之间的流水步距外，有时根据建筑材料或现浇构件等的工艺性质，还要考虑合理的工艺等待间歇时间，这个等待时间称为技术间歇时间。如混凝土浇注后的养护时间、砂浆抹面和油漆面的干燥时间等；技术间歇时间以 $Z_{j,j+1}$ 表示。

5. 组织间歇时间

在流水施工中，由于施工技术或施工组织的原因，造成在流水步距以外增加的间歇时间，称为组织间歇时间。如墙体砌筑前的墙身位置弹线、施工人员、机械转移，回填土前地下管道检查验收，等等；组织间歇时间以 $G_{j,j+1}$ 表示。

在组织流水施工时，项目经理部对技术间歇和组织间歇时间，可根据项目施工中的具体情况分别考虑或统一考虑；但二者的概念、作用和内容是不同的，必须结合具体情况灵活处理。

第四节 等节拍专业流水

专业流水是指在项目施工中，为生产某一建筑产品或其组成部分的主要专业工种，按照流水施工基本原理组织项目施工的一种组织方式。根据各施工过程时间参数的不同特点，专业流水分为：等节拍专业流水、异节拍专业流水和无节奏专业流水等几种形式。本节先介绍等节拍专业流水。

等节拍专业流水是指在组织流水施工时，如果所有的施工过程在各个施工段上的流水节拍彼此相等，这种流水施工组织方式称为等节拍专业流水，也称为固定节拍专业流水或全等节拍流水或同步距流水。

一、基本特点

(1) 流水节拍彼此相等。如有 n 个施工过程，流水节拍为 t_i，则：
$$t_1 = t_2 = \cdots = t_{n-1} = t_n = t(\text{常数})$$

(2) 流水步距彼此相等，而且等于流水节拍，即：
$$K_{1,2} = K_{2,3} = \cdots = K_{n-1,n} = K = t(\text{常数})$$

(3) 每个专业工作队都能够连续施工，施工段没有空闲。

(4) 专业工作队数 (n_1) 等于施工过程数 (n)。

二、组织步骤

(1)确定项目施工起点流向,分解施工过程。
(2)确定施工顺序,划分施工段。划分施工段时,其数目 m 的确定如下:
①无层间关系或无施工层时,取 $m=n$。
②有层间关系或有施工层时,施工段数目 m 分下面两种情况确定:
当无技术和组织间歇时,取 $m=n$;
当有技术和组织间歇时,为了保证各专业工作队能连续施工,应取 $m>n$。此时,每层施工段空闲为 $m-n$,一个空闲施工段的时间为 t,则每层的空闲时间为:

$$(m-n) \cdot t = (m-n) \cdot K$$

若一个楼层内各施工过程间的技术、组织间歇时间之和为 $\sum Z_1$,楼层间技术、组织间歇时间为 Z_2。如果每层的 $\sum Z_1$ 均相等,Z_2 也相等,而且为了保证连续施工,施工段上除 $\sum Z_1$ 和 Z_2 外无空闲,则:

$$(m-n) \cdot K = \sum Z_1 + Z_2$$

所以,每层的施工段数 m 可按公式(4-10)确定:

$$m = n + \frac{\sum Z_1}{K} + \frac{Z_2}{K} \quad (4-10)$$

如果每层的 $\sum Z_1$ 不完全相等,Z_2 也不完全相等,应取各层中最大的 $\sum Z_1$ 和 Z_2,并按公式(4-11)确定施工段数。

$$m = n + \frac{\max \sum Z_1}{K} + \frac{\max Z_1}{K} \quad (4-11)$$

(3)根据等节拍专业流水要求,按公式(4-5)至公式(4-8)或公式(4-9)计算流水节拍数值。
(4)确定流水步距,$K=t$。
(5)计算流水施工的工期:
①不分施工层时,可按公式(4-12)进行计算:

$$T = (m+n-1) \cdot K + \sum Z_{j,j+1} + \sum G_{j,j+1} - \sum C_{j,j+1} \quad (4-12)$$

式中:T——流水施工总工期;
m——施工段数;
n——施工过程数;
K——流水步距;
j——施工过程编号,$1 \leqslant j \leqslant n$;
$Z_{j,j+1}$——j 与 $j+1$ 两施工过程间的技术间歇时间;
$G_{j,j+1}$——j 与 $j+1$ 两施工过程间的组织间歇时间;
$C_{j,j+1}$——j 与 $j+1$ 两施工过程间的平行搭接时间。

②分施工层时,可按公式(4-13)进行计算:

$$T = (m \cdot r + n - 1) \cdot K + \sum Z_1 - \sum C_{j,j+1} \quad (4-13)$$

式中:r——施工层数;

$\sum Z_1$ ——第一个施工层中各施工过程之间的技术与组织间歇时间之和,$\sum Z_1 = \sum Z_{j,j+1}^1 + \sum G_{j,j+1}^1$;

$\sum Z_{j,j+1}^1$ ——第一个施工层的技术间歇时间;

$\sum G_{j,j+1}^1$ ——第一个施工层的组织间歇时间;

其他符号含义同公式(4-12)。

在公式(4-13)中,没有二层及二层以上的 $\sum Z_1$ 和 Z_2,是因为它们均包括在公式中的 $m \cdot r \cdot t$ 项内,如图 4-17 所示。

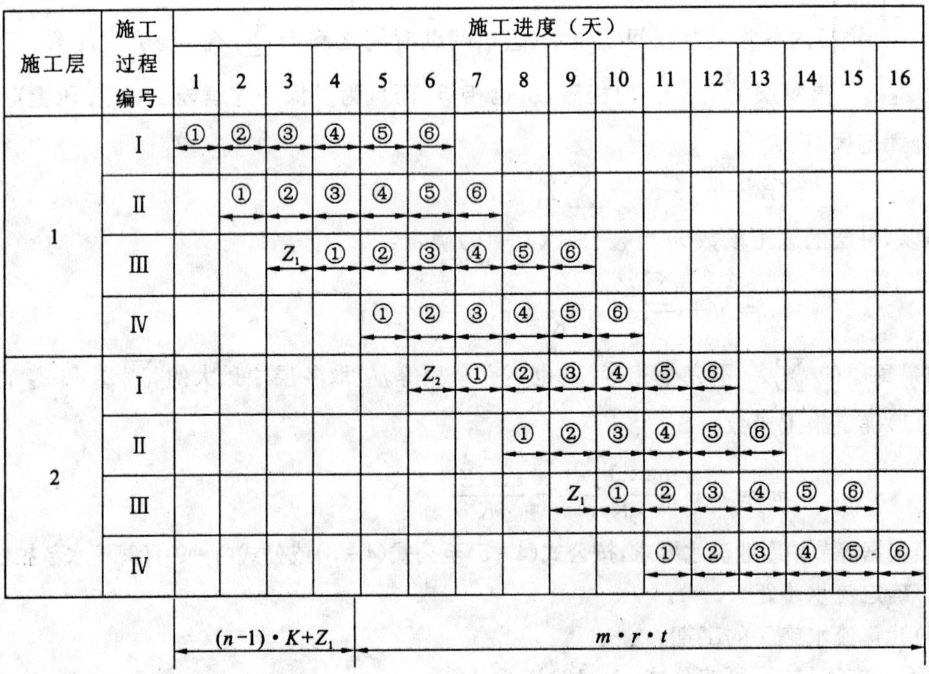

施工层	施工过程编号	施工进度（天）															
		1	2	3	4	5	6	7	8	9	10	11	12	13	14	15	16
1	Ⅰ	①	②	③	④	⑤	⑥										
	Ⅱ		①	②	③	④	⑤	⑥									
	Ⅲ				Z_1 ①	②	③	④	⑤	⑥							
	Ⅳ					①	②	③	④	⑤	⑥						
2	Ⅰ							Z_2 ①	②	③	④	⑤	⑥				
	Ⅱ								①	②	③	④	⑤	⑥			
	Ⅲ									Z_1 ①	②	③	④	⑤	⑥		
	Ⅳ											①	②	③	④	⑤	⑥

下方标注：$(n-1) \cdot K + Z_1$; $m \cdot r \cdot t$

图 4-17 分层并有技术、组织间歇时的等节拍专业流水

(6)绘制流水施工指示图表。

三、应用举例

[例 4-7] 某分部工程由四个分项工程组成,划分成五个施工段,流水节拍均为 3 天,无技术、组织间歇,试确定流水步距,计算工期,并绘制流水施工进度表。

解：由已知条件 $t_i = t = 3$ 天知,本分部工程宜组织等节拍专业流水。

①确定流水步距。由等节拍专业流水的特点知：

$$K = t = 3 \text{ 天}$$

②计算工期。由公式(4-12)得：

$$T = (m+n-1) \cdot K = (5+4-1) \times 3 = 24 \text{ 天}$$

③绘制流水施工进度图,如图 4-18 所示。

分项工 程编号	施工进度（天）							
	3	6	9	12	15	18	21	24
A	①	②	③	④	⑤			
B	K	①	②	③	④	⑤		
C		K	①	②	③	④	⑤	
D			K	①	②	③	④	⑤
				$T=(m+n-1) \cdot K=24$				

图 4-18 等节拍专业流水施工进度

[例 4-8] 某项目由Ⅰ、Ⅱ、Ⅲ、Ⅳ四个施工过程组成，划分两个施工层组织流水施工，施工过程Ⅱ完成后需要养护一天，下一个施工过程才能施工，且层间技术间歇为一天，流水节拍均为一天。为了保证工作队连续作业，试确定施工段数，计算工期，绘制流水施工进度表。

解：①确定流水步距。

$$\because t_i = t = 1 \text{ 天}$$
$$\therefore K = t = 1 \text{ 天}$$

②确定施工段数。因项目施工时分两个施工层，其施工段数可按公式(4-10)确定。

$$m = n + \frac{\sum Z_1}{K} + \frac{Z_2}{K} = 4 + \frac{1}{1} + \frac{1}{1} = 6(\text{段})$$

③计算工期。由公式(4-13)得

$$T = (m \cdot r + n - 1) \cdot K + \sum Z_1 - \sum C_{j,j+1}$$
$$= (6 \times 2 + 4 - 1) \times 1 + 1 - 0 = 16(\text{天})$$

④绘制施工流水进度图，如图 4-17 所示。

第五节　异节拍专业流水

在进行等节拍专业流水施工时，由于工程性质、复杂程度不同，可能会出现某些施工过程所需要的人数或机械台数，超出施工段上工作面所能容纳数量的情况。这时，只能按施工段所能容纳的人数或机械台数确定这些施工过程的流水节拍，这可能使某些施工过程的流水节拍为其他施工过程流水节拍的倍数，从而形成异节拍专业流水。

例如，拟兴建四幢大板结构房屋，施工过程为：基础、结构安装、室内装修和室外工程，每幢为一个施工段。经计算各施工过程的流水节拍如表 4-2 所示。

表 4-2　各施工过程的流水节拍

施工过程	基础	结构安装	室内装修	室外装修
流水节拍(天)	5	10	10	5

从表 4-3 可知，这是异节拍专业流水，其进度计划如图 4-19 所示。

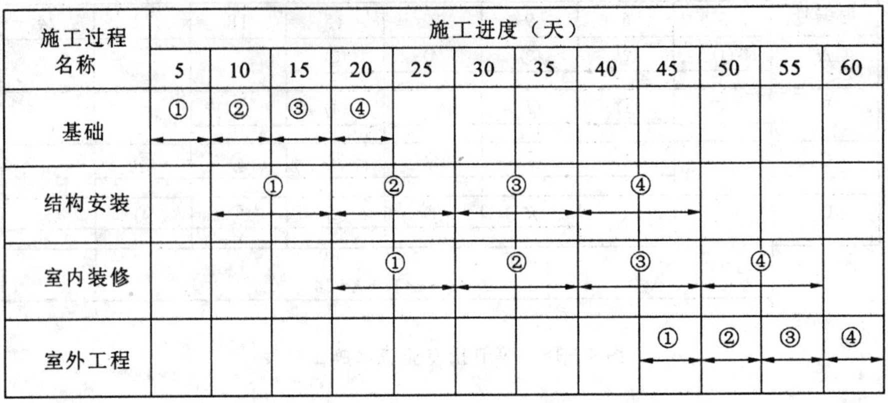

施工过程名称	施工进度（天）											
	5	10	15	20	25	30	35	40	45	50	55	60
基础	①	②	③	④								
结构安装			①		②		③		④			
室内装修					①		②		③		④	
室外工程									①	②	③	④

图 4-19 异节拍专业流水

异节拍专业流水是指在组织流水施工时，如果同一个施工过程在各个施工段上的流水节拍彼此相等，不同施工过程在同一施工段上的流水节拍彼此不等而互为倍数的流水施工方式，也称为成倍节拍专业流水。有时，为了加快流水施工速度，在资源供应满足的前提下，对流水节拍长的施工过程，组织几个同工种的专业工作队来完成同一施工过程在不同施工段上的任务，从而就形成了一个工期最短的、类似于等节拍专业流水的等步距的异节拍专业流水施工方案。这里我们主要讨论等步距的异节拍专业流水。

一、基本特点

(1) 同一施工过程在各个施工段上的流水节拍彼此相等，不同的施工过程在同一施工段上的流水节拍彼此不同，但互为倍数关系；
(2) 流水步距彼此相等，且等于流水节拍的最大公约数；
(3) 各专业工作队都能够保证连续施工，施工段没有空闲；
(4) 专业工作队数大于施工过程数，即 $n_1 > n$。

二、组织步骤

(1) 确定施工起点流向，分解施工过程；
(2) 确定施工顺序，划分施工段；
① 不分施工层时，可按划分施工段的原则确定施工段数。
② 分施工层时，每层的段数可按公式(4-14)确定：

$$m = n_1 + \frac{\max \sum Z_1}{K_b} + \frac{\max Z_2}{K_b} \tag{4-14}$$

式中：n_1——专业工作队总数；
K_b——等步距的异节拍流水的流水步距；
其他符号含义同前。
(3) 按异节拍专业流水确定流水节拍；

(4) 按公式确定流水步距:
$$K_b = 最大公约数\{t^1, t^2, \cdots, t^n\} \tag{4-15}$$

(5) 按公式(4-16)和公式(4-17)确定专业工作队数:
$$b_j = \frac{t^j}{K_b} \tag{4-16}$$

$$n_1 = \sum_{j=1}^{n} b_j \tag{4-17}$$

式中: t^j——施工过程 j 在各个施工段上的流水节拍;

b_j——施工过程 j 所要组织的专业工作队数;

j——施工过程编号,$1 \leq j < n$。

(6) 确定计划总工期。可按公式(4-18)或公式(4-19)进行计算。
$$T = (r \cdot n_1 - 1) \cdot K_b + m^{zh} \cdot t^{zh} + \sum Z_{j,j+1} + \sum G_{j,j+1} - C_{j,j+1} \tag{4-18}$$

或
$$T = (m \cdot r + n_1 - 1) \cdot K_b + \sum Z_1 - \sum C_{j,j+1} \tag{4-19}$$

式中: r——施工层数;不分层时,$r=1$;分层时,$r=$实际施工层数;

m^{zh}——最后一个施工过程的最后一个专业工作队所要通过的施工段数;

t^{zh}——最后一个施工过程的流水节拍;

其他符号含义同前。

(7) 绘制流水施工进度表。

三、应用举例

[例4-9] 某项目由 Ⅰ、Ⅱ、Ⅲ 三个施工过程组成,流水节拍分别为 $t^Ⅰ=2$ 天,$t^Ⅱ=6$ 天,$t^Ⅲ=4$ 天,试组织等步距的异节拍流水施工,并绘制流水施工进度表。

解:①按公式(4-15)确定流水步距 $K_b=$ 最大公约数$\{2,6,4\}=2$ 天

②由公式(4-16)和公式(4-17)求专业工作队数
$$b_1 = \frac{t^Ⅰ}{K_b} = \frac{2}{2} = 1$$

$$b_2 = \frac{t^Ⅱ}{K_b} = \frac{6}{2} = 3 \text{ 个}$$

$$b_3 = \frac{t^Ⅲ}{K_b} = \frac{4}{2} = 2 \text{ 个}$$

$$n_1 = \sum_{j=1}^{3} b_j = 1+3+2 = 6 \text{ 个}$$

③求施工段数。为了使各专业工作队都能连续工作,取 $m = n_1 = 6$ 段

④计算工期。
$$T = (6+6-1) \times 2 = 22 \text{ 天}$$

或
$$T = (6-1) \times 2 + 3 \times 4 = 22 \text{ 天}$$

⑤绘制流水施工进度图,如图4-20所示。

[例4-10] 对本节表4-3,若要求缩短工期,在工作面、劳动力和资源供应允许条件下,

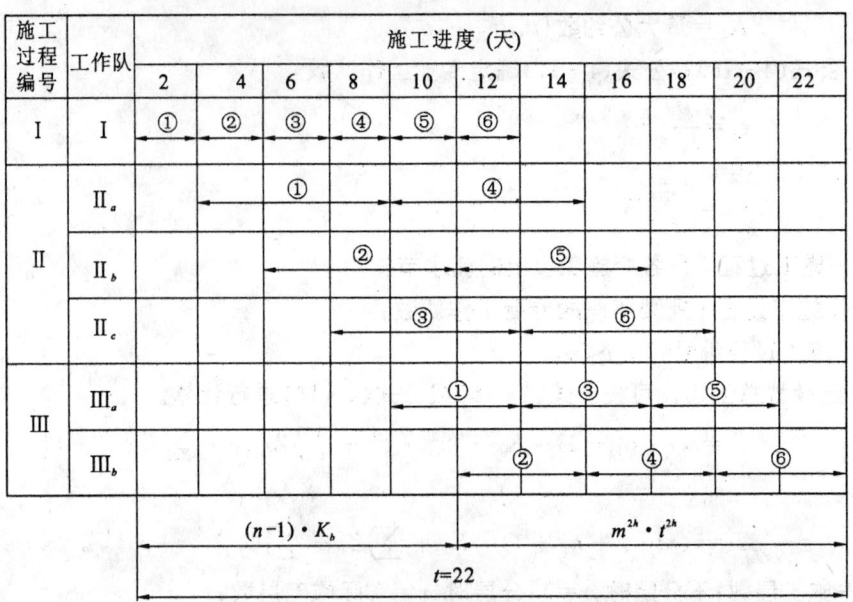

图 4-20 等步距异节拍专业流水施工进度

各增加一个安装和装修工作队,就组织了等步距异节拍专业流水,计算如下:

解:①求流水步距

$$K_b = 最大公约数\{5,10,10,5\} = 5 \text{ 天}$$

②求专业工作队数。

$$b_1 = \frac{5}{5} = 1 \text{ 个}$$

$$b_2 = b_3 = \frac{10}{5} = 2 \text{ 个}$$

$$b_4 = \frac{5}{5} = 1 \text{ 个}$$

$$\therefore n_1 = \sum_{j=1}^{4} b_j = 1+2+2+1 = 6 \text{ 个}$$

③计算工期。

$$T = (m+n_1-1) \cdot K_b = (4+6-1) \times 5 = 45 \text{ 天}$$

④绘制流水施工进度图,如图 4-21 所示。

[例 4-11] 某两层现浇钢筋混凝土工程,施工过程分为安装模板、绑扎钢筋和浇注混凝土。已知每段每层各施工过程的流水节拍分别为:$t_模=2$ 天,$t_扎=2$ 天,$t_混=1$ 天。当安装模板工作队转移到第二结构层的第一段施工时,需待第一层第一段的混凝土养护一天后才能进行。在保证各工作队连续施工的条件下,求该工程每层最少的施工段数,并绘制流水施工进度表。

解:按要求,本工程宜采用等步距异节拍专业流水。

①确定流水步距。由公式(4-15)得:

$$K_b = 最大公约数\{2,2,1\} = 1 \text{ 天}$$

第四章 施工组织

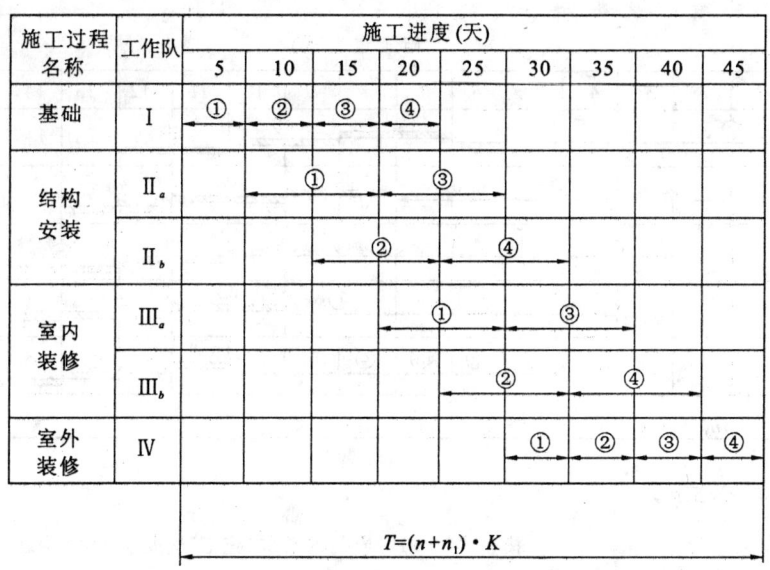

图 4-21 流水施工进度图

②确定专业工作队数。由公式(4-16)得：

$$b_模 = \frac{t_模}{K_b} = \frac{2}{1} = 2 \text{ 个}$$

$$b_扎 = \frac{t_扎}{K_b} = \frac{2}{1} = 2 \text{ 个}$$

$$b_混 = \frac{t_混}{K_b} = \frac{1}{1} = 1 \text{ 个}$$

代入公式(4-17)得：

$$n_1 = \sum_{j=1}^{3} b_j = 2 + 2 + 1 = 5 \text{ 个}$$

③确定每层的施工段数。为保证专业工作队连续施工，其施工段数可按公式(4-14)确定：

$$m = n_1 + \frac{\max \sum Z_1}{K_b} = 5 + \frac{1}{1} = 6 \text{ 段}$$

④计算工期。由公式(4-18)得：

$$T = (2 \times 5 - 1) \times 1 + 6 \times 1 + 1 = 16 \text{ 天}$$

或由公式(4-19)得：

$$T = (6 \times 2 + 5 - 1) \times 1 = 16 \text{ 天}$$

⑤绘制流水施工进度图，如图 4-22 或图 4-23 所示。

第六节　无节奏专业流水

在项目实际施工中，通常每个施工过程在各个施工段上的工程量彼此不等，各专业工作队

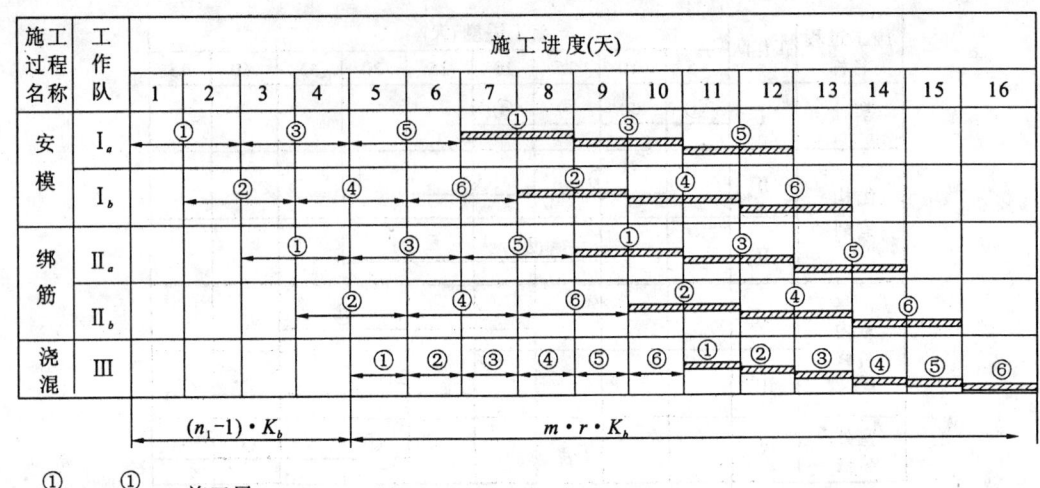

图 4-22 按公式(4-19)绘制的流水(施工)进度

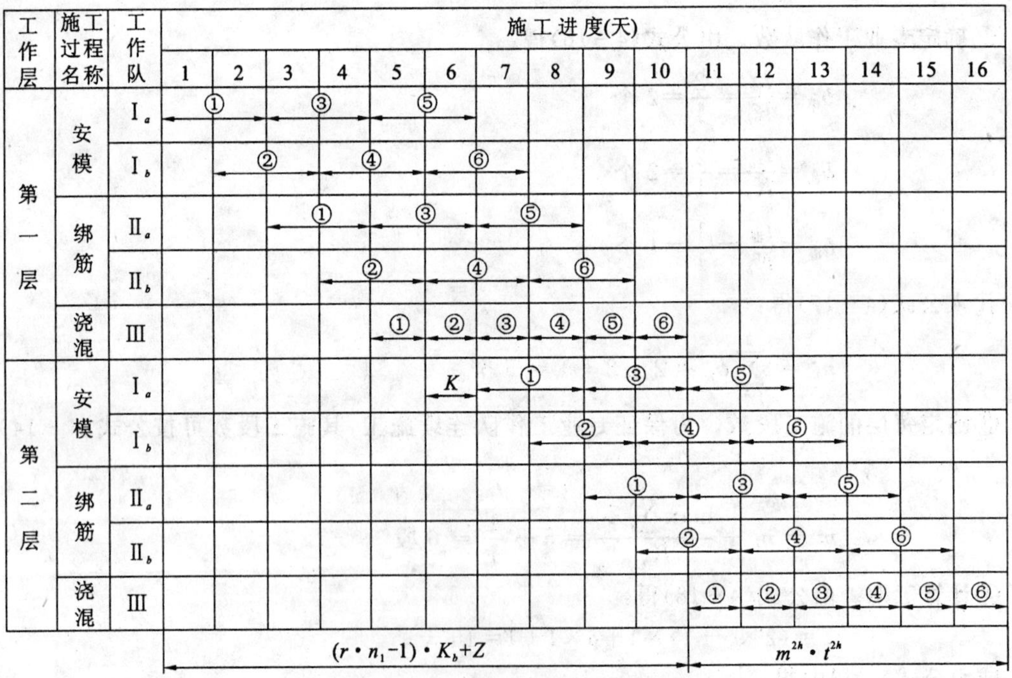

图 4-23 按公式(4-18)绘制的流水(施工)进度

的生产效率相差较大,导致大多数的流水节拍也彼此不相等,不可能组织成等节拍专业流水或异节拍专业流水。在这种情况下,往往利用流水施工的基本概念,在保证施工工艺、满足施工顺序要求的前提下,按照一定的计算方法,确定相邻专业工作队之间的流水步距,使其在开工时间上最大限度地、合理地搭接起来,形成每个专业工作队都能连续作业的流水施工方式,称为无节奏专业流水,也叫做分别流水。它是流水施工的普遍形式。

一、基本特点

(1)每个施工过程在各个施工段上的流水节拍,不尽相等;
(2)在多数情况下,流水步距彼此不相等,而且流水步距与流水节拍二者之间存在着某种函数关系;
(3)专业工作队都能连续施工,个别施工段可能有空闲;
(4)专业工作队数等于施工过程数,即 $n_1 = n$。

二、组织步骤

(1)确定施工起点流向,分解施工过程;
(2)确定施工顺序,划分施工段;
(3)按相应的公式计算各施工过程在各个施工段上的流水节拍;
(4)按一定的方法确定相邻两个专业工作队之间的流水步距;
(5)按公式(4-20)计算流水施工的计划工期:

$$T = \sum_{j=1}^{n-1} K_{j,j+1} + \sum_{i=1}^{m} t_i^{2h} + \sum Z + \sum G - \sum C_{j,j+1} \qquad (4-20)$$

式中:T——流水施工的计划工期;
$K_{j,j+1}$——j 与 $j+1$ 两专业工作队之间的流水步距;
t_i^{2h}——最后一个施工过程在第 i 个施工段上的流水节拍;
$\sum Z$——技术间歇时间总和,$\sum Z = \sum Z_{j,j+1} + \sum Z_{k,k+1}$;
$\sum Z_{j,j+1}$——相邻两专业工作队 j 与 $j+1$ 之间的技术间歇时间之和($1 \leqslant j \leqslant n-1$);
$\sum Z_{k,k+1}$——相邻两施工层间的技术间歇时间之和($1 \leqslant k \leqslant r-1$);
$\sum G$——组织间歇时间之和,$\sum G = \sum G_{j,j+1} + \sum G_{k,k+1}$;
$\sum G_{j,j+1}$——相邻两专业工作队 j 与 $j+1$ 之间的组织间歇时间之和($1 \leqslant j \leqslant n-1$);
$\sum G_{k,k+1}$——相邻两施工层间的组织间歇时间之和($1 \leqslant k \leqslant r-1$);
$\sum C_{j,j+1}$——相邻两专业工作队 j 与 $j+1$ 之间的平行搭接时间之和($1 \leqslant j \leqslant n-1$)。
(6)绘制流水施工进度表。

三、应用举例

[例 4-12] 某项目经理部拟承建一工程,该工程有Ⅰ、Ⅱ、Ⅲ、Ⅳ、Ⅴ五个施工过程。施工时在平面上划分成四个施工段,每个施工过程在各个施工段上的流水节拍如表 4-3 所示。规定施工过程Ⅱ完成后,其相应施工段至少要养护 2 天;施工过程Ⅳ完成后,其相应施工段要留有 1 天的准备时间。为了尽早完工,允许施工过程Ⅰ与Ⅱ之间的搭接施工 1 天,试编制流水施工方案。

解:根据题设条件,该工程只能组织无节奏专业流水。
①求流水节拍的累加数列。

表 4-3 施工段上的流水节拍

流水节拍(天) 施工段 \ 施工过程	Ⅰ	Ⅱ	Ⅲ	Ⅳ	Ⅴ
①	3	1	2	4	3
②	2	3	1	2	4
③	2	5	3	3	2
④	4	3	5	3	1

Ⅰ：3，5，7，11
Ⅱ：1，4，9，12
Ⅲ：2，3，6，11
Ⅳ：4，6，9，12
Ⅴ：3，7，9，10

②确定流水步距。

$K_{Ⅰ,Ⅱ}$

$$\begin{array}{r} 3,5,7,11 \\ -)\quad 1,4,9,12, \\ \hline 3,4,3,2,-12 \end{array}$$

$\therefore K_{Ⅰ,Ⅱ}=\max\{3,4,3,2,-12\}=4$ 天

$K_{Ⅱ,Ⅲ}$

$$\begin{array}{r} 1,4,9,12 \\ -)\quad 2,3,6,11 \\ \hline 1,2,6,6,-11 \end{array}$$

$\therefore K_{Ⅱ,Ⅲ}=\max\{1,2,6,6,-11\}=6$ 天

$K_{Ⅲ,Ⅳ}$

$$\begin{array}{r} 2,3,6,11 \\ -)\quad 4,6,9,12 \\ \hline 2,-1,0,2,-12 \end{array}$$

$\therefore K_{Ⅲ,Ⅳ}=\max\{2,-1,0,2,-12\}=2$ 天

$K_{Ⅳ,Ⅴ}$

$$\begin{array}{r} 4,6,9,12 \\ -)\quad 3,7,9,10 \\ \hline 4,3,2,3,-10 \end{array}$$

$\therefore K_{Ⅳ,Ⅴ}=\max\{4,3,2,3,-10\}=4$ 天

③确定计划工期。由题给条件可知：

$Z_{II,III}=2$ 天，$G_{IV,V}=1$ 天，$C_{I,II}=1$ 天，代入公式(4-20)得：
$$T=(4+6+2+4)+(3+4+2+1)+2+1-1=28 \text{ 天}$$
④绘制流水施工进度图，如图 4-24 所示。

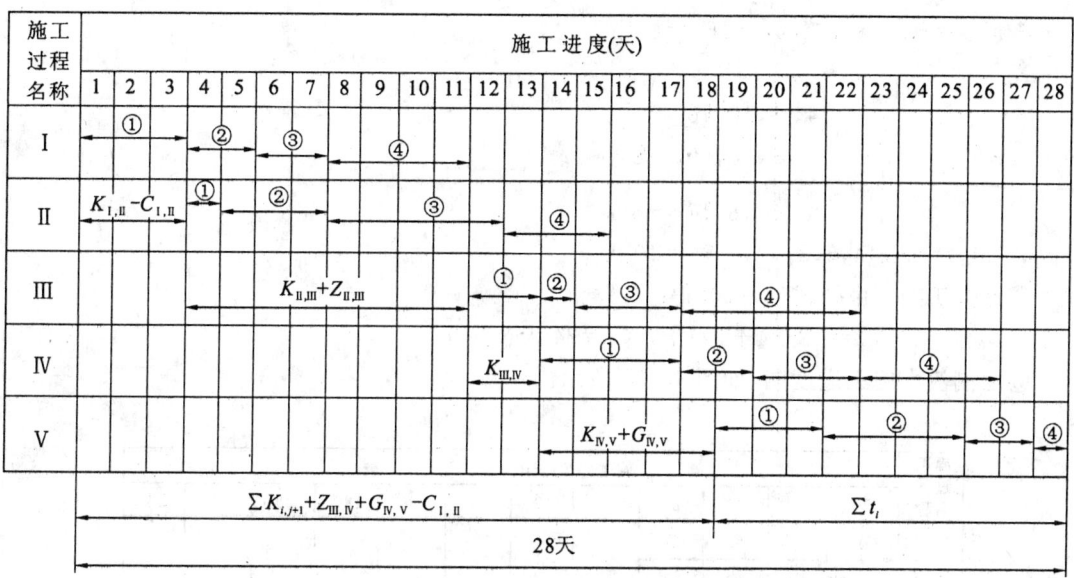

图 4-24 施工流水进度

[例 4-13] 某工程由 A、B、C、D 四个施工过程组成，施工顺序为：A→B→C→D，各施工过程的流水节拍为：$t_A=2$ 天，$t_B=4$ 天，$t_C=4$ 天，$t_D=2$ 天。在劳动力相对固定的条件下，试确定流水施工方案。

解：本例从流水节拍特点看，可组织异节拍专业流水；但因劳动力不能增加，无法做到等步距。为了保证专业工作队连续施工，按无节奏专业流水方式组织施工。

①确定施工段数。为了专业工作队连续施工，取施工段数等于施工过程数，即：
$$m=n=4$$

②求累加数列。
A：2，4，6，8
B：4，8，12，16，
C：4，8，12，16
D：2，4，6，8

③确定流水步距。
$K_{A,B}$

$$
\begin{array}{r}
2,\ 4,\ 6,\ 8, \\
-)\quad 4,\ 8,\ 12,\ 16 \\
\hline
2,\ 0,\ -2,\ -4,\ -16
\end{array}
$$

∴ $K_{A,B}=\max\{2,0,-2,-4,-16\}=2$ 天

$K_{B,C}$

$$\begin{array}{r} 4,8,12,16 \\ -)\quad 4,8,12,\ 16 \\ \hline 4,4,4,\ 4,-16 \end{array}$$

$\therefore K_{B,C}=\max\{4,4,4,4,-16\}=4$ 天

$K_{C,D}$

$$\begin{array}{r} 4,8,12,16 \\ -)\quad 2,4,\ 6,\ 8 \\ \hline 4,6,8,10,-8 \end{array}$$

$\therefore K_{C,D}=\max\{4,6,8,10,-8\}=10$ 天

④计算工期。由公式(4-20)得：

$$T=(2+4+10)+2\times 4=24 \text{ 天}$$

⑤绘制流水施工进度图，如图4-25所示。

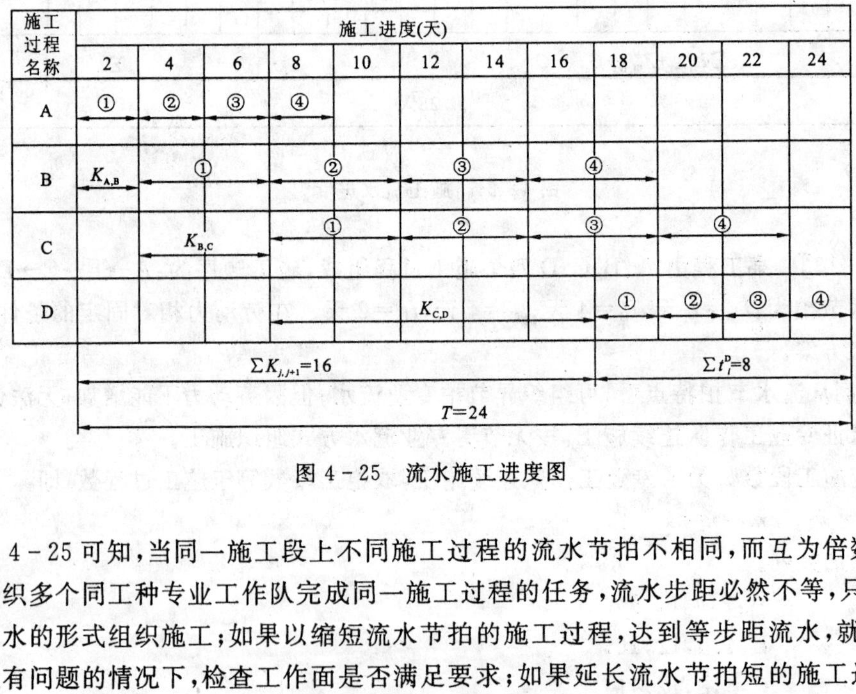

图 4-25 流水施工进度图

从图4-25可知，当同一施工段上不同施工过程的流水节拍不相同，而互为倍数关系时，如果不组织多个同工种专业工作队完成同一施工过程的任务，流水步距必然不等，只能用无节奏专业流水的形式组织施工；如果以缩短流水节拍的施工过程，达到等步距流水，就要在增加劳动力没有问题的情况下，检查工作面是否满足要求；如果延长流水节拍短的施工过程，工期就要延长。

因此，到底采取哪一种流水施工的组织形式，除了要分析流水节拍的特点外，还要考虑工期要求和项目经理部自身的具体施工条件。

任何一种流水施工的组织形式，仅仅是一种组织管理手段，其最终目的是要实现企业目标——工程质量好、工期短、成本低、效益高和安全施工。

第五章 网络计划技术

第一节 概 述

为了适应生产发展和关系复杂的科学研究工作的需要,自20世纪50年代以来,国外陆续采用了一些计划管理的新方法,网络计划技术就是其中之一,它是由箭杆和节点组成,用来表达各项工作的先后顺序和相互关系。这种方法逻辑严密,主要矛盾突出,有利于计划的优化调整和电子计算机的应用,因此在工业、农业、国防和关系复杂的科学研究计划管理中,都得到了广泛的应用。我国从20世纪60年代中期开始引进这种方法,经过多年的实践与应用,得到了不断的推广和发展。

一、表示方法

网络计划的基本原理是:首先应用网络图形来表达一项计划(或工程)中各项工作的开展顺序及其相互之间的关系;通过对网络图形进行时间参数的计算,找出计划中的关键工作和关键线路;继而通过不断改进网络计划,寻求最优方案;以求在计划执行过程中对计划进行有效的控制与监督,保证合理地使用人力、物力和财力,以最小的消耗取得最大的经济效益。因此这种方法得到了世界各国的承认,并广泛应用在工业、农业、国防和科研计划与管理中。

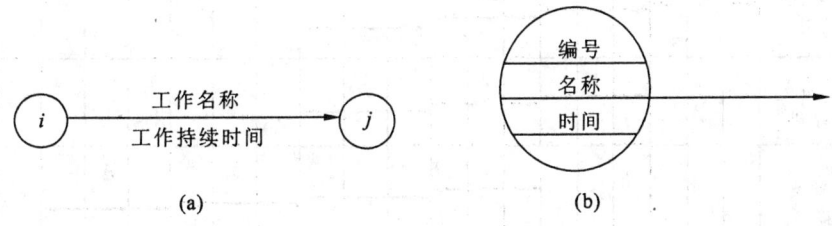

图 5-1 工作示意图

这种方法的表达形式是:用箭线表示一项工作,工作的名称写在箭线的上面,完成该项工作的时间写在箭线的下面,箭头和箭尾分别画上圆圈,填入事件编号,箭头和箭尾的两个编号代表着一项工作,如图5-1(a)所示,i-j代表一项工作;或者用一个圆圈代表一项工作,节点编号写在圆圈上部,工作名称写在圆圈中部,完成该工作所需的时间写在圆圈下部,箭线只表示该工作与其他工作的相互关系,如图5-1(b)所示。把一项计划(或工程)的所有工作,根据其开展的先后顺序并考虑其相互制约关系,全部用箭线或圆圈表示,从左向右排列起来,形成一个网状的图形(图5-2),故称之为网络图。

因为这种方法是建立在网络模型的基础上，且主要用来进行计划与控制，所以国外称其为网络计划技术。

1
2
3
4
5
6
A
1
B
2
C 3
D
5
E
7
F
G 3
H
4
1
5

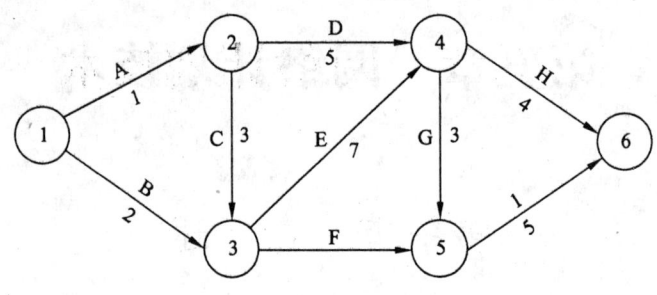

图 5-2　双代号网络图

二、网络计划与横道图的比较

(一)横道计划

横道计划是一系列的横线条结合时间坐标表示各项工作起点和先后顺序的整个计划，如图 5-3 所示。它也称为甘特图，是美国人甘特在第一次世界大战前研究的，第一次世界大战以后，得到广泛应用。它具有以下优缺点。

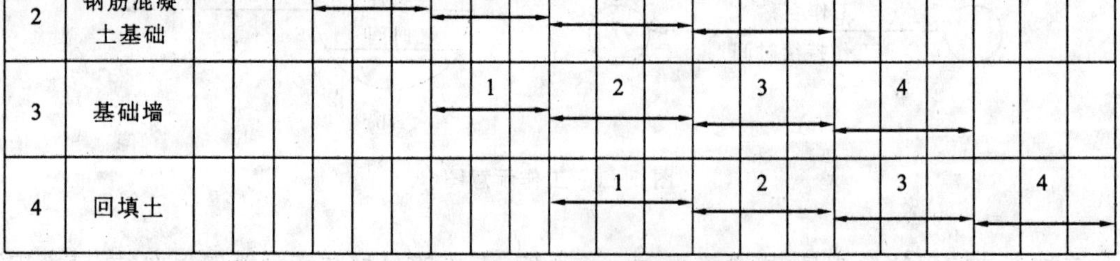

序号
工作
施工进度
1 2 3 4 5 6 7 8 9 10 11 12 13 14 15 16 17 18 19 20 21
1
挖土及垫层
1 2 3 4
2
钢筋混凝土基础
1 2 3 4
3
基础墙
1 2 3 4
4
回填土
1 2 3 4

图 5-3　某基础工程横道计划进度图

1. 优点

(1)绘图较简便，表达形象直观、明了，便于统计资源需要量。

(2)流水作业排列整齐有序，表达清楚。

(3)结合时间坐标，各项工作的起止时间、作业延续时间、工作进度、总工期都能一目了然。

2. 缺点

(1) 不能反映出各项工作之间错综复杂、相互联系、相互制约的生产和协作关系。

(2) 不能明确指出哪些工作是关键的,哪些工作是不关键的,换言之就是不能明确反映关键线路,看不出可以灵活机动使用的时间,因而也就抓不住工作的重点,看不到潜力所在,无法进行最合理的组织安排和指挥生产,不知道如何去缩短工期,降低成本及调整劳动力。

(3) 不能应用微机计算各种时间参数,更不能对计划进行科学地调整与优化。

(二) 网络计划

网络计划和横道计划相比具有以下优缺点。

1. 优点

(1) 能全面而明确地反映出各项工作之间相互依赖、相互制约的关系。比如图 5-4 中,C 工作必须在 A 工作之后进行,而与其他工作无关。

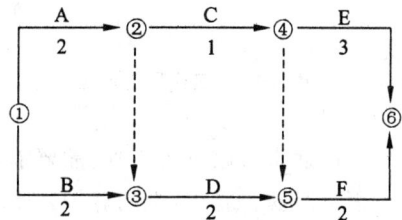

图 5-4 双代号网络

(2) 网络图通过时间参数的计算,能确定各项工作的开始时间和结束时间,并能找出对全局性有影响的关键工作和关键线路,便于在施工中集中力量抓住主要矛盾,确保竣工工期,避免盲目施工。

(3) 能利用计算得出的某些工作的机动时间,更好地利用和调配人力、物力,达到降低成本的目的。

(4) 可以利用微机对复杂的网络计划进行调整与优化,实现计划管理的科学化。

(5) 在计划实施过程中能进行有效的控制和调整,保证以最小的消耗取得最大的经济效益。

2. 缺点

(1) 流水作业不能清楚地在网络计划上反映出来。

(2) 绘图较麻烦,表达不很直观。

(3) 不易看懂,不易显示资源平衡情况等。

以上不足之处可以采用时间坐标网络来弥补。

第二节 双代号网络计划

一、网络图的组成

双代号网络图由工作、节点、线路三个基本要素组成。

(一) 工作 (也称过程、活动、工序)

工作就是计划任务按需要粗细程度划分而成的一个消耗时间或也消耗资源的子项目或子任务。它是网络图的组成要素之一,它用一根箭线和两个圆圈来表示。工作的名称写在箭线的上面,完成工作所需要的时间写在箭线的下面,箭尾表示工作的开始,箭头表示工作的结束。圆圈中的两个号码代表这项工作的名称,由于是两个号表示一项工作,故称为双代号表示法

(图5-5),由双代号表示法构成的网络图称为双代号网络图,如图5-6所示。

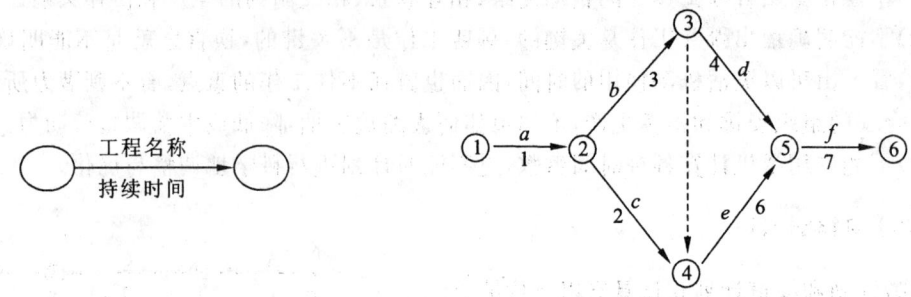

图5-5 双代号表示法　　　　　图5-6 双代号网络图

工作通常可以分为三种:需要消耗时间和资源(如混合结构中的砌筑砖外墙);只消耗时间而不消耗资源(如混凝土的养护);既不消耗时间,也不消耗资源。前两种是实际存在的工作,后一种是人为的虚设工作,只表示相邻前后工作之间的逻辑关系,通常称其为"虚工作"以箭线或在箭线下以"0"表示。如图5-7所示。

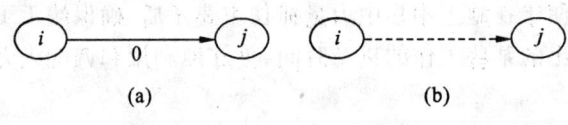

图5-7 虚工作表示法

工作根据一项计划(或工程)的规模不同,其划分的粗细程度、大小范围也不同。如对于一个规模较大的建设项目来讲,一项工作可能代表一个单位工程或一个建筑物;如对于一个单位工程,一项工作可能只代表一个分部或分项工作。

工作箭线的长度和方向,在无时间坐标的网络图中,原则上讲可以任意画,但必须满足网络逻辑关系,在有时间坐标的网络图中,其箭线长度必须根据完成该项工作所需持续时间的大小按比例绘图。

(二)节点(也称结点、事件)

在网络图中箭线的出发和交汇处画上圆圈,用以标志该圆圈前面一项或若干项工作的结束和允许后面一项或若干项工作的开始的时间点称为节点。

在网络图中,节点不同于工作,它只标志着工作结束和开始的瞬间,具有承上启下的衔接作用,而不需要消耗时间或资源。如图5-6中的节点5,它只表示d、e两项工作的结束时间,也表示f工作的开始时刻。节点的另一个作用如前所述,在网络图中,一项工作用其前后两个节点的编号表示。如图5-6中,e工作用点"4-5"表示。

箭线出发的节点称为开始节点,箭线进入的节点称为结束节点或后面节点(图5-8)。在一个网络图中,除整个网络计划的起点节点和终点节点外,其余任何一个节点都有双重的含义,既是前面工作的结束点,又是后面工作的开始节点。

在一个网络中,可以有许多工作通向一个节点,也可以有许多工作由同一个节点出发(图

5-9)。我们把通向某节点的工作称为该节点的紧前工作(或前面工作);把从某节点出发的工作称为该节点的紧后工作(或后面工作)。

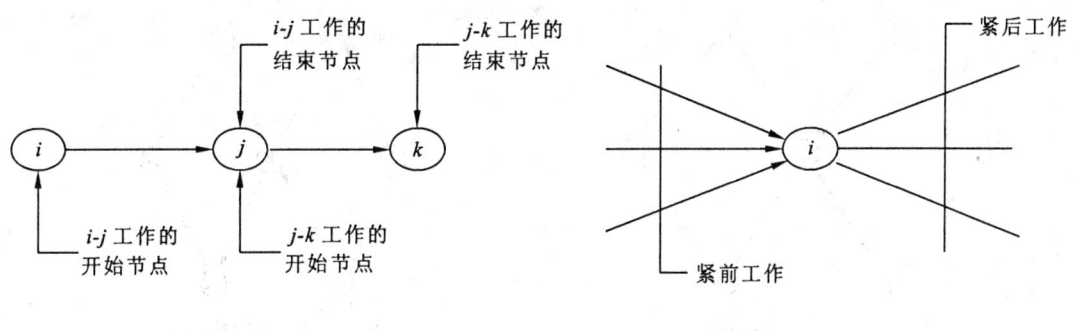

图 5-8 节点示意图　　　　　图 5-9 节点(i)示意图

表示整个计划开始的节点称为网络图的"起点节点",整个计划最终完成的节点称为网络图的终点节点,其余称中间节点。

在一个网络图中,每一个节点都有自己的编号,以便计算网络图的时间参数和检查网络图是否正确。从理论上讲,对于一个网络图,只要不重复,各个节点可任意编号,但人们习惯上从起点节点到终点节点,编号由小到大,并且对于每项工作,箭尾的编号一定要小于箭头的编号。

节点编号的方法可从以下两个方面来考虑。

根据节点编号的方向不同可分为两种:一种是沿着水平方向进行编号(图 5-10);另一种是沿着垂直方向进行编号(图 5-11)。

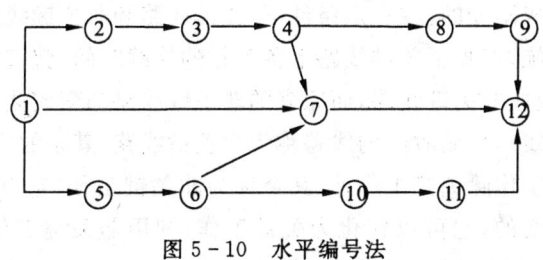

图 5-10 水平编号法

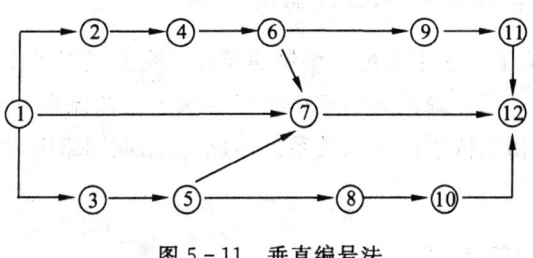

图 5-11 垂直编号法

根据编号的数字是否连续又分为两种:一种是连续编号法,即按自然数的顺序进行编号,图 5-10 和图 5-11 均为连续编号;另一种是辈宫续编号法,一般按单数(或偶数)的顺序来进行编号。如图 5-12 为单数编号法,图 5-13 为双数编号法。采用非连续编号,主要是为了适应计划调整,考虑增添工作的需要,编号留有余地。

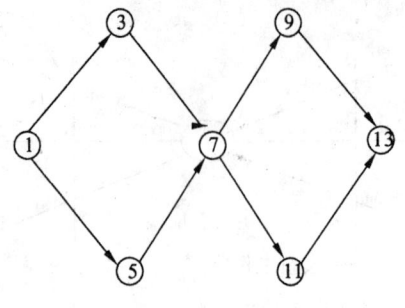 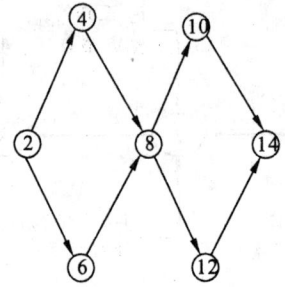

图 5-12 单数编号法　　　　　　　图 5-13 双数编号法

(三) 线路

网络图中从起点节点开始,沿箭线方向连续通过一系列箭线与节点,最后到达终点节点的通路称为线路。每一条线路都有自己确定的完成时间,它等于该线路上各项工作持续的总和,也是完成这条线路上所有工作的计划工期。工期最长的线路称为关键线路(或主要矛盾线)。位于关键线路上的工作称为关键工作,它没有机动时间(即无时差)。关键工作完成的快慢直接影响整个计划工期的实现,关键线路用粗箭线或双箭线连接。

关键线路在网络图中不止一条,可能同时存在几条关键线路,即这几条线路上的持续时间相同。

关键线路并不是一成不变的,在一定条件下,关键线路和非关键线路可以相互转化。当采用了一定的技术组织措施,缩短了关键线路上各工作的持续时间,就有可能使关键线路发生转移,使原来的关键线路变成非关键线路,而原来的非关键线路却变成关键线路。

短于但接近于关键线路持续时间的线路称为次关键线路,其余的线路均称为非关键线路。

位于非关键线路的工作除关键工作外,其余称为非关键工作,它有机动时间(即时差);非关键工作也不是一成不变的,它可以转化为关键工作;利用非关键工作的机动时间可以科学的、合理的调配资源和对网络计划进行优化。

二、网络图绘制的基本原则和应注意的问题

网络计划技术在建筑施工中主要用来编制建筑施工企业或工程项目生产计划和工程施工进度计划。因此,网络图必须正确地表达整个工程的施工工艺流程和各工作开展的先后顺序以及它们之间相互制约、相互依赖的约束关系。因此,在绘制网络图时必须遵循一定的基本规则和要求。

(一) 绘制网络图的基本原则

1. 必须正确地表达各项工作之间的相互制约和相互依赖的关系

在网络图中,根据施工顺序和施工组织的要求,正确地反映各项工作之间的相互制约和相

互依赖关系,这些关系是多种多样的。表 5-1 列出了常见的几种表示方法。

表 5-1　网络图中各工作逻辑关系表示方法

序号	工作之间的逻辑关系	网络图中表示方法	说　　明
1	有 A、B 两项工作按照依次施工方式进行	(A→B 串行图)	B 工作依赖着 A 工作,A 工作约束着 B 工作的开始
2	有 A、B、C 三项工作同时进行	(A、B、C 三条平行箭线从同一节点出发)	A、B、C 三项工作称为平行工作
3	有 A、B、C 三项工作同时结束	(A、B、C 三条平行箭线汇入同一节点)	A、B、C 三项工作称为平行工作
4	有 A、B、C 三项工作,只有 A 完成后,B、C 才能开始	(A 后接 B、C 两条平行箭线)	A 工作制约着 B、C 工作的开始。B、C 为平行工作
5	有 A、B、C 三项工作,C 工作只有在 A、B 完成后才能开始	(A、B 汇入同一节点后接 C)	C 工作依赖着 A、B 工作。A、B 为平行工作
6	有 A、B、C、D 四项工作,只有 A、B 完成后,C、D 才能开始	(A、B 汇入节点 j 后分出 C、D)	通过中间事件正确地表达了 A、B、C、D 之间的关系
7	有 A、B、C、D 四项工作,A 完成后 C 才能开始,A、B 完成后,D 才能开始	(A→C, B→D, 中间有虚工作)	D 与 A 之间引入了逻辑连接(虚工作)只有这样才能正确表达它们之间的约束关系
8	有 A、B、C、D、E 五项工作,A、B 完成后 C 开始,B、D 完成后 E 开始	(含虚工作 ij 和 ik 的网络图)	虚工作 ij 反映出 C 工作受到 B 工作的约束;虚工作 ik 反映出 E 工作受到 B 工作的约束
9	有 A、B、C、D、E 五项工作,A、B、C 完成后,D 才能开始,B、C 完成后,E 才能开始	(含虚工作的网络图)	这是前面序号 1、5 情况通过虚工作连接起来,虚工作表示 D 工作受到 B、C 工作制约
10	A、B 两项工作分三个施工段平行施工	($A_1→A_2→A_3$,$B_1→B_2→B_3$,含虚工作搭接)	每个工种工程建立专业工作队,在每个施工段上进行流水作业,不同工种之间用逻辑搭接关系表示

2.不允许出现没有紧前工作的"尾部节点"

在网络图中,除了整个网络计划的起点节点外,不允许出现没有紧前工作的"尾部节点",即没有箭线进入的尾部节点。

如图5-14(a)所示的网络图中出现了两个没有紧前工作的节点1和3。这两个节点同时存在造成了逻辑关系的混乱:3-5工作什么时候开始?它受到谁的约束?不清楚。这在网络图中是不允许的。如果遇到这种情况,应根据实际的施工工艺流程增加一个虚箭线,如图5-14(b)才是正确的。

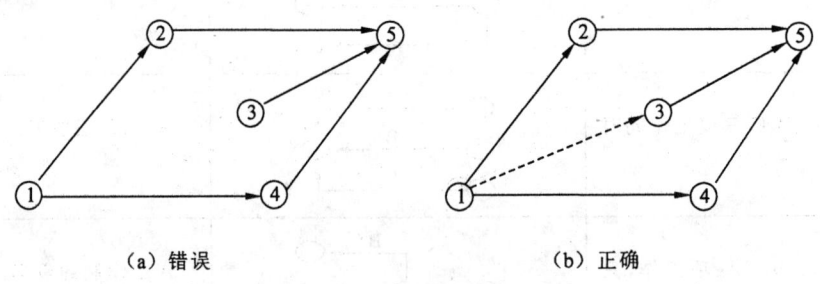

(a) 错误　　　　　　　　(b) 正确

图5-14 起点节点示意图

3.不允许出现没有紧后工作的"尽头节点"

在单目标网络图中,除了整个网络图的终点节点外,不允许出现没有紧后工作的"尽头节点",即没有箭线引出的节点。

如图5-15(a)所示的网络图中出现了两个没有箭线向外引出的节点5和节点7,它们造成了网络逻辑关系的混乱:3-5工作何时结束?3-5工作对后续工作有什么样的制约关系?表达得不清楚,这在网络图中是不允许的。如果遇到这种情况,加入虚箭线调整。如图5-15(b)才是正确的。

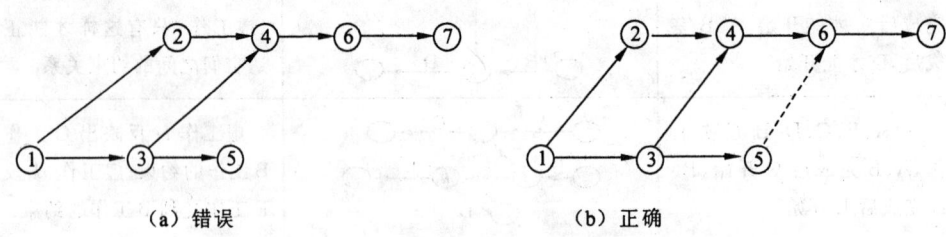

(a) 错误　　　　　　　　(b) 正确

图5-15 终点节点示意图

4.在网络图中不允许出现循环回路

在网络图中,从一个事件出发沿着某一条线路移动,又可回到原出发节点,即在图中出现了闭合的循环路线,此沿着一条路线移动,又回到原出发节点,即在图中出现了闭合的循环路线,称为循环回路。如图5-16(a)中的1-2-3-1,都是循环回路。它表明网络图在逻辑关系上是错误的,在工艺关系上是矛盾的。

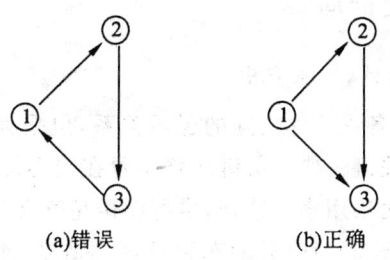

(a)错误　　　　(b)正确

图 5-16　闭合回路示意图

5. 在网络图中不允许出现重复编号的箭

一个箭线和其相关的节点只能代表一项工作,不允许代表多项工作。例如图 5-17(a)中的 A、B 两项工作,其编号均是 1-2,当我们说 1-2 工作时,究竟是指 A 还是指 B,不清楚。遇到这种情况,增加一个节点和一个虚箭线,如图 5-17(b)、(c)都是正确的。

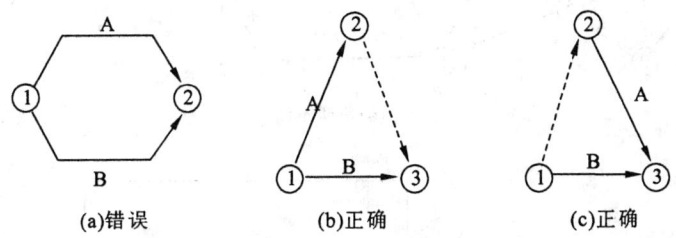

(a)错误　　　　(b)正确　　　　(c)正确

图 5-17　重复编号工作示意图

6. 在网络图中不允许出现没有开始节点的工作

例如图 5-18(a),它表示当 A 工作进行到一定程度时,B 工作才开始,但反映不出 B 工作准确的开始时刻,在网络图中不允许这样表示。正确的画法是:将 A 工作划分为两个施工阶段,引入一个节点分开,如图 5-18(b)所示。

以上是绘制网络图应遵循的基本规则。这些规则是保证网络图能够正确地反映各项工作之间相互制约关系的前提,我们要熟练掌握。

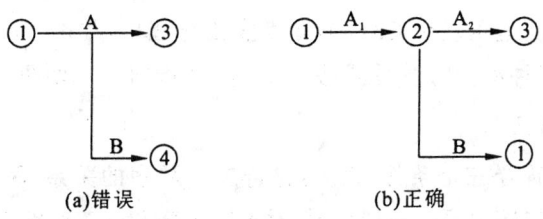

(a)错误　　　　(b)正确

图 5-18　无开始节点工作示意图

(二)绘制网络图应注意的问题

1. 网络图的布局要条理清楚,重点突出

虽然网络图主要用以反映各项工作之间的逻辑关系,但是为了便于使用,还应安排整齐,条理清楚,突出重点。尽量把关键工作和关键线路布置在中心位置,尽可能把密切相连的工作安排在一起,尽量减少斜箭线而采用水平箭杆,尽可能避免交叉箭线出现。

对比图 5-19(a)和(b)。图 5-19(a)的布置条理不清楚,重点不突出;而 5-19(b)则相反。

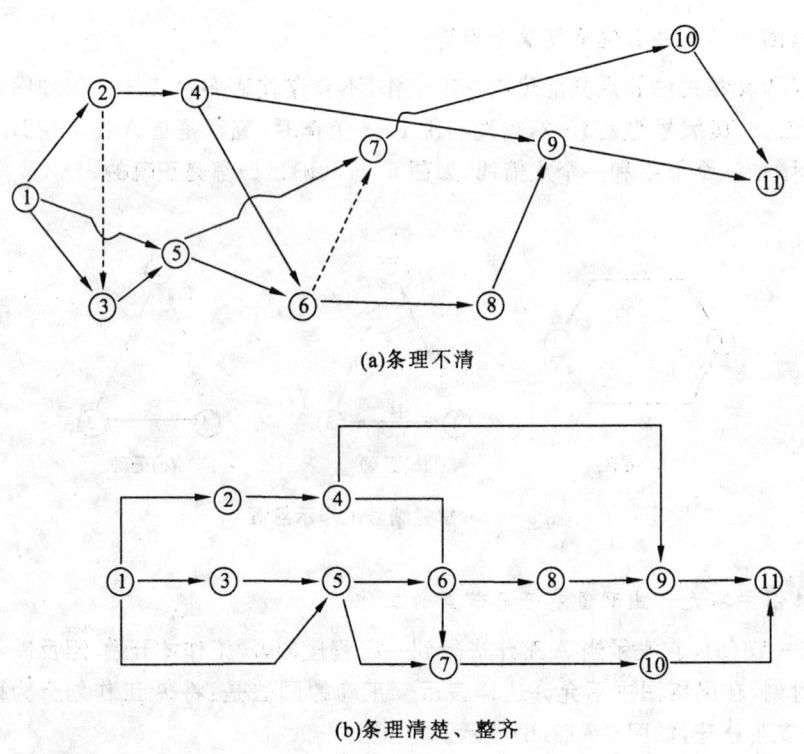

图 5-19 网络图布置示意图

2. 交叉箭线的画法

当网络图中不可避免地出现交叉时,不能直接相交画出,如图 5-20(a)是错误的。目前采用两种方法来解决:一种称为"过桥法";另一种称为"指向法",如图 5-20(b)、(c)所示。

3. 网络图中的"断路法"

绘制网络图时必须符合三个条件:第一,符合施工顺序的关系;第二,符合流水施工的要求;第三,符合网络逻辑连接关系。一般来说,对施工顺序和施工组织上必须衔接的工作,绘图时不易产生错误,但是对于不发生逻辑关系的工作就容易产生错误。遇到这种情况时,采用虚箭线在线路上隔断无逻辑关系的各项工作,这种方法称为"断路法"。例如现浇钢筋混凝土分部工程的网络图。该工程有三项工作(支模、扎筋、浇筑),分三段施工。如绘制成图 5-21 的

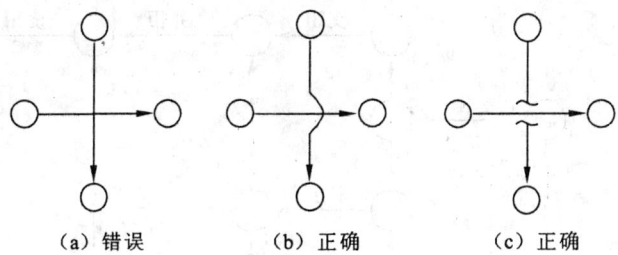

图 5-20　交叉箭线示意图

形式就错了。分析上面的网络图,在施工顺序上,由支模—扎筋—浇混凝土,符合施工工艺的要求。在流水关系上,同工种的工作队由第一施工段转入第二施工段再转入第三施工段,符合要求。在网络逻辑关系上有不符之处。第一施工段的浇筑混凝土(浇 1)与第二施工段的支模板(支 2)没有逻辑上的关系;同样,第二施工段的浇筑混凝土(浇 2)与第三施工段的支模板也不发生逻辑上的关系;但在图中都相连起来了,这是网络图中原则性的错误,它将导致一系列计算上的错误。应用"断路法"加以分隔,正确的网络图见图 5-22。

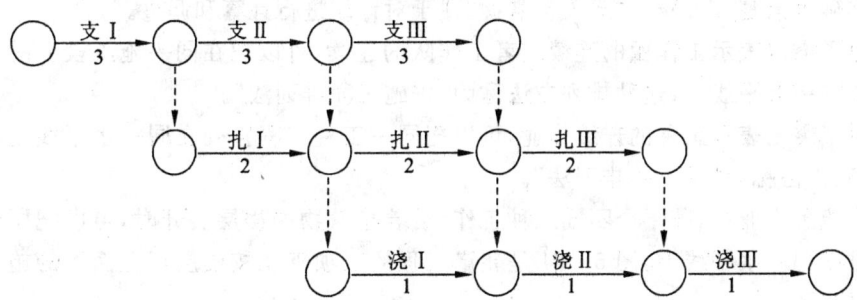

图 5-21　某双代号网络图(错误)

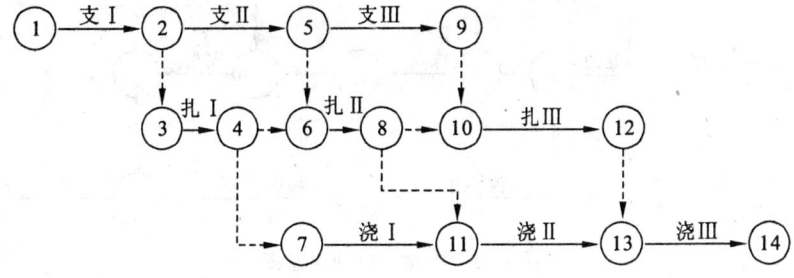

图 5-22　横向断路法示意图(正确)

断路法有两种。在横向用虚箭线切断无逻辑关系的各项工作,称为"横向断路法",如图 5-22 所示,它主要用于有时间坐标的网络图中。在纵向用虚箭线切断无逻辑关系的各项工作称为"纵向断路法",如图 5-23 所示,它主要用于有时间坐标的网络图中。

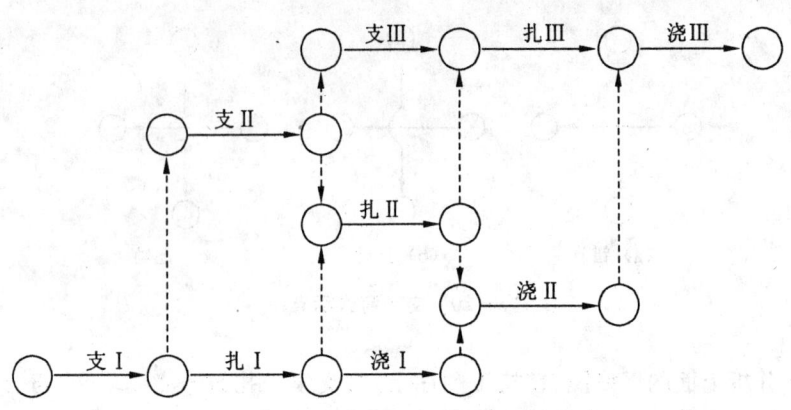

图 5-23 按施工段排列法示意图

4. 建筑施工进度网络图的排列方法

为了使网络计划更形象而清楚地反映出建筑工程施工的特点,绘图时可根据不同的工程情况,不同的施工组织方法和使用要求,灵活排列,以简化层次,使各工作间在工艺及组织上的逻辑关系准确而清楚,以便于技术人员掌握,便于对计划进行计算和调整。

如果为了突出表示工作面的连续或者工作队的连续,可以把在同一施工段上的不同工种工作安排在同一水平线上,这种排列方法称为"按施工段排列法"。

如果为了突出表示工种的连续作业,可以把同一工种工程排列在同一水平线上,如图 5-22,这一排列方法称为"按工种排列法"。

如果在流水作业中,若干个不同工种工作,沿着建筑物的楼层展开时,可以把同一楼层的各项工作排在同一水平线上,图 5-24 是装修工程的三项工作按楼层至上而下的施工流向进行施工的网络图。

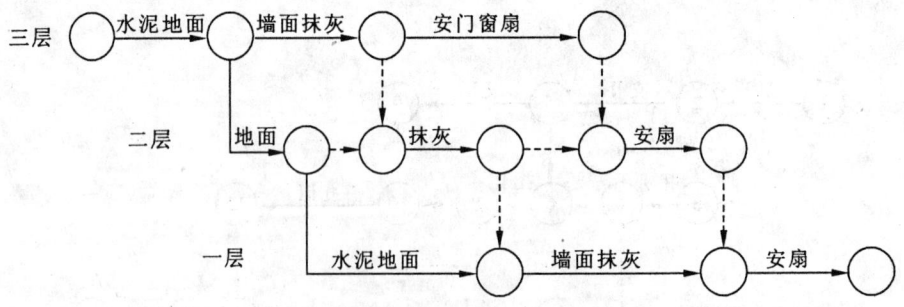

图 5-24 按楼层排列示意图

必须指出,上述几种排列方法往往在一个单位工程的施工进度网络计划中同时出现。

此外还有按单位工程排列的网络计划;按栋号排列的网络计划;按施工部位排列的网络计划。原理同前面的几种排列法一样,将一个单位工程中的各个分部工程,一个栋号内的各单位工程或一个部位的各项工作排列在同一水平线上。在此不一一赘述。

工作中可以按使用要求灵活地选用以上几种网络计划的排列方法。

5. 绘制网络图时,力求减少不必要的箭线和节点

如图 5-25(a),此图在施工顺序、流水关系及网络逻辑关系上都是合理的。但这个网络图过于繁琐。图 5-25(b)将这些不必要的箭线和节点去掉,使网络图更简单明了,同时并不改变图 5-25(a)反映的逻辑关系。

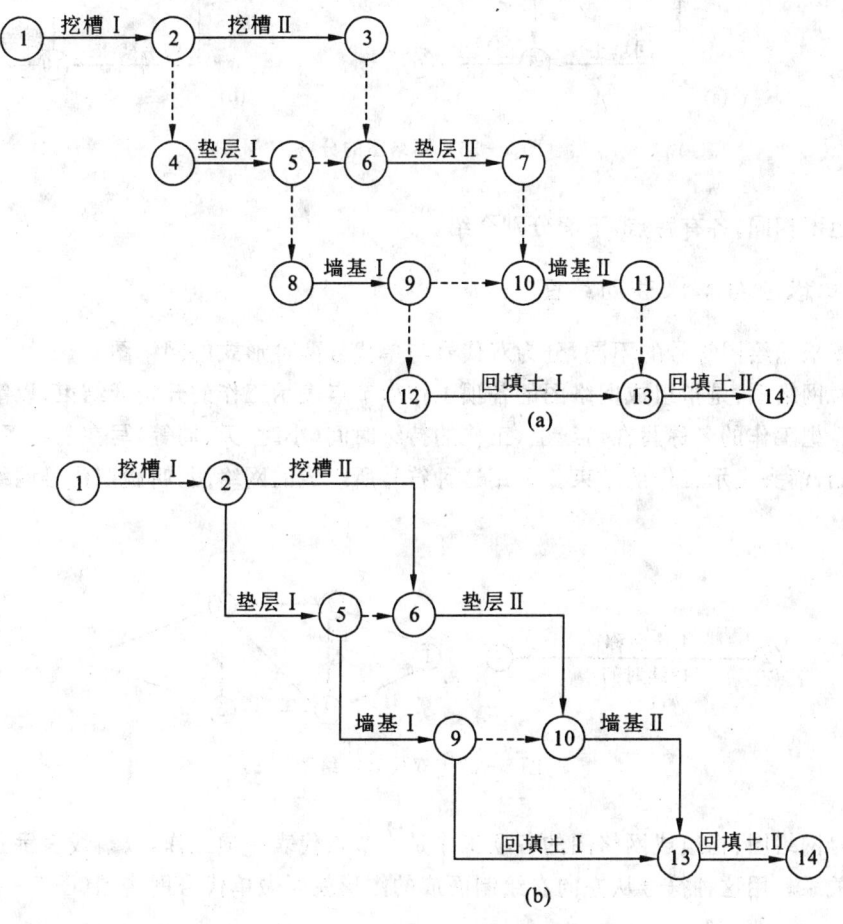

图 5-25 网络图简化示意图

6. 网络图的分解

当网络图中的工作数目很多时,可以把它分成几个小块来绘制。分界点一般选择在箭线和节点较少的位置,或按照施工部位分块。例如某民用住宅的基础工程和砌筑工程,可以分为相应的两块,如图 5-26 所示。

分界点要用重复的编号,即前一块的最后一个节点编号与后一块的开始节点编号相同。对于较复杂的工程,把整个施工过程分为几个分部工程,把整个网络计划分为若干小块来编制,便于使用。

三、网络图的类型

网络图根据不同的指标,又划分为各种不同的类型。不同类型的网络图在绘制、计算和优

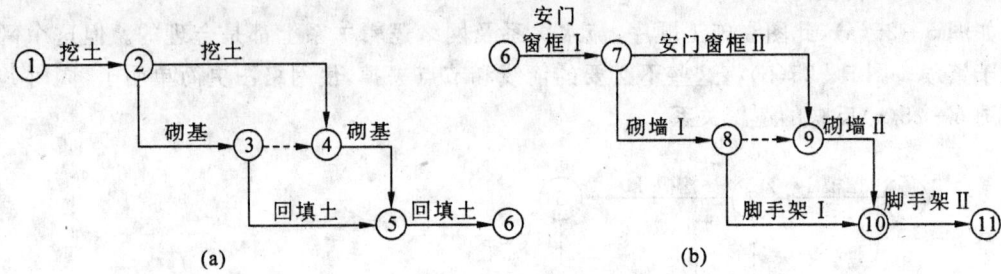

图 5-26 网络图的分解

化等方面也不相同,各有特点,下面分别介绍。

(一)双代号与单代号网络图

网络图根据绘图符号的不同,分为双代号与单代号两种形式的网络图。

双代号网络图:是指组成网络图的各项工作由节点表示工作的开始或结束,以箭线表示工作的名称。把工作的名称写在箭线上,工作的持续时间(小时、天、周等)写在箭线下,箭尾表示工作的开始,箭头表示工作的结束。采用这种符号所组成的网络图,叫做双代号网络图(图5-27)。

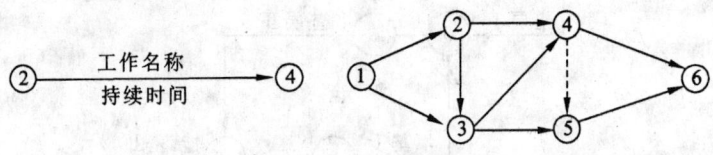

图 5-27 双代号网络图

单代号网络图:指组成网络图的各项工作是由节点代表一项工作,以箭线表示各项工作的相互制约关系。用这种符号从左向右绘制而成的图形就叫做单代号网络图(图5-28)。

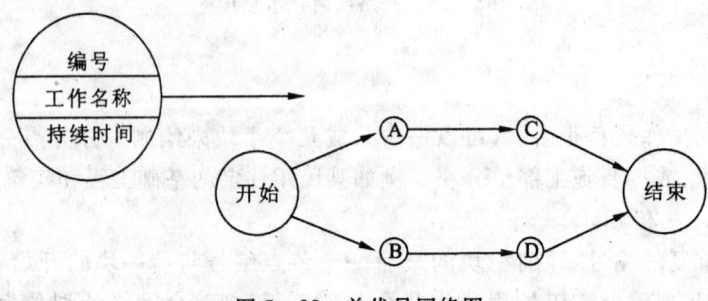

图 5-28 单代号网络图

(二)单目标与多目标网络图

根据网络图最终目标的多少,又分为单目标与多目标两种形式的网络图。

单目标网络图:是指只有一个最终目标的网络图,叫做单目标网络图,如完成一个基础工程或建造一个建(构)筑物的相互有关工作组成的网络图(图 5-29)。

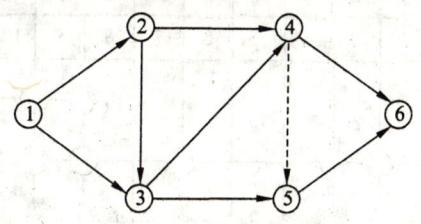

图 5-29 单目标网络图

单目标网络图可以是有时间坐标与无时间坐标的;也可以是肯定型与非肯定型的。但在一个网络图上只能有一个起点节点和一个终点节点。

多目标网络图:是指由若干个独立的最终目标与其相互有关工作组成的网络图,叫做多目标网络图。如工业区的建筑群以及负责许多建筑工程施工的建筑机构等(图 5-30)。

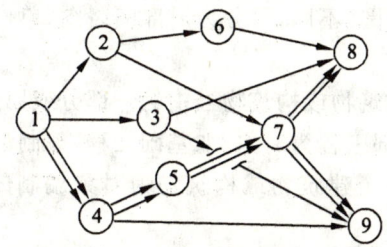

图 5-30 多目标网络图

在多目标网络图中,每个最终目标都有自己的关键线路。因此,在每个箭线上除了注明工作的持续时间外,还要在括号里注明该项工作属于哪一个最终目标。在图 5-30 中关键工作 1-4、4-5、5-7 是最终目标 8 和 9 共有的。

(三)有时间坐标与无时间坐标的网络图

网络图根据有无时间坐标刻度,又分为有时间坐标与无时间坐标两种形式的网络图。

前面出现的网络图都是无时间坐标网络图,图中箭线的长度是任意的。

有时间坐标网络图:在网络图上附有时间刻度(工作天数、日历天数及公休日)的网络图,叫做有时间坐标网络图(图 5-31)。

有时间坐标网络图的特点是每个箭线长度与完成该项工作的持续时间成比例进行绘制。工作箭线往往沿水平方向画出,每个箭线的长度就是规定的持续时间。当箭线位置倾斜时,它的工作持续时间按水平轴上的投影长度确定。

有时间坐标网络图的优点是一目了然(时间明确、直观),并容易发现工作是提前完成还是落后于进度。缺点是随着时间的改变,就要重新绘制网络图。

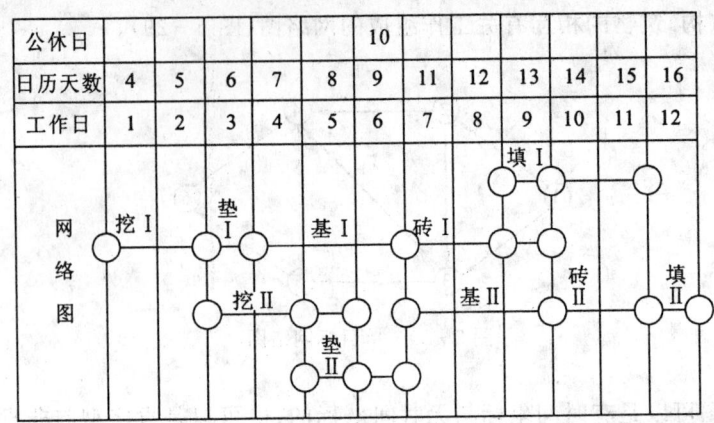

图 5-31 有时间坐标网络图

(四)局部网络图、单位工程网络图和综合网络图

根据网络图的应用对象(范围)不同,可分为局部网络图、单位工程网络图及综合网络图三种。

局部网络图:它是指一个建筑物或构筑物当中的一部分或以施工段为对象编制的网络图。例如以某单位工程中的一个分部工程为对象(如基础工程)编制的网络图,称为局部网络图。

单位工程网络图:它是以一个建筑物或构筑物为对象编制的网络图,称为单位工程网络图。

综合网络图:它是以一个工业企业或居民住宅群为对象编制的网络图,称为综合网络图。

四、网络计划时间参数的计算

网络图时间参数计算的目的在于确定网络图上各项工作和各个节点的时间参数,为网络计划的优化、调整和执行提供明确的时间概念。网络图计算的内容主要包括:各个节点的最早时间和最迟时间;各项工作的最早开始时间、最早结束时间、最迟开始时间、最迟结束时间;各项工作的有关时差以及关键线路的持续时间。

网络图时间参数的计算有许多种方法,一般常用的有分析计算法、图上计算法、表上计算法、矩阵计算法和电算法等。

(一)工作持续时间的计算

1. 单一时间计算法

组成网络图的各项工作可变因素少,具有一定的时间消耗统计资料,因而能够确定出一个肯定的时间消耗值。

单一时间计算法主要是根据劳动定额、预算定额、施工方法、投入劳动力、机具和资源量等资料进行确定的。计算公式如下:

$$D_{i-j} = \frac{Q}{S \cdot R \cdot n} \tag{5-1}$$

式中：D_{i-j}——完成 $i-j$ 项工作的持续时间（小时、天、周等）；
  Q——该项工作的工程量；
  S——产量定额（机械为台班产量）；
  R——投入 $i-j$ 工作的人数或机械台数；
  n——工作的班次。

2. 三时估计法

组成网络图的各项工作可变因素多，不具备一定的时间消耗统计资料，因而不能确定出一个肯定的单一的时间值。只有根据概率计算方法，首先估计出三个时间值，即最短、最长和最可能持续时间，再加权平均计算出一个期望值作为工作的持续时间，这种计算方法叫做三时估计法。

在绘制网络图时必须将非肯定型转变为肯定型，把三种时间的估计变为单一时间的估计，其计算公式如下：

$$m = \frac{a + 4c + b}{6} \tag{5-2}$$

式中：m——工作的平均持续时间；
  a——最短估计时间（亦称乐观估计时间）：是指按最顺利条件估计的完成某项工作所需的持续时间；
  b——最长估计时间（亦称悲观估计时间）：是指按最不利条件估计的完成某项工作所需的持续时间；
  c——最可能估计时间：是指按正常条件估计的完成某项工作最可能的持续时间。

a、b、c 三个时间值都是基于可能性的一种估计，具有随机性。根据三种时间的估计，完成某一项工作所需要的时间概率分布，如图 5-32 所示。

公式(5-2)实际上是一种加权平均值。假定 m 的可能性两倍于 a 和 b，则 c 和 a 的平均值为 $(a+2c)/3$，c 与 b 的平均值为 $(2c+b)/3$。这两种时间各以 1/2 的可能性出现，则其平均值为 $\frac{a+4c+b}{6}$。为了进一步反映工作时间概率分布的离散程度可计算方差，其公式如下：

方差： $\sigma^2 = \left(\dfrac{b-a}{6}\right)^2$ (5-3)

均方差： $\sigma = \sqrt{\left(\dfrac{b-a}{6}\right)^2} = \dfrac{b-a}{6}$ (5-4)

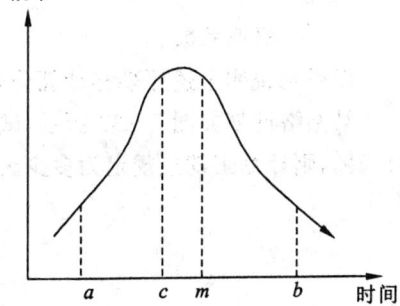

图 5-32 工作时间的概率分布

方差值越大，说明工作时间的分布距平均值离散程度越大，平均值的代表性就差。相反，方差值越小，说明工作时间的分布距平均值离散程度越小，平均值的代表性就好。例如有两项工作，它们的三个时间估计值、平均值、均方差如表 5-2 所示。

从表 5-2 中可知 A、B 两项工作的平均持续时间都是 6 天，但是 A 的均方差为 2.67，B 的均方差为 0.67，这说明 A 的平均值代表性差，它的不肯定性大；B 的平均值代表性好，它的不肯定性小。

表 5-2 平均值、均方差的计算比较

工作	三种时间估计			平均值 $m=\dfrac{a+4c+b}{6}$	均方差 $\dfrac{b-a}{6}$
	a	c	b		
A	2	4	18	$\dfrac{2+4\times 4+18}{6}=6$	$\dfrac{18-2}{6}=2.67$
B	4	6	8	$\dfrac{4+6\times 4+8}{6}=6$	$\dfrac{8-4}{6}=0.67$

为了计算整个网络图按规定日期完成的可能性,需要将网络图中的关键线路上各项工作持续时间的平均值和均方差加起来计算。工作的数目越多,概率的偏差越小;反之,工作数目越少,概率的偏差越大。网络计划按规定日期完成的概率,可通过下面的公式和查函数表求得。

$$TK = TS + \sum \sigma\lambda \tag{5-5}$$

$$\lambda = \frac{TK - TS}{\sum \sigma} \tag{5-6}$$

式中,TK——网络计划规定的完工日期或目标时间;

TS——网络计划最早可能完成的时间,即关键线路上各项工作平均持续时间的总和;

$\sum \sigma$——关键线路上各项工作均方差之和;

λ——概率系数。

现举例说明上述原理和计算公式的应用。

某网络计划如图 5-33 所示,试计算该项任务 20 天完成的概率;如完成的概率要求达到 94.5%,则计划工期应规定为多少天?

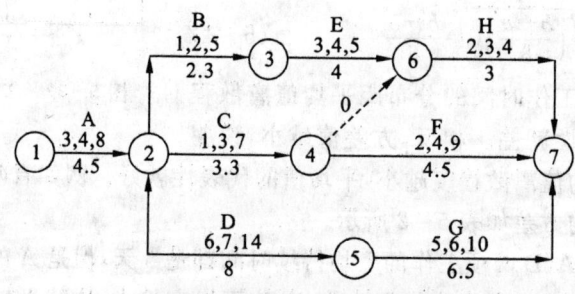

图 5-33 某工程网络图

根据网络图,列表 5-3 进行计算如下:

表 5-3 计算表

工作名称	节点编号		三种时间估计			平均作业时间 $m=\dfrac{a+4c+b}{6}$	方差 $\sigma^2=\left(\dfrac{b-a}{6}\right)^2$	关键线路
	i	j	a	c	b			
A	1	2	3	4	8	4.5	25/36	4.5
B	2	3	1	2	5	2.3		
C	2	4	1	3	7	3.3		
D	2	5	6	7	14	8	64/36	8
E	3	6	3	4	5	4		
虚工作	4	6	0	0	0	0		
F	4	7	2	4	9	4.5		
G	5	7	5	6	10	6.5	25/36	6.5
H	6	7	2	3	4	3		
							$\sum\sigma^2=\dfrac{114}{36}$	$TS=19$

该工程规定的完工日期为 20 天。关键线路上各项工作平均持续时间的总和为 19 天。关键线路上各项工作的均方差之和为:

$$\sum\sigma=\sqrt{\dfrac{114}{36}}=1.78$$

代入公式(5-6)可得概率系数:

$$\lambda=\dfrac{TK-TS}{\sum\sigma}=\dfrac{20-19}{1.78}=0.56$$

然后查表 5-4,可知该工程 20 天完成的概率是 70%。再查表 5-4,如概率为 94.5%,则概率系数 λ 是 1.6,代入公式(6-5)可求得计划规定的完工日期:

$$TK=TS+\sum\sigma\lambda=19+1.6\times1.78=22 \text{ 天}$$

该工程如规定 22 天完成,则概率可达 94.5%。

(二)分析计算方法

网络图的分析计算方法是按公式进行的,为了便于理解,举例说明如下,某一网络图由4个 h、i、j、k 和3项工作 $h-i$,$i-j$ 及 $j-k$ 所组成(图5-34)。

表5-4 函数表

λ	概率(%)	λ	概率(%)	λ	概率(%)
-0.0	50.0	-2.1	1.8	1.1	86.4
-0.1	46.0	-2.2	1.4	1.2	88.5
-0.2	42.0	-2.3	1.0	1.3	90.3
-0.3	38.2	-2.4	0.8	1.4	91.9
-0.4	34.5	-2.5	0.6	1.5	93.3
-0.5	30.8	-2.6	0.5	1.6	94.5
-0.6	27.4	-2.7	0.4	1.7	95.5
-0.7	24.2	-2.8	0.3	1.8	96.5
-0.8	21.2	-2.9	0.2	1.9	97.1
-0.9	18.4	-3.0	0.1	2.0	97.7
-1.0	15.9	0.0	50.0	2.1	98.2
-1.1	13.5	0.1	54.0	2.2	98.6
-1.2	11.5	0.2	57.9	2.3	98.9
-1.3	9.7	0.3	61.8	2.4	99.2
-1.4	8.0	0.4	65.5	2.5	99.4
-1.5	6.7	0.5	69.1	2.6	99.5
-1.6	5.5	0.6	72.6	2.7	99.6
-1.7	4.5	0.7	75.8	2.8	99.7
-1.8	3.6	0.8	78.8	2.9	99.8
-1.9	2.9	0.9	81.6	3.0	99.9
-2.0	2.3	1.0	84.1		

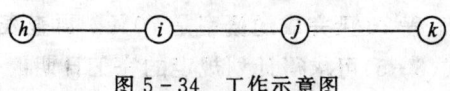

图5-34 工作示意图

从图5-34中可看出,$i-j$ 代表一项工作,$h-i$ 代表它前面的工作。如果 $i-j$ 之前没有工作,则 $h-i$ 等于零。如果 $i-j$ 之前有许多工作,$h-i$ 可理解为由起点节点至 i 节点为止沿箭头方向的所有工作的总和。$j-k$ 代表它后面的工作,如果 $i-j$ 是终点节点,则 $j-k$ 等于零。

如果 $i-j$ 后面有许多工作，$j-k$ 可理解为由 j 节点至终点节点为止的所有工作的总和。

计算时公式中采用下列符号：

T_i^E——i 节点的最早时间；

T_j^E——j 节点的最早时间；

T_i^L——i 节点的最迟时间；

T_j^L——j 节点的最迟时间；

$D_{i\text{-}j}$——$i-j$ 工作的持续时间；

$T_{i\text{-}j}^{ES}$——$i-j$ 工作的最早开始时间；

$T_{i\text{-}j}^{LS}$——$i-j$ 工作的最迟开始时间；

$T_{i\text{-}j}^{EF}$——$i-j$ 工作的最早完成时间；

$T_{i\text{-}j}^{LF}$——$i-j$ 工作的最迟完成时间；

$F_{i\text{-}j}^T$——$i-j$ 工作的总时差；

$F_{i\text{-}j}^F$——$i-j$ 工作的自由时差。

设网络计划 P 是由 n 个事件所组成，其编号是由小到大($1\rightarrow n$)。其事件时间参数的计算公式如下：

$$T_1^E = 0 \tag{5-7}$$

$$T_j^E = \max[T_i^E + D_{i\text{-}j}] \quad i<j, (i\text{-}j)\in p, 2\leqslant j\leqslant n \tag{5-8}$$

$$T_i^L = \min[T_j^L - D_{i\text{-}j}] \quad i<j, (i,j)\in p, 1\leqslant i\leqslant n-1 \tag{5-9}$$

工作时间参数的计算公式如下：

$$T_{i\text{-}j}^{ES} = T_i^E \tag{5-10}$$

$$T_{i\text{-}j}^{EF} = T_i^E + D_{i\text{-}j} \tag{5-11}$$

$$T_{i\text{-}j}^{LF} = T_j^L \tag{5-12}$$

$$T_{i\text{-}j}^{LS} = T_j^L - D_{i\text{-}j} \tag{5-13}$$

$$F_{i\text{-}j}^T = T_j^L - T_i^E - D_{i\text{-}j} = T_{i\text{-}j}^{LS} - T_{i\text{-}j}^{ES} = T_{i\text{-}j}^{LF} - T_{i\text{-}j}^{EF} \tag{5-14}$$

$$F_{i\text{-}j}^F = T_{j\text{-}k}^{ES} - T_{i\text{-}j}^{EF} = T_{j\text{-}k}^{ES} - T_{i\text{-}j}^{ES} - D_{i\text{-}j} \tag{5-15}$$

为了进一步理解和应用以上计算公式，现以图 5-35 为例说明计算的各个步骤。图中箭线下的数字是工作的持续时间，以天为单位。

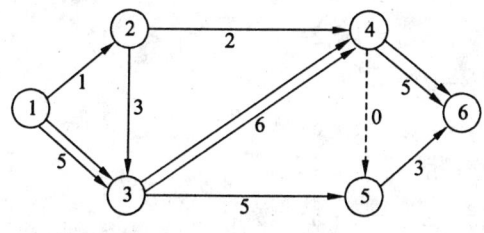

图 5-35 网络图的计算

1. 计算节点最早时间

在计算节点最早时间时，是按网络图中的编号从左向右递增顺序进行计算的。按公式(5

-7)及公式(5-8)计算：

$$T_1^E = 0$$
$$T_2^E = \max[T_1^E + D_{1-2}] = \max[0+1] = 1$$
$$T_3^E = \max[T_1^E + D_{1-3}, T_2^E + D_{2-3}] = \max[0+5, 1+3] = 5$$
$$T_4^E = \max[T_2^E + D_{2-4}, T_3^E + D_{3-4}] = \max[1+2, 5+6] = 11$$
$$T_5^E = \max[T_3^E + D_{3-5}, T_4^E + D_{4-5}] = \max[5+5, 11+0] = 11$$
$$T_6^E = \max[T_4^E + D_{4-6}, T_5^E + D_{5-6}] = \max[11+5, 11+3] = 16$$

T_6^E是网络图5-35终点节点最早可能开始时间的最大值,也是关键线路的持续时间。

2. 计算各个节点最迟时间

最迟时间的计算是从终点节点开始,从右到左按节点编号的递减顺序,依次计算到起点节点的。也就是从网络图的终点开始计算,一直计算到网络图的起点为止。按公式(5-9)计算：

$$T_6^E = T_6^L = T_C = T_P = 16$$
$$T_5^L = \min[T_6^L - D_{5-6}] = [16-3] = 13$$
$$T_4^L = \min[T_5^L - D_{4-5}, T_6^L - D_{4-6}] = \min[13-0, 16-5] = 11$$
$$T_3^L = \min[T_4^L - D_{3-4}, T_5^L - D_{3-5}] = \min[11-6, 13-5] = 5$$
$$T_2^L = \min[T_3^L - D_{2-3}, T_4^L - D_{2-4}] = \min[5-3, 11-2] = 2$$
$$T_1^L = \min[T_2^L - D_{1-2}, T_3^L - D_{1-3}] = \min[2-1, 5-5] = 0$$

3. 计算各项工作最早开始时间和最早完成时间

工作的最早开始时间计算是从左向右进行的。工作的最早开始时间等于节点最早时间加上工作的持续时间。按公式(5-10)和公式(5-11)计算：

$$T_{1-2}^{ES} = T_1^E = 0$$
$$T_{1-2}^{EF} = T_1^E + D_{1-2} = T_{1-2}^{ES} + D_{1-2} = 0+1 = 1$$
$$T_{1-3}^{ES} = T_1^E = 0$$
$$T_{1-3}^{EF} = T_1^E + D_{1-3} = T_{1-3}^{ES} + D_{1-2} = 0+5 = 5$$
$$T_{2-3}^{ES} = T_2^E = 1$$
$$T_{2-3}^{EF} = T_2^E + D_{2-3} = 1+3 = 4$$
$$T_{2-4}^{ES} = T_2^E = 1$$
$$T_{2-4}^{EF} = T_2^E + D_{2-4} = 1+2 = 3$$
$$T_{3-4}^{ES} = T_3^E = 5$$
$$T_{3-4}^{EF} = T_3^E + D_{3-4} = 5+6 = 11$$
$$T_{3-5}^{ES} = T_3^E = 5$$
$$T_{3-5}^{EF} = T_3^E + D_{3-5} = 5+5 = 10$$
$$T_{4-5}^{ES} = T_4^E = 11$$
$$T_{4-5}^{EF} = T_4^E + D_{4-5} = 11+0 = 11$$
$$T_{4-6}^{ES} = T_4^E = 11$$
$$T_{4-6}^{EF} = T_4^E + D_{4-6} = 11+5 = 16$$

$$T^{ES}_{5-6} = T^{E}_{5} = 11$$
$$T^{EF}_{5-6} = T^{E}_{5} + D_{5-6} = 11 + 3 = 14$$

4. 计算各项工作最迟开始时间和最迟完成时间

最迟开始时间和最迟完成时间是从终点节点开始,计算到起点节点,顺序是从右到左进行,按公式(5-12)和公式(5-13)计算:

$$T^{LF}_{5-6} = T^{L}_{6} = 16$$
$$T^{LS}_{5-6} = T^{L}_{6} - D_{5-6} = 16 - 3 = 13$$
$$T^{LF}_{4-6} = T^{L}_{6} = 16$$
$$T^{LS}_{4-6} = T^{L}_{6} - D_{4-6} = 16 - 5 = 11$$
$$T^{LF}_{4-5} = T^{L}_{5} = 13$$
$$T^{LS}_{4-5} = T^{L}_{5} - D_{4-5} = 13 - 0 = 13$$
$$T^{LF}_{3-5} = T^{L}_{5} = 13$$
$$T^{LS}_{3-5} = T^{L}_{5} - D_{3-5} = 13 - 5 = 8$$
$$T^{LF}_{3-4} = T^{L}_{4} = 11$$
$$T^{LS}_{3-4} = T^{L}_{4} - D_{3-4} = 11 - 6 = 5$$
$$T^{LF}_{2-4} = T^{L}_{4} = 11$$
$$T^{LF}_{2-4} = T^{L}_{4} - D_{2-4} = 11 - 2 = 9$$
$$T^{LF}_{2-3} = T^{L}_{3} = 5$$
$$T^{LS}_{2-3} = T^{L}_{3} - D_{2-3} = 5 - 3 = 2$$
$$T^{LF}_{1-3} = T^{L}_{3} = 5$$
$$T^{LS}_{1-3} = T^{L}_{3} - D_{1-3} = 5 - 5 = 0$$
$$T^{LF}_{1-3} = T^{L}_{2} = 2$$
$$T^{LS}_{1-2} = T^{L}_{2} - D_{1-2} = 2 - 1 = 1$$

5. 计算各项工作的总时差

在网络图中工作的总时差(机动时间、时间储备)是指在不影响结束节点的最迟时间的前提下,工作可以推迟它的最早开始时间,或者增加它的最大持续时间。各项工作的总时差按公式(5-14)计算如下:

$$F^{T}_{1-2} = T^{L}_{2} - T^{E}_{1} - D_{1-2} = 2 - 0 - 1 = 1$$
$$F^{T}_{1-3} = T^{L}_{3} - T^{E}_{1} - D_{1-3} = 5 - 0 - 5 = 0$$
$$F^{T}_{2-3} = T^{L}_{3} - T^{E}_{2} - D_{2-3} = 5 - 1 - 3 = 1$$
$$F^{T}_{2-4} = T^{L}_{4} - T^{E}_{2} - D_{2-4} = 11 - 1 - 2 = 8$$
$$F^{T}_{3-4} = T^{L}_{4} - T^{E}_{3} - D_{3-4} = 11 - 5 - 6 = 0$$
$$F^{T}_{3-5} = T^{L}_{5} - T^{E}_{3} - D_{3-5} = 13 - 5 - 5 = 3$$
$$F^{T}_{4-5} = T^{L}_{5} - T^{E}_{4} - D_{4-5} = 13 - 11 - 0 = 2$$
$$F^{T}_{4-6} = T^{L}_{6} - T^{E}_{4} - D_{4-6} = 16 - 11 - 5 = 0$$
$$F^{T}_{5-6} = T^{L}_{6} - T^{E}_{5} - D_{5-6} = 16 - 11 - 3 = 2$$

6. 计算各项工作的自由时差

自由时差是指在此时间范围内,变动工作开始时间或增加它的持续时间不影响下一工作(紧后工作)最早开始时间。自由时差是独立的,它的利用不会影响其他工作的完成时间。各项工作的自由时差按公式(5-15)分别计算:

$$F^F_{1-2} = T^{ES}_{2-3} - T^{EF}_{1-2} = 1 - 1 = 0$$

$$F^F_{1-3} = T^{ES}_{3-4} - T^{EF}_{1-3} = 5 - 5 = 0$$

$$F^F_{2-3} = T^{ES}_{3-4} - T^{EF}_{2-3} = 5 - 4 = 1$$

$$F^F_{2-4} = T^{ES}_{4-5} - T^{EF}_{2-4} = 11 - 3 = 8$$

$$F^F_{3-4} = T^{ES}_{4-5} - T^{EF}_{3-4} = 11 - 11 = 0$$

$$F^F_{3-5} = T^{ES}_{5-5} - T^{EF}_{3-5} = 11 - 10 = 1$$

$$F^F_{4-5} = T^{ES}_{5-6} - T^{EF}_{4-5} = 11 - 11 = 0$$

$$F^F_{4-6} = T^{ES}_{6} - T^{EF}_{4-6} = 16 - 16 = 0$$

$$F^F_{5-6} = T^{ES}_{6} - T^{EF}_{5-6} = 16 - 14 = 2$$

为了进一步说明时差和自由时差之间的关系,取出网络图(图5-35)中的一部分,如图5-36所示。

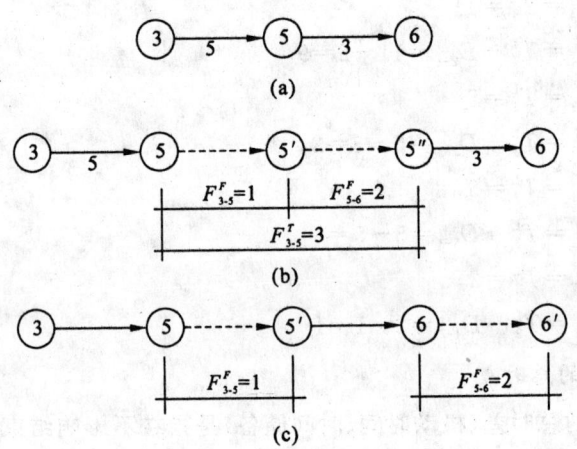

图5-36 总时差与自由时差关系图
(a)网络图的一部分;(b)工作3-5的总时差;(c)工作3-5及5-6的自由差

从图5-36可见,工作3-5总时差就等于工作3-5及紧后工作5-6的自由时差之和。

$$F^T_{3-5} = F^F_{3-5} + F^F_{5-6} = 1 + 2 = 3$$

同时,从图中可见,本工作不仅可以利用自己的自由时差,而且可以利用紧后工作的自由时差(但不得超过本工作总时差)。

7. 关键工作及关键线路的确定

在网络计划中总时差最小的工作称为关键工作。本例中由于网络计划的计算工期等于其计划工期,故总时差为零的工作即为关键工作。

$$F^T_{1-3} = T^L_3 - T^E_1 - D_{1-3} = 5 - 0 - 5 = 0$$

∴1-3 工作是关键工作

$$F_{3-4}^T = T_4^L - T_3^E - D_{3-4} = 11 - 5 - 6 = 0$$

∴3-4 工作是关键工作

$$F_{4-6}^T = T_6^L - T_4^E - D_{4-6} = 16 - 11 - 5 = 0$$

∴4-6 工作是关键工作

将上述各项关键工作依次连起来,就是整个网络图的关键线路。如图 5-35 中双箭头所示。

(三)图上计算法

图上计算法是依据分析计算法的时间参数关系式,直接在网络图上进行计算的一种比较直观、简便的方法。现以图 5-37 所示的一个简单的网络说明图上计算法。

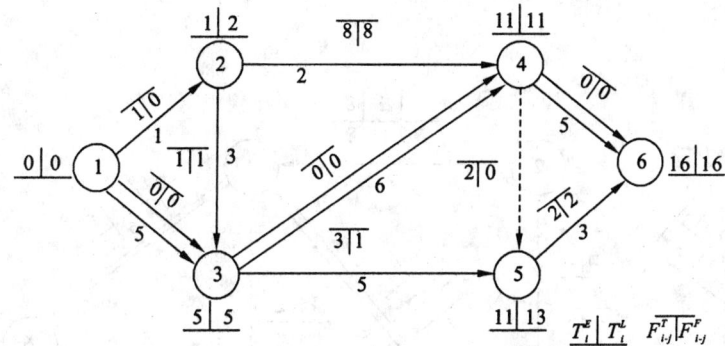

图 5-37 网络图时间参数计算示意图

图中箭头下的数字代表该工作的持续时间;圆圈旁边的数字分别表示该节点最早时间和最迟时间。

1. 计算节点最早时间

(1)起点节点

网络图中的起点节点一般以相对时间 0 天开始,因此起点节点的最早可能开始时间等于 0,把 0 注在起点节点相应位置。

(2)中间节点

从起点节点到中间节点可能有几条线路,而每一条线路有一个时间和,这些线路和中的最大值,就是该中间节点的最早可能开始时间。如图 5-37 中节点 3 的最早可能开始时间,需要计算从 1 到 3 的两条线路,即 1-2-3 和 1-3 的时间和。1-2-3 的时间和为 1+3=4 天,1-3 的时间和为 5 天,要取线路中的最大值,因此节点 3 的最早可能开始时间为 5 天。它表示紧前工作(1-3、2-3)最早可能完成的时间为 5 天末了,紧后工作(3-4、3-5)最早可能开始的时间为 5 天之后。

2. 计算节点最迟时间

节点最迟时间的计算,是以网络图的终点节点(终点)逆箭头方向,从右到左,如图 5-37

所示,逐个节点进行计算的,并将计算的结果添加在相应节点的图示位置上。

(1)终点节点

当网络计划有规定工期时,终点节点的最迟时间等于规定工期。当没有规定工期时,终点节点的最迟时间就等于终点节点最早时间。

(2)中间节点

某一节点最迟时间的计算,是从终点节点开始向起点节点方向进行的,如果计算到某一中间节点可能有几条线路,那么在这几条线路中必有一个时间和的最大值。把结束节点的最迟时间减去这个最大值,就是该节点的最迟时间。如图5-38中节点2的最迟时间,需要由节点6反方向计算到节点2的四条线路中最大的时间和6-4-2的时间和是5+2=7天,6-4-3-2的时间和是14天,6-5-4-3-2的时间和是12天,6-5-3-2的时间和是11天。从终点节点最迟时间的16天减去14天得2天就是节点2的最迟时间。它表示紧前工作1-2最迟必须在2天末结束,紧后工作2-3、2-4最迟必须在2天后马上开始,否则就会拖延整个计划工期。

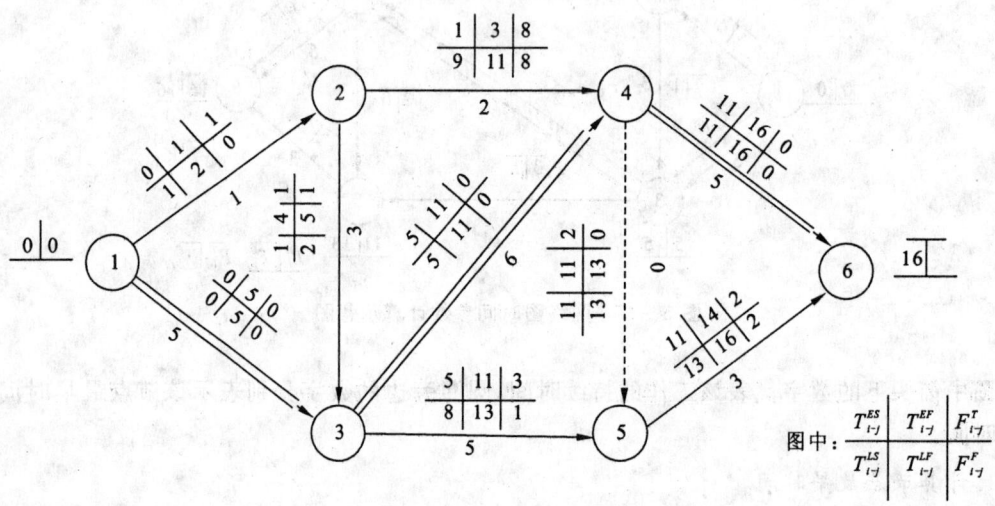

图5-38 图上计算法示意图

3.计算各项工作的最早可能开始和最早可能完成时间

工作的最早可能开始时间也就是该工作开始节点的最早时间。工作的最早可能完成时间也就是该工作的最早可能开始时间加上该项工作的持续时间。

如图5-37中的工作2-4最早可能开始的时间等于节点2的最早时间(1天)。工作2-4最早可能完成时间等于工作2-4的最早可能开始时间,即1+2=3天。

4.计算各项工作的最迟必须开始和最迟必须完成时间

工作的最迟必须完成时间也就是该工作结束节点的最迟时间。工作的最迟必须开始时间也就是工作最迟必须完成时间减去该工作的持续时间。如图5-38中的工作2-4的最迟必须开始时间等于工作2-4的最迟必须完成时间减去工作2-4的持续时间,即11-2=9天。

把以上时间参数的计算值均可直接标注在图上,如图5-38所示。

5. 计算时差

图上计算法的总时差等于该工作的结束节点的最迟时间减去开始节点的最早时间再减去该工作的持续时间。

自由时差也可以用该工作结束节点的最早时间减去该工作开始节点的最早时间与该工作持续时间的和而求得。公式如下：

$$F_{i-j}^F = T_i^E - (T_j^E + D_{i-j}) \tag{5-16}$$

有关总时差及自由时差的计算值见图5-38所示。

图5-37和图5-38为图上计算法常用的两种表达方式。除了上述两种表达方式，还有其他图例，具体见图5-39所示。

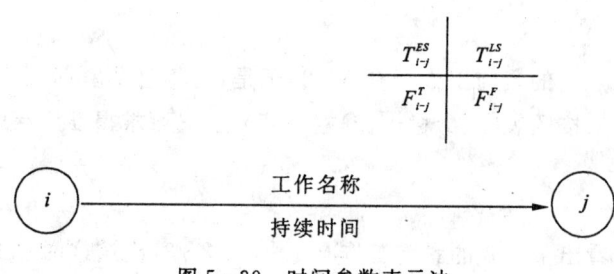

图5-39 时间参数表示法

（四）表上计算法

表上计算法是依据分析计算法求出的时间关系式，用表格形式进行计算的一种方法。在表上应列出拟计算的工作名称，各项工作的持续时间以及所求的各项时间参数（表5-5）。

表5-5 网络计划时间参数计算表

工作一览表			时 间 参 数						关键线路
节点	工作	持续时间	节点最早时间	工作最早完成时间	工作最迟开始时间	节点最迟时间	工作总时差	工作自由时差	
i	$i-j$	D_{i-j}	T_i^E	T_{i-j}^{EF}	T_{i-j}^{LS}	T_i^L	T_{i-j}^T	T_{i-j}^F	CP
(1)	(2)	(3)	(4)	(5)	(6)	(7)	(8)	(9)	(10)
1	1-2	1	0	1	1	0	1	0	是
	1-3	5		5	0		0	0	
2	2-3	3	1	4	2	2	1	1	
	2-4	2		3	9		8	8	
3	3-4	6	5	11	5	5	0	0	是
	3-5	5		10	8		3	1	
4	4-5	0	11	11	13	11	2	0	是
	4-6	5		16	11		0	0	
5	5-6	3	11	14	13	13	2	2	
6			16			16			

计算前应先将网络图中的各个节点按其号码从小到大依次填入表中的第(1)栏内,然后各项工作 $i-j$ 也要分别按 $i、j$ 号码从小到大顺次填入第(2)栏内(如 1-2、1-3、2-3、2-4 等),同时把相应的每项工作的持续时间 D_{i-j} 填入第(3)栏内。以上所要求的都是已知数,也是下列计算的基础。

为了便于理解,现举例说明表上计算法的步骤和方法。

1. 求表中的 T_i^E 和 T_{i-j}^{EF} 的值(见表中 1-2 工作)

计算顺序是自上而下,逐行进行。

(1) 已知条件。

$T_1^E=0$(计划从相对时间 0 天开始,因此,T_1^E 值为 0),T_{i-j}^{EF}(表中第 5 栏)$=T_i^E$(表中第 4 栏)$+D_{i-j}$(表中第 3 栏),则 $T_{1-2}^{EF}=0+1=1$;$T_{1-3}^{EF}=0+5=5$。

(2) 求 T_2^E。

从表 5-5 看出节点 2 的紧前工作只有 1-2,于是,就将这个紧前工作的 T^{EF} 值填入 T_2^E,已知 $T_{1-2}^{EF}=1$,则 $T_2^E=0$,按照表中(4)栏+(3)栏=(5)栏,又可求得 $T_{2-3}^{EF}=1+3=4$;$T_{2-4}^{EF}=1+2=3$。

(3) 求 T_3^E。

从表 5-5 中可以看出节点 3 的紧前工作有 1-3 和 2-3,应选这两项工作 T_{2-3}^{EF} 和 T_{1-3}^{EF} 的最大值填入 T^E,现已知 $T_{1-3}^{EF}=5$;$T_{2-3}^{EF}=4$;故 $T_3^E=5$。同样由(4)栏+(3)栏=(5)栏,得 $T_{2-3}^{EF}=1+3=4$;$T_{2-4}^{EF}=1+2=3$。

(4) 求 T_4^{EF}。

事件 4 的紧前工作有 2-4 和 3-4,现已知 $T_{2-4}^{EF}=3$,$T_{3-4}^{EF}=11$,故 $T_4^E=11$,并计算得:$T_{4-5}^{EF}=11+0=11$;$T_{4-6}^{EF}=11+5=16$。

(5) 求 T_5^E。

事件 5 的紧前工作有 4-5 和 3-5,已知 $T_{4-5}^{EF}=11$,$T_{3-5}^{EF}=10$,故 $T_5^E=11$,并计算得:$T_{5-6}^{EF}=11+3=14$。

(6) 求 $T_6^E=16$。

节点的紧前工作有 4-6 和 5-6,已知 $T_{4-6}^{EF}=16$,$T_{5-6}^E=11$,取两者的最大值,得:$T_6^E=16$。

2. 求 T_i^L 和 T_{i-j}^{LS} 值

计算顺序是自上而下,逐行进行。

(1) 已知条件 $T_6^E=16$。而且整个网络图的终点(终点节点)的 T^L 值在没有规定工期时与 T^E 值相同,即 $T_6^L=T_6^E$,则 $T_6^L=16$。

从表 5-5 可以看出节点 6 的紧前工作有 4-6 和 5-6,则有:

$$T_{4-6}^{LS}=T_6^L-D_{4-6}=16-5=11$$
$$T_{5-6}^{LS}=T_6^L-D_{5-6}=16-3=13$$

(2) 求 T_5^L。

表 5-5 中,由事件 5 出发的工作(事件 5 的紧后工作)只有 5-6,已知 $T_{5-6}^{LS}=13$,故 $T_5^L=13$(如果有两个或更多的紧后工作,则要选取其中 T^{LS} 的最小值作为该节点的 T^L 值),节点 5 的紧前工作有 3-5 和 4-5,则算得:

$$T^{LS}_{3-5} = T^L_5 - D_{3-5} = 13 - 5 = 8$$
$$T^{LE}_{4-5} = T^L_5 - D_{4-5} = 13 - 0 = 13$$

(3) 求 T^L_4。

从表 5-5 中可以看出,由事件 4 出发的工作有 4-5 和 4-6,已知:$T^{LS}_{4-5}=13, T^{LS}_{4-6}=11$,选其最小值 $\min T^{LS}$ 填入 T^L_4,得 $T^L_4 = 11$。

事件 4 的紧前工作有 2-4 和 3-4,则有:
$$T^{LS}_{2-4} = T^L_4 - D_{2-4} = 11 - 2 = 9$$
$$T^{LS}_{3-4} = T^L_4 - D_{3-4} = 11 - 6 = 5$$

(4) 求 T^L_3。

由节点 3 出发的工作有 3-4 和 3-5,已知 $T^{LS}_{3-4}=5, T^{LS}_{3-6}=8$,选其 $\min T^{LS}$ 值填入 T^L_3,得 $T^L_3 = 5$。同样可算出事件 3 的紧前工作 1-3 和 2-3 的值 T^{LS} 为:
$$T^{LS}_{1-3} = T^L_3 - D_{1-3} = 5 - 5 = 0$$
$$T^{LS}_{2-3} = T^L_3 - D_{2-3} = 5 - 3 = 2$$

(5) 求 T^L_2。

由事件 2 出发的工作有 2-3 和 2-4,已知 $T^{LS}_{1-2}=1, T^{LS}_{1-3}=0$,选其 $\min T^{LS}$ 值填入 T^L_2,得 $T^L_2 = 2$,事件 2 的紧前工作只有 1-2,则:
$$T^{LS}_{1-2} = T^L_2 - D_{1-2} = 2 - 1 = 1$$

(6) 求 T^L_1。

由事件 1 出发的工作有 1-2 和 1-3,已知 $T^{LS}_{1-2}=1, T^{LS}_{1-3}=0$,选其 $\min T^{LS}$ 值填入 T^L_1,则 $T^L_1 = 0$。由于节点 1 是整个网络图的起点节点,所以它前面没有工作,到此,T^L 和 T^{LS} 值全部计算完毕。

3. 求 F^T_{i-j}

由公式(5-14)及公式(5-10)求得;即表 5-5 中的第(8)栏等于第(6)栏减去第(4)栏。

4. 求 F^F_{i-j}
$$F^F_{i-j} = F^E_j - T^E_i - D_{i-j}$$

例如:工作 3-5 的 $F^F_{3-5} = T^E_5 - T^E_3 - D_{3-5} = 11 - 5 - 5 = 1$;其余类推,计算结果见表 5-5。

5. 判别关键线路

因本例无规定工期,所以在表 5-5 中,总时差 $F^T_{i-j}=0$ 的工作就是关键工作,在表的第(10)栏中注明"是",由这些工作首尾相接而形成的线路就是关键线路。

第三节 单代号网络

一、单代号网络图的绘制

在双代号网络图中,为了正确地表达网络计划中各项工作(活动)间的逻辑关系,而引入了虚工作这一概念,通过绘制和计算可以看到,增加了虚工作也是很麻烦的事,不仅增大了工作量,也使图形增大,使得计算更费时间。因此,人们在使用双代号网络图来表现计划的同时,也设想了第二种计划网络图——单代号网络图,从而解决了双代号网络图的上述缺点。

(一)绘图符号

单代号网络计划的表达形式很多,符号也是各种各样,但总的来说,就是用一个点圆圈或方框代表一项工作(或活动、工序),至于圆圈或方框内的内容(项目)可以根据实际需要来填写和列出。一般将工作的名称、编号填写在圆圈或方框的上半部分;完成工作所需要的时间写在圆圈或方框的下半部分(也有写在箭线下面),见图 5-40 所示,而连接两个节点圆圈或方框间的箭线用来表示两项工作(活动)间的直接前导(紧前)和后继(紧后)关系。例如:A 工作是 B 工作的紧前工作(或称直接前导),或者说 B 工作是 A 工作的紧后工作(直接后继工作)。用双代号和单代号分别表示的方法见图 5-41。这种只用一个节点(圆圈或方框)代表一项工作(活动)的表示方式,称为单代号表示法。单代号表示法的其他形式见图 5-41 所示。

图 5-40 单代号表示法

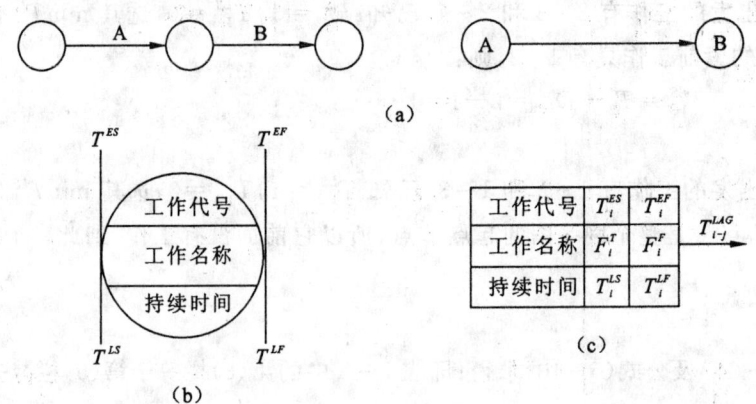

图 5-41 单代号表示法

(二)绘图规则

同双代号网络图的绘制一样,绘制单代号网络图也必须遵循一定的逻辑规则。当违背了这些规则时,就可能出现逻辑关系混乱,无法判别各工作之间的直接前导和直接后继关系;无法进行网络图的时间参数计算。这些基本规则主要是:

(1)在网络图的开始和结束增加虚拟的起点节点和终点节点。这是为了保证单代号网络计划有一个起点和一个终点,这也是单代号网络图所特有的;

(2)网络图中不允许出现循环路;

(3)网络图中不允许有重复编号的工作,一个编号只能代表一项工作;

(4)在网络图中除起点节点和终点节点外,不允许出现其他没有内向箭线的工作节点和没有外向箭线的工作节点;

(5)为了计算方便,网络图的编号应是后继节点编号大于前导节点编号。

以上都是以单目标单代号网络图的情况来说明其基本规则。而单代号网络图工作逻辑关系的表示方法见表5-6。

表5-6 单代号网络图工作逻辑关系表示方法

描 述	图 示
A工作完成后进行B工作	A → B
B、C工作完成后进行D工作	B → D, C → D
B工作完成后,C、D工作可以同时开始	B → C, B → D
A工作完成后进行C工作,B工作完成后同时进行C、D工作	A → C, B → C, B → D

(三)单代号、双代号网络图的对比分析

1. 从双代号到单代号

通过上面对单代号网络图的表示符号、绘图规则的学习,可以看出单代号网络图就是把一项计划(或工程)所需要进行的许多工作(工序活动、施工过程),先后顺序和相互依赖、相互制约的关系,用单代号表示法从左至右绘制而成的,并根据先后顺序予以编号的网状图形。也可以认为,单代号网络图是由一种特别表达方式的双代号法(亦称通用网络图)演绎而来。具体过程见图5-42、图5-43所示。

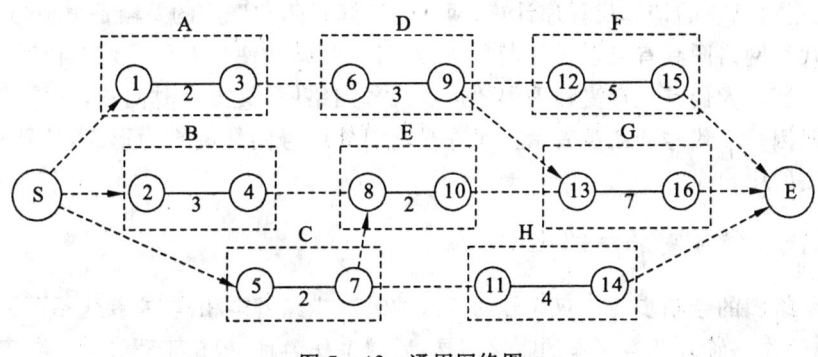

图5-42 通用网络图

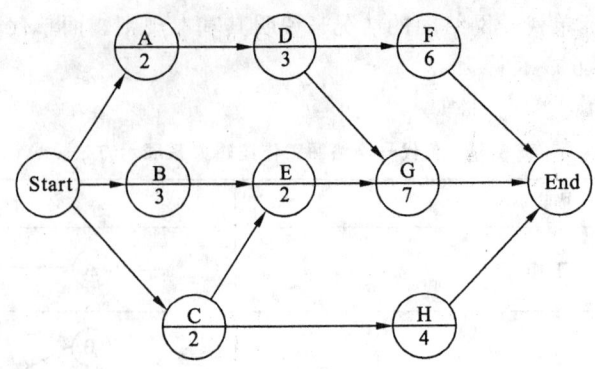

图 5-43 单代号网络图

在图 5-42 中,主要有 A 工作(1-3)、B 工作(2-4)、C 工作(5-7)、D 工作(6-9)、E 工作(8-10)、H 工作(11-14)、F 工作(12-15)、G 工作(13-16),而其余都是表达逻辑和先后顺序关系的虚工作。S(英文 Start 的缩写)节点是起点节点,E(英文 End 的缩写)是终点节点(以下同)。图 5-43 就是根据图 5-42 所给出的关系绘制的单代号网络图。

2. 单、双代号网络的对比分析

首先我们从两者的逻辑关系表达式进行对比,两种网络表示法在不同情况下,其表现的繁简程度是不同的。有些情况下,应用单代号表示法较为简单,有些情况下使用双代号表示法则更为清楚。因此,可以认为单、双代号网络图是两种互为补充、各具特色的表现方法。下面是它们各自的优缺点:

(1)单代号网络图绘制方便,不必增加虚工作。在此点上,弥补了双代号网络图的不足,因此,近年来在国外,特别是欧洲新发展起来的几种形式的网络计划,如决策计划(DCPM)、图示评审技术(GERT)、前导网络(PN)等,都是采用单代号表示法表示的。

(2)根据使用者反映,单代号网络图具有便于说明,容易被非专业人员所理解和易于修改的优点。这对于推广应用统筹法编制工程进度计划,进行全面科学管理是有益的。

(3)在应用电子计算机进行网络计划和优化的过程中,人们认为:双代号网络图更为简便,这主要是由于双代号网络图中用两个节点代表一项工作,这样可以自然地直接反映出其紧前或紧后工作的关系。而单代号网络图就必须按工作逐个列出其直接前导和后继工作,也即采用所谓自然排序的反复法来检查其紧前、紧后工作关系,这就在计算机中需要占用更多的存贮单元。但是,通过已有的计算机程序计算,两者的运算时间和费用的差额是很小的。

既然单代号网络图具有上述优点,为什么人们还要继续使用双代号网络图呢?这主要是一个"习惯问题"。人们首先接受和采用的是双代号网络图,其推广时间长,这是其原因之一。另一个重要原因是双代号网络图表示工程进度比用单代号网络图更为形象,特别是在应用带时间坐标网络图中。

(四)单代号网络图的绘制

单代号网络图的绘制步骤与双代号网络图的绘制步骤基本相同,主要包括两部分:

(1)列出工作一览表及各工作的直接前导、后继工作名称,根据工程计划中各工作工艺上、组织上的逻辑关系来确定其直接前导、后继工作名称;

(2)根据上述关系绘制网络图。这里包括：首先绘制草图，然后对一些不必要的交叉进行整理，绘出简化网络图。在绘制之前，首先要给出一个虚设的起点节点，网络图绘制最后要有一个虚设的终点节点。当然，在十分熟练的情况下，可以一次绘成。

下面举例对上述步骤加以说明。

①各工作名称及其紧前、紧后工作见表5-7。

表5-7 工作名称、紧前工作和紧后工作表

工作名称	紧前工作	紧后工作
A	——	B、E、C
B	A	D、E
C	A	G
D	B	F、D
E	A、B	F
F	D、E	G
G	D、F、C	——

②首先设一个起点节点，然后根据所列紧前、紧后关系，从左向右进行绘制，最后设一个终点节点，见图5-44所示。

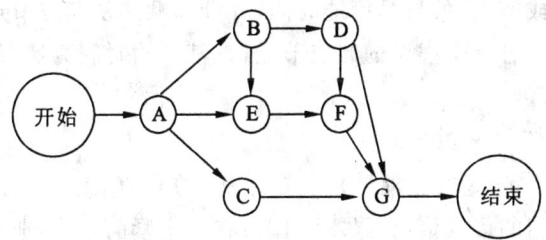

图5-44 单代号网络图

对图5-44进行整理并编号。其编号原则同双代号网络图。整理后的单代号网络图见图5-45。

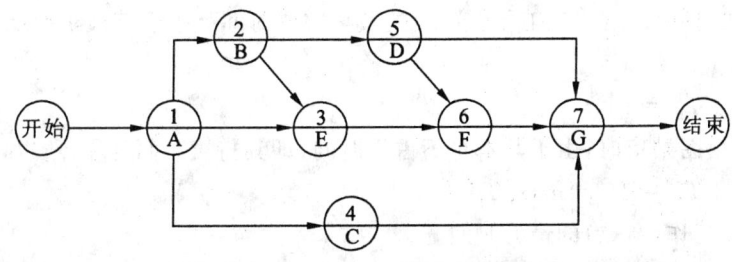

图5-45 单代号网络图

二、单代号网络图计划的计算

单代号网络图时间参数主要有以下几个:

D_i——i 工作的持续时间;

L_P——i 关键线路总持续时间(计划工期);

T_i^{ES}——i 工作最早开始时间;

T_i^{EF}——i 工作最早完成时间;

T_i^{LS}——i 工作最迟开始时间;

T_i^{LF}——i 工作最迟完成时间;

F_i^T——i 工作的总时差;

F_i^F——i 工作的自由时差;

单代号网络图时间参数的计算方法主要有:分析计算法、图上计算法、表上计算法、矩阵计算法、电算法。

尽管方法很多,但都是以分析计算法作为基础而采用不同的计算及表现形式。我们主要介绍分析计算法、图上计算法和表上计算法。

(一)分析计算法

分析计算法就是通过对各种工作间逻辑关系的分析,按照一定的顺序,对网络图直接进行时间参数计算的一种方法。其计算步骤主要分为以下几步:

第一步,计算工作(或节点)的最早可能时间,其计算顺序从起点节点箭头方向进行。

(1)在网络图的开始,有一个虚设的起点节点,设其开始时间为零,其持续时间为零:

$$T_S^{ES} = 0$$
$$T_S^{EF} = T_S^{ES} + D_S = 0 + 0 = 0$$

(2)最早开始时间 T_i^{ES}(i 为节点编号):一项工作(节点)的最早可能开始时间等于它的各紧前工作的最早完成时间的最大值,如果本工作只有一个紧前工作,那么其最早开始时间就是这个紧前工作的最早完成时间。

j 工作前有多个紧前工作时:

$$T_j^{ES} = \max[T_i^{EF}] \qquad (i<j) \qquad (5-17)$$

j 工作前只有一个紧前工作时:

$$T_j^{ES} = T_i^{EF} \qquad (5-18)$$

(3)最早完成时间 T_i^{EF}:一项工作(节点)的最早完成时间就等于其最早开始时间和本工作持续时间的和。

$$T_i^{EF} = F_i^{ES} + D_i \qquad (5-19)$$

当计算到网络图结束时,由于其本身不占用时间,即其持续时间为零,所以,

$$T_E^{EF} = T_E^{ES} = \max[T_i^{EF}] \qquad (5-20)$$

第二步,计算工作(节点)的最迟时间。

(1)最迟时间:一项工作的最迟完成时间是指在保证不致拖延总工期的条件下,本工作最迟必须完成的时间:

$$T_E^{LF} = T \qquad (5-21)$$

式中：T——合同工期或规定工期。

当 $T = T_E^{ES}$ 时（即合同工期或规定工期等于计划工期），

$$T_E^{LF} = T_E^{ES} \qquad (5-22)$$

任一工作最迟完成时间不应影响其紧后工作的最迟开始时间，所以，工作的最迟完成时间等于其紧后工作必须开始时间的最小值。如果只有一个紧后工作，其最迟完成时间就等于此紧后工作的最迟时间。

i 有多项紧后工作时，

$$T_i^{LF} = \min[T_j^{LS}] \qquad (i<j) \qquad (5-23)$$

i 只有一个紧后工作时，

$$T_i^{LF} = T_j^{LS} \qquad (i<j) \qquad (5-24)$$

从上面可以看出，最迟时间的计算是从终点节点开始逆箭头方向计算的。

(2) 最迟开始时间 T_i^{LS}：工作的最迟开始时间等于其最迟完成时间减去本工作的持续时间。

$$T_i^{LS} = T_i^{LF} - D_i \qquad (5-25)$$

第三步，时差计算。

工作时差的概念与双代号网络图完全一致，但由于单代号工作在节点上，所以其表示符号有所不同，其计算公式为如下。

(1) 总时差：

$$F_i = T_i^{LS} - T_i^{ES} \qquad (5-26)$$

(2) 自由时差：即不影响紧后工作按最早可能时间开工的本工作的机动时间。

$$F_i^F = \min[T_j^{ES} - T_i^{EF}] \qquad (i<j) \qquad (5-27)$$

第四步，确定关键线路。

关键线路的定义与双代号网络图相同，即总时差为最小的工作（或节点）所构成的线路为关键线路。关键线路的总的持续时间即为工程的计划工期。

$$L_P = T_E^{ES} = T_E^{EF}$$

[例] 计算图 5-46 的各时间参数，并找出关键线路。

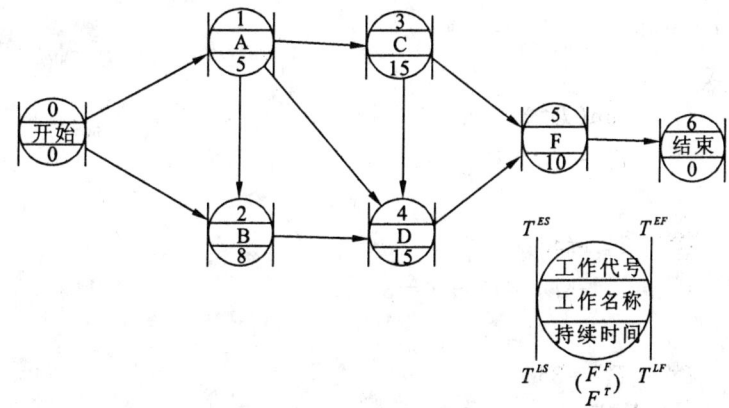

图 5-46　单代号网络图

第一步，计算最早时间。

起点节点：$D_S=0$

$$T_S^{ES}=0$$
$$T_S^{EF}=T_S^{ES}+D_S=0$$

以下根据公式

$$T_j^{ES}=\max(T_i^{EF})$$
$$T_j^{EF}=T_j^{ES}+D_j$$

A 节点：

$$T_1^{ES}=T_S^{ES}=0（A 节点前只有起点节点）$$
$$T_1^{EF}=T_1^{ES}+D_1=0+5=5$$

B 节点：

$$T_2^{ES}=\max(T_S^{EF},T_1^{EF})=\max(0,5)=5$$
$$T_2^{EF}=T_2^{ES}+D_2=5+8=13$$

C 节点：

$$T_3^{ES}=T_1^{EF}=5$$
$$T_3^{EF}=T_3^{ES}+D_3=5+15=20$$

D 节点：

$$T_4^{ES}=\max(T_1^{EF},T_2^{EF},T_3^{EF})=\max(5,13,20)=20$$
$$T_4^{EF}=T_4^{ES}+D_4=20+15=35$$

F 节点：

$$T_5^{ES}=\max(T_3^{EF},T_4^{EF})=\max(20,35)=35$$
$$T_5^{EF}=T_5^{ES}+D_5=35+10=45$$

终点节点：

$$T_E^{ES}=T_5^{EF}=45$$
$$T_E^{EF}=T_E^{ES}+D_E=45+0=45$$

第二步，计算工作最迟时间。

首先令 $T=T_E^{ES}=45$（为计划工期）

所以：$T_E^{LS}=T_E^{ES}=45$

以下根据公式

$$T_i^{LF}=\min(T_j^{LS})$$
$$T_i^{LS}=T_i^{LF}-D_i$$

F 节点：

$$T_5^{LF}=T_E^{LS}=45$$
$$T_5^{LS}=T_4^{LF}-D_5=45-10=35$$

D 节点：

$$T_4^{LF}=T_5^{LS}=35$$
$$T_4^{LS}=T_4^{LF}-D_4=35-15=20$$

C 节点：

$$T_3^{LF} = \min(T_4^{LS}, T_5^{LS}) = \min(20, 35) = 20$$
$$T_3^{LS} = T_3^{LF} - D_3 = 20 - 15 = 5$$

B 节点：
$$T_2^{LF} = T_4^{LS} = 20$$
$$T_2^{LS} = T_2^{LF} - D_2 = 20 - 8 = 12$$

A 节点：
$$T_1^{LF} = \min(T_3^{LS}, T_4^{LS}, T_2^{LS}) = \min(5, 20, 12) = 5$$
$$T_1^{LS} = T_1^{LF} - D_1 = 5 - 5 = 0$$

第三步，计算时差。

根据公式
$$F_i^T = T_i^{LS} - T_i^{ES} = T_i^{LF} - T_i^{EF}$$

或
$$F_i^F = \min(T_j^{ES} - T_i^{EF})$$

或
$$F_i^F = \min(T_j^{ES} - T_i^{ES} - D_i)$$

$$F_1^T = T_1^{LS} - T_1^{ES} = 0 - 0 = 0$$
$$= T_1^{LF} - T_1^{EF} = 5 - 5 = 0$$

以后各节点依此公式计算总时差：
$$F_2^T = T_2^{LS} - T_2^{ES} = 12 - 5 = 7$$
$$F_3^T = T_3^{LS} - T_3^{ES} = 5 - 5 = 0$$
$$F_4^T = T_4^{LS} - T_4^{ES} = 20 - 20 = 0$$
$$F_5^T = T_5^{LS} - T_5^{ES} = 35 - 35 = 0$$

各节点的自由时差计算如下：
$$F_1^F = \min(T_2^{ES} - T_1^{EF}, T_3^{ES} - T_1^{EF}, T_4^{ES} - T_1^{EF}) = \min(5-5, 5-5, 20-5) = 0$$
$$F_2^F = T_4^{ES} - T_2^{EF} = 20 - 13 = 7$$
$$F_3^F = \min(T_4^{ES} - T_3^{EF}, T_5^{ES} - T_3^{EF}) = \min(20-20, 35-20) = 0$$
$$F_4^F = T_5^{ES} - T_4^{EF} = 35 - 35 = 0$$

在本题中，起点节点、终点节点的最早开始和最迟开始是相同的，所以，其总时差为零。同双代号网络图一样，单代号网络图中总时差为零，其自由时差必然为零。

第四步，确定关键线路。

根据前面所提到的，总时差为零的工作构成了网络图的关键线路。本题关键线路计划工期 $T = L_P = 45$ 天

将求出的各时间参数填入图中（图 5-47）。

(二) 图上计算法

图上计算法就是根据分析计算法的时间参数计算公式，在图上直接计算的一种方法。此种方法必须在对分析计算法理解和熟练的基础上进行，边计算边将所得时间参数填入图中预留的位置上。由于比较直观、简便，所以手算一般采用此种方法。

下面还是通过前面例子对图上计算法进行说明（见图 5-46）。

第一步，计算最早可能时间。

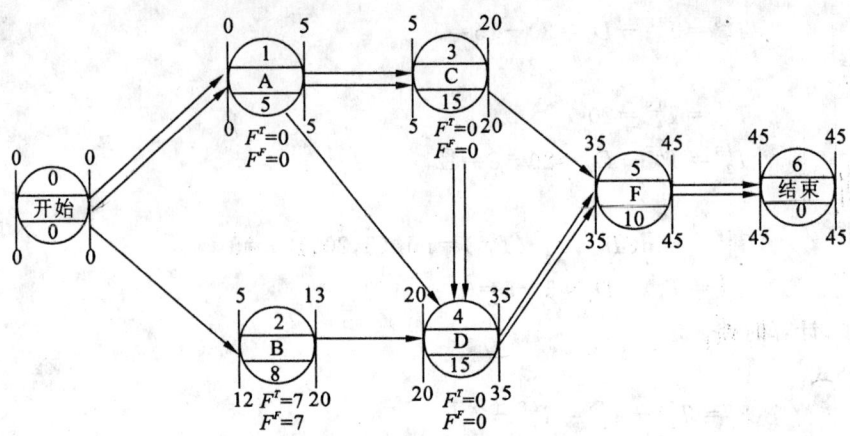

图 5-47 某单代号网络图

根据前面分析计算法公式,起点节点的最早开始时间为零,持续时间为零,则其最早结束时间为零:

$$T_S^{ES}=0, D_S=0$$
$$T_S^{EF}=T_S^{ES}+D_S=0+0=0$$

将上面结果标注在开始节点的右上方、左下方(图 5-48)。

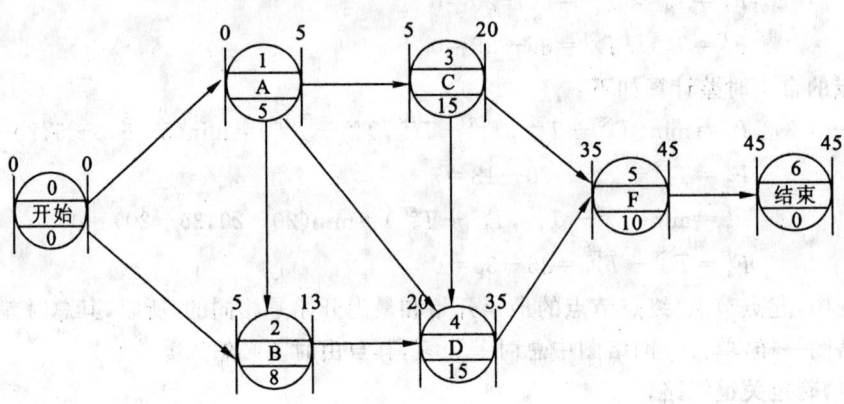

图 5-48 某单代号网络图

A 节点前有一项开始节点,则其最早开始、最早结束时间分别为:

$$T_1^{ES}=T_S^{EF}=0$$
$$T_1^{EF}=T_1^{ES}+D_1=0+5=5$$

将 0、5 填写在 A 节点的 T^{ES}、T^{EF} 位置上。

B 节点前有起点节点和 A 节点。

$$T_2^{ES}=\max(T_S^{EF}, T_1^{EF})=\max(0,5)=5$$
$$T_2^{EF}=T_2^{ES}+D_2=5+8=13$$

将其结果填写在 B 节点相应位置上。依照上述计算过程可计算各节点的 T^{ES}、T^{EF} 值。

$$T_3^{ES} = T_1^{EF} = 5$$
$$T_3^{EF} = T_3^{ES} + D_3 = 5 + 15 = 20$$
$$T_4^{ES} = \max(5, 13, 20) = 20$$
$$T_4^{EF} = 20 + 15 = 35$$
$$T_5^{ES} = \max(20, 35) = 35$$
$$T_5^{EF} = 35 + 10 = 45$$
$$T_E^{ES} = 45$$
$$T_E^{EF} = 45$$

将其结果填写在各节点相应位置(图 5-48)。

第二步,计算最迟必需时间。

根据前述公式,由终点节点开始逆箭线向前计算。

终点节点:
$$T_E^{LF} = T_E^{EF} = T_P = 45$$
$$T_E^{LS} = T_E^{LF} - D_E = 45 - 0 = 45$$

将 T_E^{LF}, T_E^{LS} 值标注在终点节点的下左、下右相应位置上(图 5-49)。

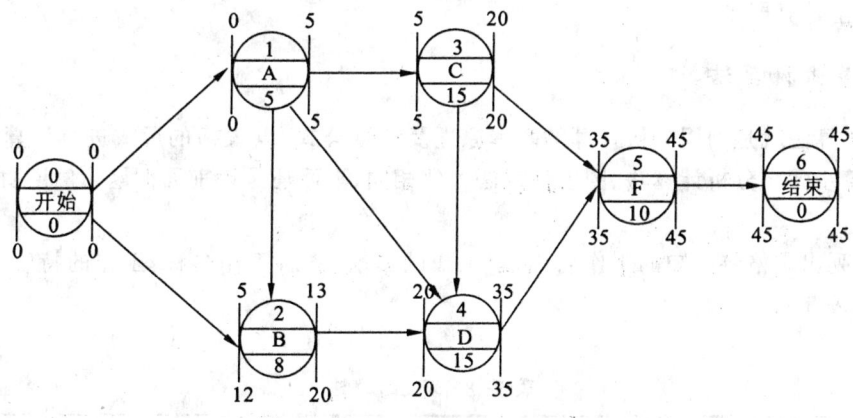

图 5-49 某单代号网络图

F 节点的紧后工作(节点)为终点节点,其最迟(结束)完成时间为:
$$T_5^{LF} = T_E^{LS} = 45$$
$$T_5^{LS} = T_5^{LF} - D_5 = 45 - 10 = 35$$

将 $T_5^{LF} = 45, T_5^{LS} = 35$ 标注在 F 节点下方相应位置上。依此类推,其他各工作(节点)的最迟时间为:
$$T_4^{LF} = T_5^{LS} = 35$$
$$T_4^{LS} = T_4^{LF} - D_4 = 35 - 15 = 20$$
$$T_3^{LF} = \min(T_4^{LS}, T_5^{LS}) = \min(20, 35) = 20$$
$$T_3^{LS} = T_3^{LF} - D_3 = 20 - 15 = 5$$
$$T_2^{LF} = T_4^{LS} = 20$$

$$T_2^{LS} = T_2^{LF} - D_2 = 20 - 8 = 12$$
$$T_1^{LF} = \min(T_2^{LS}, T_3^{LS}, T_4^{LS}) = \min(12, 5, 20) = 5$$
$$T_1^{LS} = T_1^{LF} - D_1 = 5 - 5 = 0$$
$$T_S^{LF} = \min(T_1^{LS}, T_2^{LS}) = \min(0, 12) = 0$$
$$T_S^{LS} = 0$$

将上述结果标注在相应节点下左、右相应位置(图 5-49)。

第三步,时差计算。

根据前述公式分别计算总时差、自由时差,并填写在相应节点下方。

$$F_i^T = T_i^{LS} - T_i^{ES}$$
$$F_i^F = \min(T_j^{ES} - T_i^{EF})$$

其结果见图 5-47。

第四步,确定网络图的关键线路。

在图中找出总时差为零的节点,从起点节点到终点节点连成的线路称为关键线路(见图 5-47 中双线者)。

在上面的计算中,为了使读者更好地理解计算的过程而加放了一些计算的步骤及计算结果的文字说明。而在实际计算过程中,为了加快计算速度,在熟练的基础上可不必写出具体过程,只在图上计算即可。

(三)表上计算法

表上计算法就是利用分析计算的基本原理及计算公式,以表格的形式进行计算的一种方法。其计算步骤与分析计算法、图上计算法大致相同,下面还是以前面例题为例说明其计算过程。

首先,列出表格将已知的工作名称,本工作的紧前、紧后工作名称,工作的持续时间 D 填入表中,见表 5-8。

表 5-8 表上计算法

紧前工作	本工作	紧后工作	持续时间 D	最早开始时间 T^{ES}	最早完成时间 T^{EF}	最迟开始时间 T^{LS}	最迟结束时间 T^{LF}	总时差 F^T	自由时差 F^F	关键工作 CP
(1)	(2)	(3)	(4)	(5)	(6)	(7)	(8)	(9)	(10)	(11)
——	起点	A、B	0	0	0	0	0	0	0	√
起点	A	B、C	5	0	5	0	5	0	0	√
起点、A	B	D	8	5	13	12	20	7	7	
A	C	D、F	15	5	20	5	20	0	0	√
B、C	D	F	15	20	35	20	35	0	0	√
C、D	F	终点	10	35	45	35	45	0	0	√
F	终点	——	0	45	45	45	45	0	0	√

填表时,先将工作的名称按其编号的大小在第(2)栏中从上至下进行填写,然后,根据网络图中箭杆的指向找出各个工作的紧前、紧后工作分别填入第(1)、(3)栏的相应行中;各项工作的持续时间填写在第(4)栏中。

第一步,最早时间的计算。最早可能开始时间的计算从起点开始计算。由前述已知,起点节点的最早可能开始时间定为零,填写在第(5)栏相应行中,最早可能完成时间即第(6)栏等于第(5)栏加上第(4)栏,即 $T_i^{EF} = T_i^{ES} + D_i$。

A 节点:只有一项紧前工作即起点节点,则根据公式分析,其最早可能开始时间为零,填写在第(5)栏,相应第(6)栏 T_1^{EF} 值为 5,即(6)栏=(5)栏+(4)栏。

B 节点:从表中可以看出有两项紧前工作:起点节点和 A 节点,这样,我们找出相应于起点节点和 A 节点的第(6)栏,即 T_S^{EF}、T_1^{EF} 的值,取其最大者($\max[T_S^{EF}, T_1^{EF}]$)做为 B 节点的最早可能开始时间,并填写在 B 节点对应行的第(5)栏,相应第(6)栏即等于第(5)栏加上第(4)栏。

依此即可找出其余节点相应第(5)栏和第(6)栏数值填入,见表 5-8。

第二步,最迟时间的计算。其计算过程也是由后向前进行的。

首先确定终点节点的最迟必须完成时间,在此令 $T_E^{LF} = T_E^{EF}$(当然,这是在计划工期等于规定工期的情况下,如果计划工期与规定工期不同时,要令 T_E^{LF} =规定工期)。将终点的最迟必须完成时间填入相应行的第(8)栏中,相应行的第(7)栏就等于第(8)栏数值减去第(4)栏数值,即 $T_i^{LS} = T_i^{LF} - D_i$。

F 节点:从表中看出其(后继)紧后工作只有终点节点,则其最迟必须完成时间 $T_5^{LF} = T_E^{LS}$,T_E^{ES} 值从终点节点相应第(7)栏中得到,T_5^{LF}=45,填入 F 节点行的第(8)栏,相应第(7)栏为(7)栏=(8)栏-(4)栏=45-10=35,亦即 T_5^{LS}=35。

D 节点:从表中看出也只有一个直接紧后工作 F,则 D 节点的第(8)栏 T_4^{LF} 的值就等于 F 节点第(7)栏 T_5^{LS} 的值,相应 D 节点(7)栏=(8)栏-(4)栏=35-15=20,填入 D 节点的(7)栏中。

C 节点:从表中已知有两项直接紧后工作 D、F,则取相应于 D、F 两行中的第(7)栏数值的小者,即 $T_3^{LF} = \min(T_4^{LS}, T_5^{LS})$,作为 C 节点的 T_3^{LF} 值填入 C 节点相应行的第(8)栏内,即 $T_3^{LF} = \min(20,35)=20$,相应行的第(7)栏数值为(7)栏=(8)栏-(4)栏=20-15=5。

依此可计算出其余节点的 T^{LS}、T^{LF} 值(表 5-8)。

第三步,时差计算。总时差即为相应于各行的第(7)栏减去第(5)栏,或第(8)栏减去第(6)栏,即(9)栏=(7)栏-(5)栏=(8)栏-(6)栏。计算结果见表 5-8。

第四步,自由时差的计算。自由时差等于本工作的直接紧后工作的最早可能开始时间减去工作最早可能完成时间的最小值。

A 工作,其直接紧后工作有 B、C,相应于 B、C 工作的第(5)栏 T^{ES} 值分别为 5、5,本工作第(6)栏 T_1^{LF}=5,所以,第(10)栏即 $T_1^{LF} = \min(T_2^{LS} - T_1^{LS}, T_3^{LS} - T_1^{LS}) = \min(0,0)=0$,则 B 工作第(10)栏 $F_2^F = T_4^{ES} - T_2^{EF}=20-13=7$,填入(10)栏中。其余类推,见表 5-8。

第五步,关键线路的确定。前面计算出了第(9)栏 F^T,将 $F^T=0$ 的工作在相应行上打上"√"号,即为关键工作。由关键工作组成的从起点到终点连接起来的贯通线路即为关键线路,详见表 5-8 的第(11)栏。

上述计算在具体作题时只在表上进行即可,计算过程不必写出。

(四)时间间隔参数 $LAG_{i\text{-}j}$ 的确定

时间间隔参数 $LAG_{i\text{-}j}$ 是人们根据单代号网络图的特点,为了便于计算工作时差而引进的一个参数。它表示前面一项工作 i 的最早可能完成时间至其后继工作 j 的最早可能完成时间的时间间隔,即:

$$LAG_{i\text{-}j} = T_j^{ES} - T_i^{EF}$$

前面论述了自由时差的计算,i 工作的自由时差即等于其工作 j 的最早可能开始时间减本工作的最早可能完成时间的最小值,亦即是 $LAG_{i\text{-}j}$ 中的最小值(如果 i 工作后面有多个工作时);如果 i 工作后面只有一个工作 j 时,则 i 工作的自由时差即等于 $LAG_{i\text{-}j}$。

i 工作只有一个直接后继工作时,

$$F_i^F = LAG_{i\text{-}j}$$

i 工作有多个直接后继工作时,

$$F_i^F = \min(LAG_{i\text{-}j})$$

第四节 单代号搭接网络计划

一、基本概念

在前面所述的双代号、单代号网络图中,工序之间的关系都是前面工作完成后,后面工作才能开始,这也是一般网络计划的正常连接关系。当然,这种正常的连接关系有组织上的逻辑关系,也有工艺上的逻辑关系。例如:有一项工程,由两项工作组成,即工作 A、工作 B。由生产工艺决定工作 A 完成后才能进行工作 B。但作为生产指挥者,为了加快工程进度,尽快完工,在工作面允许的情况下,分为两个施工段施工,即 A_1、A_2、B_1、B_2 分别组织两个专业队进行流水施工,则其单代号网络图及横道图表示见图 5-50。

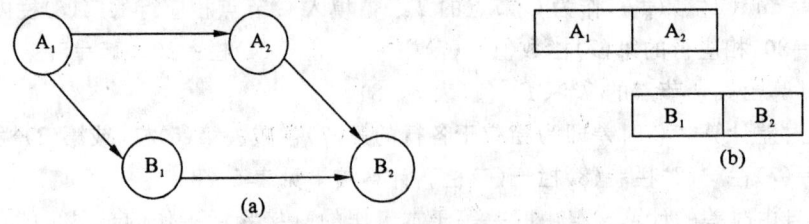

图 5-50 单代号及横道图表示法

上面所述只是两个施工段、两个工作。如果在工作(工序)增加、施工段增加的情况下,绘制出的网络图的点、箭线会更多,计算也较为麻烦,那么能否找出一种简单的表示方法呢?答案是肯定的。近年来,国外产生了各种各样的搭接网络,有单代号搭接网络,也有双代号搭接网络。这里主要介绍的是单代号搭接网络。如果用单代号搭接网络表示上述情况,并且设 A 工作开始 4 天后,B 工作才能开始(图 5-51)。

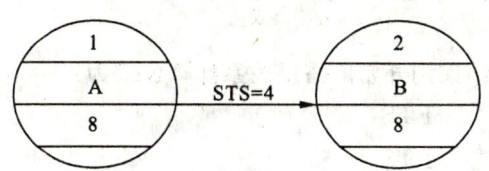

图 5-51　STS 时间参数表示法

上面的搭接是 A 工作开始时间限制 B 工作开始时间,即为开始到开始(英文缩写 STS)。除上面的开始到开始外,还有几种搭接关系,即开始到结束,结束到开始,结束到结束等。至此,我们可以看出,单代号搭接关系即可,从而使图形大大简化。但通过后面计算可知,其计算过程较为复杂。

二、搭接关系

单代号网络图的搭接关系除了上述四种基本的搭接关系外,还有一种混合搭接关系,下面分别介绍。

(一)结束到开始

表示前面工作的结束到后面工作的开始之间的时间间隔。一般用符号"FTS"(英文 Finish to Start 的缩写)表示。用横道图和单代号网络图表示见图 5-52。

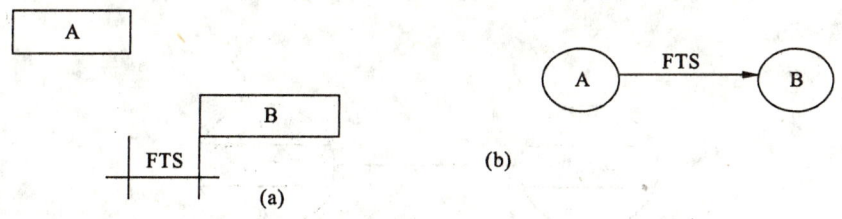

图 5-52　FTS 时间参数示意图

图 5-52 中,A 工作完成后,要有一个时间间隔 B 工作才能开始。例如,房屋装修工程中先油漆,后安玻璃,就必须在油漆完成后有一个干燥时间才能安玻璃。这个关系就是 FTS 关系。如果需要干燥 2 天,即 FTS=2,则其单代号网络图表示见图 5-53。

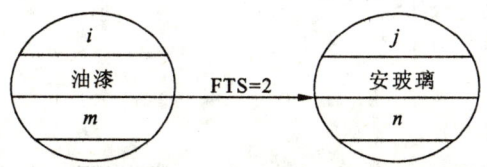

图 5-53　FTS 时间参数示意图

当 FTS=0 时,即紧前工作的完成到本工作的开始之间的时间间隔为零。这就是前面讲述的单代号、双代号网络的正常连接关系,所以,我们可以将正常的逻辑连接关系看成是搭接网络的一个特殊情况。

从图示可直接看出从结束到开始的搭接关系计算公式为:

$$T_j^{ES} = T_i^{EF} + \text{FTS} \tag{5-30}$$

或 $T_i^{EF} = T_j^{ES} - \text{FTS}$

$$T_i^{LF} = T_j^{LS} - \text{FTS} \tag{5-31}$$

或 $T_i^{LS} = T_i^{LF} + \text{FTS}$

(二)开始到开始

表示前面工作的开始到后面工作开始之间的时间间隔,一般用符号"STS"(英文 Start to Start 的缩写)表示,用横道图和单代号网络图表示见图 5-54。

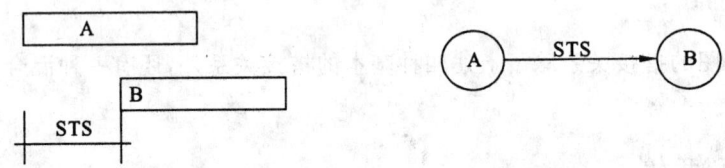

图 5-54 STS 时间参数示意图

图 5-54 表示工作开始一段时间后 B 工作才能开始。例如:挖管沟与铺设管道分段组织流水施工,每段挖管沟需要 2 天时间,那么铺设管道的班组在挖管沟开始的 2 天后就可开始铺设管道(图 5-55)。

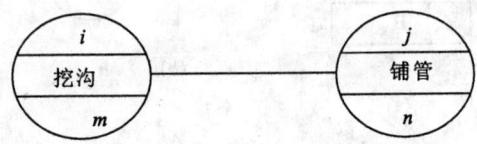

图 5-55 STS 时间参数示意图

开始到开始搭接关系的时间计算公式为:

$$T_j^{ES} = T_i^{ES} + \text{STS} \tag{5-32}$$

或 $T_i^{ES} = T_j^{ES} - \text{STS}$

$$T_i^{LS} = T_j^{LS} - \text{STS} \tag{5-33}$$

或 $T_j^{LS} = T_i^{LS} + \text{STS}$

(三)开始到结束

表示前面工作开始时间到后面工作完成时间的时间间隔。用 STF(英文 Start to Finish 的缩写)表示。横道图和单代号图表示见图 5-56。

图中 A 工作开始一段时间间隔后,B 工作必须完成。例如:挖掘带有部分地下水的基础,地下水位以上的部分基础可以在降低地下水位开始之前就进行开挖,而在地下水位以下的部

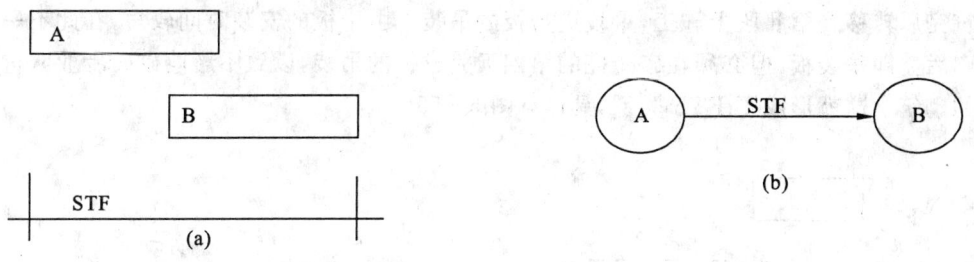

图 5-56 STF 时间参数示意图

分基础则必须在降低地下水位以后才能开始。这就是说,降低地下水位的完成与何时开始则与挖土的开始无直接关系。在此设挖地下水位以上的基础土方需要 10 天,则挖土方开始与降低水位的完成之间的关系见图 5-57。

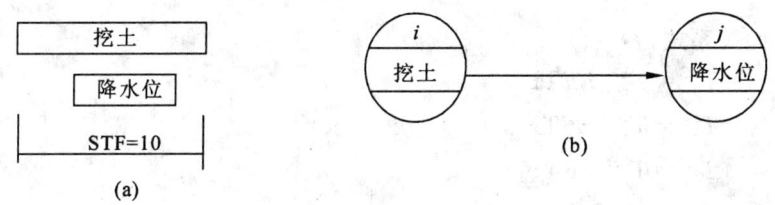

图 5-57 STF 时间参数示意图

开始到结束搭接关系时间计算公式为:

$$T_j^{EF} = T_i^{ES} + \text{STF} \tag{5-34}$$

或

$$T_i^{ES} = T_j^{EF} - \text{STF}$$

$$T_i^{LS} = T_j^{LF} - \text{STF} \tag{5-35}$$

或

$$T_j^{LF} = T_i^{LS} + \text{STF}$$

(四)结束到结束

前面工作结束时间到后面工作结束时间之间的时间间隔。用 FTF(英文 Finish to Finish 的缩写)表示。横道图和单代号网络图表示见图 5-58。

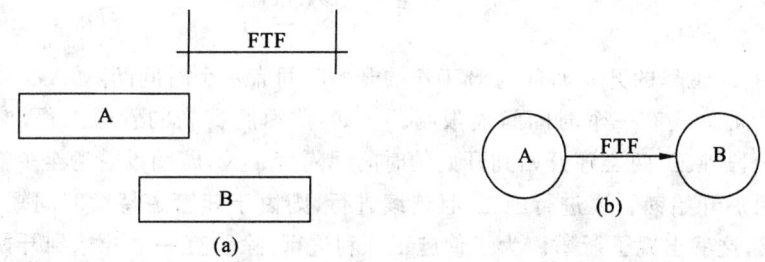

图 5-58 FTF 时间参数示意图

例如：某工程的主体工程砌筑，分两个施工段组织流水施工，每段每层砌筑为4天。则Ⅰ段砌筑完后转移到第Ⅱ段上施工，Ⅰ段进行板的吊装。由于板的安装时间较短，在此不一定要求墙砌后立即吊装板，但必须在砌砖完的第四天完成板的吊装，以致不影响砌砖专业队进行上一层的砌筑。这就形成了 FTF 关系，具体见图 5-59。

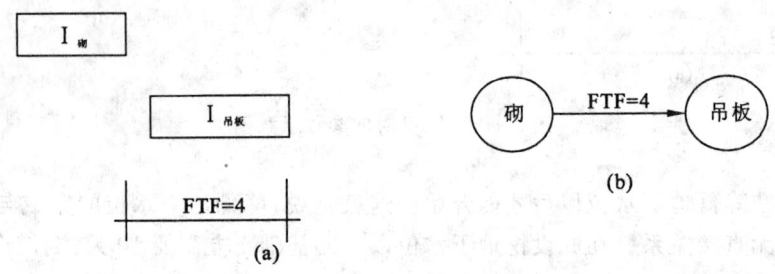

图 5-59 FTF 时间参数示意图

FTF 的时间关系式为：

$$T_j^{EF} = T_i^{EF} + FTF \tag{5-36}$$

或 $T_i^{EF} = T_j^{EF} - FTF$

$$T_i^{LF} = T_j^{LF} - FTF \tag{5-37}$$

或 $T_j^{LF} = T_i^{LF} + FTF$

(五) 混合的连接关系

它表示前面工作和后面工作的时间间隔除了受到开始到开始的限制外，还要受到结束到结束的时间间隔限制，其关系如图 5-60。

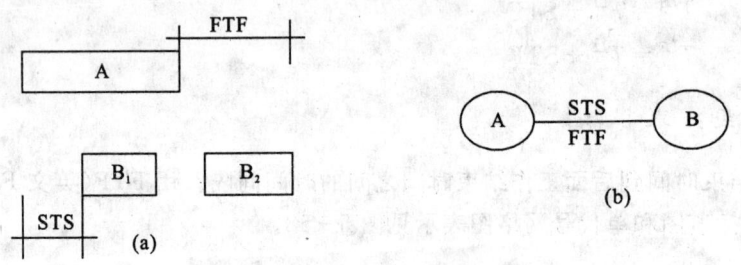

图 5-60 混合型时间参数示意图

图 5-60 中，A 工作的开始时间与 B 工作的开始时间有一个时间间隔，A 工作的结束时间与 B 工作的结束时间还有一个时间间隔限制。例如：前面所提到的管道工程，挖管沟和铺设管道两个工序分段施工，两工序开始到开始的时间间隔为4天，即铺设管道至少需4天后才能开始。如按4天后开始铺管道进行施工，且连续进行，则由于铺管道持续时间短，挖管沟的第2段还没有完成，这就出现了矛盾。为了使施工顺利进行，除了有一个开始到开始的限制时间外，还要考虑一个结束到结束的限制时间，即设 FTF=2 才能保证流水施工的顺利进行（图 5-61）。

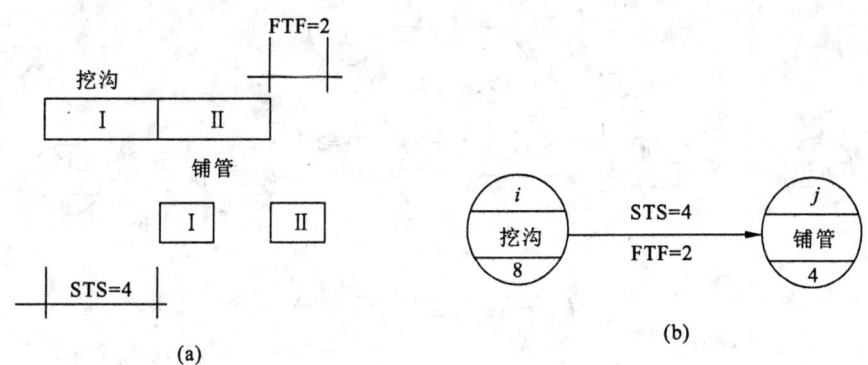

图 5-61 混合型时间参数示意图

混合连接关系的时间参数计算公式为：
最早时间计算：

$$\left.\begin{array}{l} T_j^{ES} = T_i^{ES} + \text{STS} \\ T_j^{EF} = T_j^{ES} + D_j \end{array}\right\} \quad (5-38)$$

$$\left.\begin{array}{l} T_j^{EF} = T_i^{EF} + \text{FTF} \\ T_j^{ES} = T_j^{EF} - D_j \end{array}\right\} \quad (5-39)$$

结果取上面两组中的大者。
最迟时间计算：

$$\left.\begin{array}{l} T_i^{LS} = T_j^{LS} - \text{STS} \\ T_i^{LF} = T_i^{LS} + D_i \end{array}\right\} \quad (5-40)$$

$$\left.\begin{array}{l} T_i^{LF} = T_j^{LF} - \text{FTF} \\ T_i^{LS} = T_i^{LF} - D_i \end{array}\right\} \quad (5-41)$$

结果取上面两组中的小者。

三、单代号搭接网络的计算方法

搭接网络具有几种不同形式的搭接关系，所以其计算也较前述的单、双代号网络图的计算复杂一些。一般的计算方法是：依据计算公式，在图上进行计算，或采用电算法。在此我们主要介绍前一种方法。图 5-62 是一项用单代号搭接网络表示的某工程计划。

通过此项计划的计算说明单代号搭接网络的计算步骤。

（一）计算最早开始、完成时间

工作的最早开始和最早完成时间在上节中介绍过，根据不同的搭接关系，其计算公式也不同，现汇总如下：

$$T_S^{ES} = 0$$
$$T_S^{EF} = T_S^{ES} + D_S$$

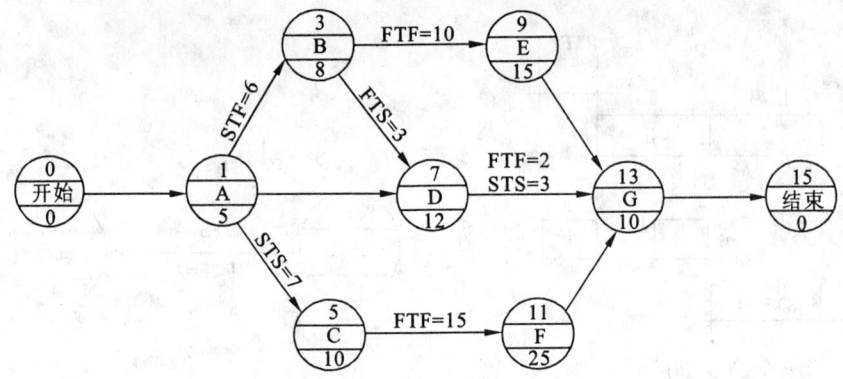

图 5-62 单代号搭接网络图

注:图中没有标出搭接关系的均为一般搭接关系(即 FTS=0)

$$T_j^{ES} = \max \begin{cases} T_i^{EF} + \text{FTS} \\ T_i^{ES} + \text{STS} \\ T_i^{EF} + \text{FTF} - D_j \\ T_i^{ES} + \text{STF} - D_j \end{cases} \quad \text{[由公式(5-30)、(5-32)、(5-19)、(5-36)和(5-34)汇总而得]}$$

$$T_j^{EF} = T_j^{ES} + D_j$$

单代号搭接网络的最早时间的计算顺序也不同于其他网络图,从开始节点顺箭头方向进行计算图 5-62 的计划:

首先计算开始节点,由于是假设的,所以其持续时间 $D_S=0$,$T_S^{ES}=0$,$T_S^{EF}=T_S^{ES}+D_S=0$,将其结果标在起点节点上方的 T^{ES}、T^{EF} 位置上。

A 节点:紧前工作为开始,且为一般搭接。

则: $T_1^{ES} = T_S^{EF} = 0$

$T_1^{EF} = T_1^{ES} + D_1 = 0 + 5 = 5$

将 $T_1^{ES}=0$,$T_1^{EF}=5$ 标注在 A 节点上方相应位置上,见图 5-63。

B 节点:其紧前工作为 A,搭接关系为 STF,根据上述 STF 搭接关系的公式:

$T_3^{ES} = T_1^{ES} + \text{STF} - D_3 = 0 + 6 - 8 = -2$

$T_3^{EF} = -2 + 8 = 6$

计算出的 $T_3^{ES} = -2 < 0$,即在起点节点的前 2 天开始,这个结果不符合网络图只有一个起点节点的规则,因此,节点 B 的最早可能开始时间只能大于或等于零,在此设 $T_3^{ES}=0$,且在起点节点到 B 节点之间增加一条箭线,则

$T_3^{EF} = T_3^{EF} + D_3 = 0 + 8 = 8$

结果及表示见图 5-63。

C 节点:紧前工作只有 A,搭接关系为 STS,根据 STS 搭接关系时的计算公式:

$T_5^{ES} = T_1^{ES} + \text{STS} = 0 + 7 = 7$

$T_5^{EF} = T_5^{ES} + D_5 = 7 + 10 = 17$

D 节点:紧前工作 A、B,与 A 工作为一般搭接关系,与 B 工作为 FTS 搭接,其计算取两者计算值之大者:

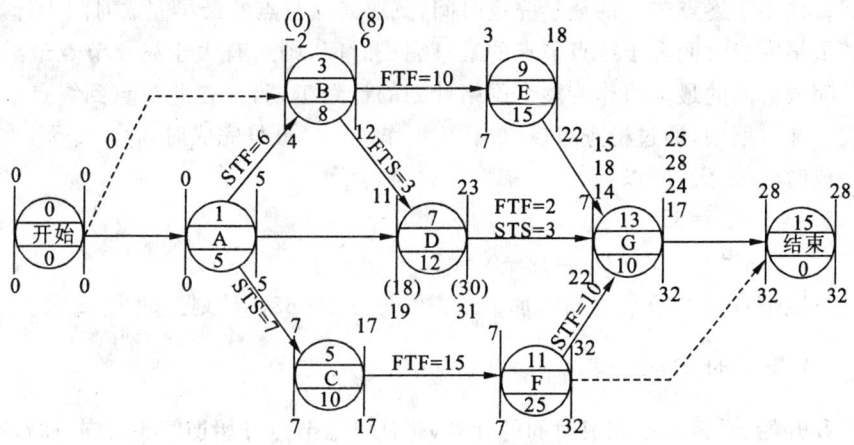

图 5-63 单代号搭接网络图

$$T_7^{ES} = \max \begin{cases} T_1^{EF} = 5 \\ T_3^{EF} + \text{FTS} = 8+3 = 11 \end{cases} = 11$$

$$T_7^{EF} = \max \begin{cases} 5+12 \\ 11+12 \end{cases} = 23$$

在图上计算时,可将两组数值都标上,在数值大的划上圆圈,以示取值,见图 5-63。

E 节点:紧前工作只有 B 工作,且搭接关系为 FTF,根据上面公式:

$$T_9^{ES} = T_3^{EF} + \text{FTF} - D_9 = 8+10-15 = 3$$

$$T_9^{EF} = T_9^{ES} + D_9 = 3+15 = 18$$

F 节点:紧前工作为 C,搭接关系也是 FTF,则:

$$T_{11}^{ES} = T_5^{EF} + \text{FTF} - D_{11} = 17+15-25 = 7$$

$$T_{11}^{EF} = T_{11}^{ES} + D_{11} = 7+25 = 32$$

G 节点:有三项紧前工作,分别为 D、E、F,与 D 为混合搭接,与 F 为 STF 搭接,与 E 为一般搭接,则其最早时间取上面几种搭接关系计算出的数值最大者:

$$T_{13}^{ES} = \max \begin{cases} T_7^{ES} + \text{STS} = 11+3 = 14 \\ T_7^{EF} + \text{FTF} - D_7 = 23+2-10 = 15 \\ T_9^{EF} = 18 \\ T_{11}^{ES} + \text{STF} - D_{13} = 7+10-10 = 7 \end{cases} = 18$$

$$T_{13}^{EF} = T_{13}^{ES} + D_{13} = 18+10 = 28$$

终点节点:其紧前工作只有 G,且为正常搭接:

$$T_E^{ES} = T_{13}^{EF} = 28$$

$$T_E^{EF} = T_E^{ES} + D_E = 28+0 = 28$$

如果是前面讲过的一般网络图,其计算到此即可确定出整个工程的计划工期,为 28 天。但对于搭接网络图由于其存在着复杂的搭接关系,特别是存在着 STS、STF 搭接关系的点之间,就使得其最后的终点节点的最早完成时间有可能小于前面有些节点的最早完成的时间。所以,在确定计划工期之前要对各节点的最早完成时间进行检查,看其是否大于终点节点的最早完成时间。如小于终点节点的最早完成时间,就取终点节点的最早完成时间为计划工期;如有些节点的最早完成时间大于终点节点的最早完成时间,则所有大于终点节点最早完成时间的节点最早完成时间的最大值作为整个网络计划的计划工期,并在此节点到终点节点之间增加一条虚线。在本题中,通过检查可以看出:F 工作(节点)最早完成时间为 32 天,大于终点节点的最早完成时间 28 天,所以:

$$T_E^{ES} = 32$$
$$T_E^{EF} = T_E^{ES} + D_E = 32 + 0 = 32$$

然后在终点节点与 F 节点之间增加一条虚线见图 5-63。计划工期为 32 天。

(二)工作最迟时间的计算

最迟必须开始、最迟必须完成时间的计算,是从终点节点开始逆箭头方向进行的。根据不同的搭接关系,其计算公式也不同,根据上节,其公式汇总为:

$$T_i^{LF} = \min \begin{cases} T_j^{LS} - \text{FTS} \\ T_j^{LS} + D_i - \text{STS} \\ T_j^{LF} - \text{FTF} \\ T_i^{LF} - D_i + \text{STF} \end{cases} \quad \begin{bmatrix} \text{由公式}(5-31)、(5-41)、(5-25)、\\ (5-37)\text{汇总而得} \end{bmatrix}$$

$$T_i^{LS} = T_i^{LF} - D_i \quad [见公式(5-25)]$$

终点节点的计算:令其最迟必须完成时间等于规定工期,如一般取其计划工期,即由网络图终点节点的最早可能完成时间确定。本题中,令终点节点的最迟必须完成时间等于其最早可能完成时间:

$$T_E^{LF} = T_E^{EF} = T = 32$$
$$T_E^{LS} = T_E^{LF} - D_E = 32 - 0 = 32$$

终点节点前有 G 工作、F 工作,都为一般搭接关系,则其最迟必须完成时间参数为:

$$T_{13}^{LF} = T_E^{LF} = 32$$
$$T_{13}^{LS} = T_{13}^{LF} - D_{13} = 32 - 10 = 22$$
$$T_{11}^{LF} = T_E^{LF} = 32$$
$$T_{11}^{LS} = T_{11}^{LF} - D_{11} = 32 - 25 = 7$$

将上述数值分别标在网络图中相应节点的 T^{LS}、T^{LF} 的位置上。

E 节点只有一个直接紧后工作 G,为一般搭接关系。则:

$$T_9^{LF} = T_{13}^{LS} = 22$$
$$T_9^{LS} = T_9^{LF} - D_9 = 22 - 15 = 7$$

D 节点也只有一个直接紧后工作 G,为混合搭接关系,则:

$$T_7^{LF} = \min \begin{cases} T_{13}^{LS} + D_7 - \text{STS} = 22 + 12 - 3 = 31 \\ T_{13}^{LF} - \text{FTF} = 32 - 2 = 30 \end{cases} = 30$$

$$T_7^{LS} = T_7^{LF} - D_7 = 30 - 12 = 18$$

C 节点只有一个直接紧后工作 F,搭接关系为 FTF,根据公式:

$$T_5^{LF} = T_{11}^{LF} - \text{FTF} = 32 - 15 = 17$$
$$T_5^{LS} = T_5^{LF} - D_5 = 17 - 10 = 7$$

B 节点有两个直接紧后工作 E、D，搭接关系分别为 FTF、FTS，根据前述公式：

$$T_3^{LE} = \min\begin{cases} T_9^{LF} - \text{FTF} = 22 - 10 = 12 \\ T_7^{LS} - \text{FTS} = 18 - 3 = 15 \end{cases} = 12$$

$$T_3^{LS} = T_3^{LF} - D_3 = 12 - 8 = 4$$

A 节点直接紧后工作为 B、C、D，其搭接关系分别为 STF、STS 和一般搭接。根据前述公式分别求出，取其最小值：

$$T_1^{LF} = \min\begin{cases} T_3^{LF} + D_1 - \text{STF} = 15 + 5 - 6 = 14 \\ T_5^{LS} + D_1 - \text{STS} = 7 + 5 - 7 = 5 \\ T_7^{LS} = 18 \end{cases} = 5$$

$$T_1^{LS} = T_1^{LF} - D_1 = 5 - 5 = 0$$

起点节点：有两个直接紧后工作，A、B 都为一般搭接关系：

$$T_S^{LF} = \min\begin{cases} T_3^{LS} = 4 \\ T_1^{LS} = 0 \end{cases} = 0$$

$$T_S^{LS} = T_S^{LF} - D_S = 0 - 0 = 0$$

将以上得出的各工作的 T^{LS}、T^{LF} 值分别标在网络图中各节点相应位置见图 5-63。

（三）前后两工作间连接间隔时间参数的计算

两工作连接间隔时间参数 LAG_{i-j} 的定义在前面单代号网络图中已讲过。但在搭接网络中，由于两工作的搭接关系不同，其 LAG_{i-j} 就不能简单地用相邻两工作中后面工作的开始时间与前面工作的完成时间之差来表示，必须考虑其各种不同的搭接关系的影响。在搭接网络图中，根据计算的最后结果，前后两工作关系的时间之差超过要求的搭接时间的那部分时间就是该两工作的连接间隔时间 LAG_{i-j}。根据不同的搭接关系，其计算公式汇总如下：

$$LAG_{i-j} = \begin{cases} T_j^{ES} - T_i^{EF} - \text{FTS} & (1) \\ T_j^{ES} - T_i^{ES} - \text{STS} & (2) \\ T_j^{EF} - T_i^{EF} - \text{FTF} & (3) \\ T_j^{EF} - T_i^{ES} - \text{STF} & (4) \end{cases} \quad (5-42)$$

一般搭接关系，即上面(1)的特例，FTS=0，则

$$LAG_{i-j} = T_j^{ES} - T_i^{EF}$$

如出现混合搭接关系时，则取两个工作连接间隔时间的最小值。

$$LAG_{i-j} = \min\begin{cases} T_j^{ES} - T_i^{ES} - \text{STS} \\ T_j^{EF} - T_i^{EF} - \text{FTF} \end{cases}$$

上面例题中：

$$LAG_{0-1} = 0 - 0 = 0$$

$$LAG_{0-3} = 0 - 0 = 0$$

$$LAG_{1-3} = T_3^{EF} - T_1^{ES} - \text{STF} = 8 - 0 - 6 = 2$$

$$LAG_{1-5} = T_5^{ES} - T_1^{ES} - \text{STF} = 7 - 0 - 7 = 0$$

$$LAG_{1-7} = T_7^{ES} - T_1^{EF} = 11 - 5 = 6$$

$$LAG_{3-7} = T_7^{ES} - T_3^{EF} - \text{FTS} = 11 - 8 - 3 = 0$$

$$LAG_{3-9} = T_9^{EF} - T_3^{EF} - \text{FTF} = 18 - 8 - 10 = 0$$

$$LAG_{5-11} = T_{11}^{EF} - T_5^{EF} - \text{FTF} = 32 - 17 - 15 = 0$$

$$LAG_{7-13} = \min\begin{Bmatrix} T_{13}^{ES} - T_7^{ES} - \text{STS} = 18 - 11 - 3 = 4 \\ T_{13}^{EF} - T_7^{EF} - \text{FTF} = 28 - 23 - 2 = 3 \end{Bmatrix} = 3$$

$$LAG_{9-13} = T_{13}^{ES} - T_9^{EF} = 18 - 18 = 0$$

$$LAG_{11-13} = T_{13}^{EF} - T_{11}^{ES} - \text{STF} = 28 - 7 - 10 = 11$$

$$LAG_{11-15} = T_{15}^{ES} - T_{11}^{EF} = 32 - 32 = 0$$

$$LAG_{13-15} = T_{15}^{ES} - T_{13}^{EF} = 32 - 28 = 4$$

将上面数值标在相应两节点之间的箭线上面,见图5-64。

(四)时差的计算

1. 自由时差

自由时差的定义及含义同前述相同。它主要是指在不影响紧后工作按最早可能时间开始或结束的情况下,本工作能推迟的最大幅度。在搭接网络图中,由于存在着不同的搭接关系,其自由时差也必然受其影响,所以自由时差也要根据不同的搭接关系来确定。

如果工作i只有一个紧后工作j,其自由时差就等于本工作与紧后工作的间接间隔时间:

$$F_i^F = LAG_{i-j}$$

这一点通过前面对时差的学习,不难理解。

如果工作i有若干个紧后工作时,其自由时差就等于本工作与这些工作间的间隔时间LAG_{i-j}的最小值。

$$F_i^F = \min(LAG_{i-j}) \tag{5-43}$$

这样,只要把搭接网络图中的各工作的连接间隔时间LAG_{i-j}求出,其自由时差就很容易确定。

本题中:

$$F_0^F = \min(LAG_{0-1}, LAG_{0-3}) = 0$$

$$F_1^F = \min\begin{Bmatrix} LAG_{1-3} = 2 \\ LAG_{1-5} = 0 \\ LAG_{1-7} = 6 \end{Bmatrix} = 0$$

$$F_3^F = \min\begin{Bmatrix} LAG_{3-7} = 0 \\ LAG_{3-9} = 0 \end{Bmatrix} = 0$$

$$F_5^F = LAG_{5-11} = 0$$

$$F_7^F = LAG_{7-13} = 3$$

$$F_9^F = LAG_{9-13} = 0$$

$$F_{11}^F = \min\begin{Bmatrix} LAG_{11-13} = 11 \\ LAG_{11-15} = 0 \end{Bmatrix} = 0$$

$$F_{13}^F = LAG_{13-14} = 4$$

终点节点没有紧后工作,其自由时差为零。

$$F_{15}^F = 0$$

将上面的 F^F 值标在相应节点的下方,见图 5-64。

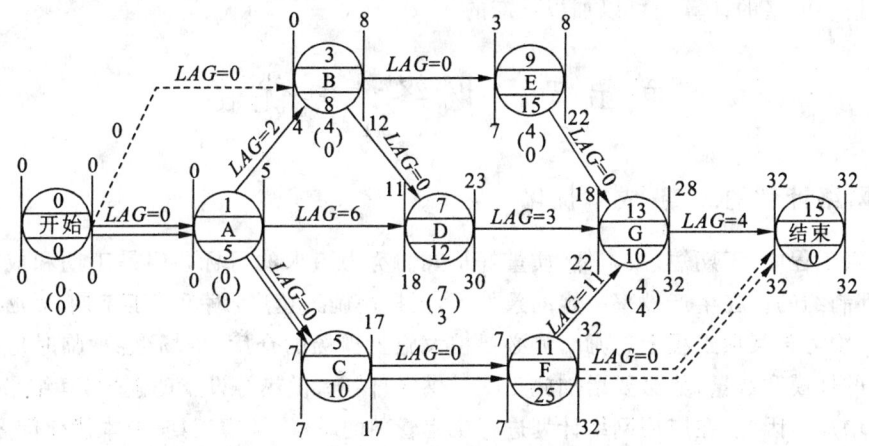

图 5-64 单代号搭接网络图

2. 总时差

前面已讲过,总时差是该项工程的总机动时间。其计算与一般网络计划公式相同。

$$F_i^T = T_i^{LS} - T_i^{ES} = T_i^{LF} - T_i^{EF} \tag{5-44}$$

总时差的存在,意味着该项工作有一定的变化幅度。在规定工期等于计划工期的情况下,总时差为零的工作即为关键工作。将网络图中总时差为零的工作由起点节点至终点节点连接起来的线路即为关键线路。关键线路上的工作都是关键工作,但关键工作不一定只存在于关键线路上。

上述例题的总时差可分别求出为:

$$F_0^T = T_0^{LS} - T_0^{ES} = 0$$
$$F_1^T = T_1^{LS} - T_1^{ES} = 0 - 0 = 0$$
$$F_3^T = T_3^{LS} - T_3^{ES} = 4 - 0 = 4$$
$$F_5^T = 7 - 7 = 0$$
$$F_7^T = 18 - 11 = 7$$
$$F_9^T = 7 - 3 = 4$$
$$F_{11}^T = 7 - 7 = 0$$
$$F_{13}^T = 22 - 18 = 4$$
$$F_{15}^T = 32 - 32 = 0$$

将上述数值标在相应节点下方。将 $F^T = 0$ 的节点从起点节点到终点节点连接起来,构成了本题的关键线路,见图 5-64 划双线者。

上面,通过例题对单代号搭接网络的计算方法进行了论述。通过计算可以看出,其计算过程比一般单、双代号搭接网络图较为麻烦,这是其不足之处。但是,作为一项复杂的工程项目,即使由一般的单、双代号来计算也是很难进行的。随着电子技术的发展,电子计算机作为一种高速运算机器来进行网络计算是轻而易举的事。

前面已经讲过,一般网络图简单,但节点较多;而搭接网络计算复杂,但节点较少,这样,输入简单、计算复杂的数据由计算机进行计算,充分发挥了电子计算机的特点,所以,利用电子计算机进行搭接网络的计算是可以加以推广的。

第五节 网络计划优化

一、网络计划的工期-成本优化

在建筑工程中,工期短、成本低、质量好是人们努力追求的目标。但是工期和成本是相互关联、相互制约的。在生产效率一定的条件下,要提高施工速度,缩短施工工期,就必须集中更多的人力、物力于某项工程上,为此,势必要扩大施工现场的仓库、堆场、各种临时房屋和附属加工企业的规模和数量,势必要增加施工临时供水、供电、供热等设施的能力,其结果将引起工程成本的增加。因此,在应用网络计划进行工程管理的时候,考虑工期-成本优化问题,是具有现实意义的。

(一) 几个概念

1. 工程的工期-成本曲线

工程成本是由直接费用和间接费用所组成的。在正常工期 T_0 和加快工期 T_S 之间,缩短工期将引起直接费用的增加和间接费用的减少;反之,拉长工期会使直接费用减少,间接费用增加,如图 5-65 所示。

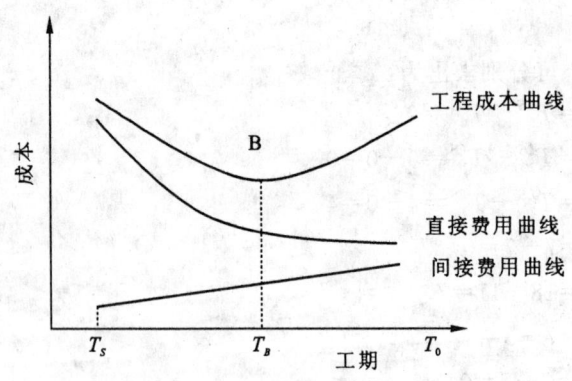

图 5-65 工期-成本曲线

工期-成本优化的目的在于:

(1) 寻求直接费用与间接费用总和即成本最低的最优工期 T_B,以及与此相适应的网络计划中各工作的进度安排。

(2) 在工期规定(T_i)的条件下,寻求与此相适应的最低成本,以及网络计划中各工作的进度安排。

2. 工作的持续时间-费用曲线

这一曲线反映每一施工工程即网络计划中的各项工作占用不同的持续时间时,相应的直接费用也不一样。在正常持续时间 D 的条件下,所需要的直接费用为 M;当持续时间缩短为 d(加快持续时间)时,相应的直接费用为 m,如图 5-66 所示。

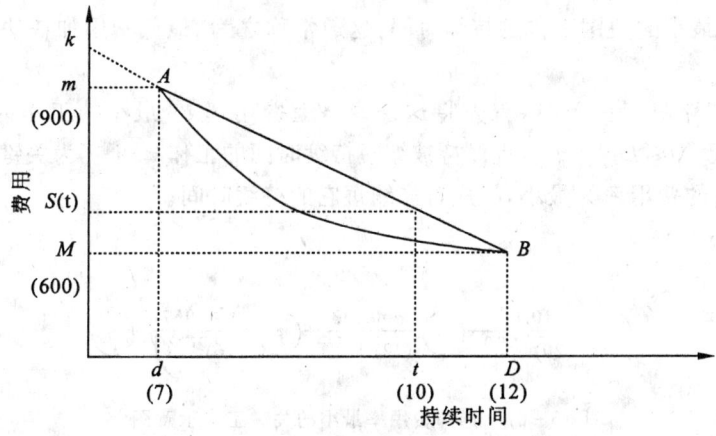

图 5-66 工作持续时间-费用曲线

为了简化起见,通常可用直线 AB 表示工作持续时间与费用的关系。工作持续时间 t 介于 D 和 d 之间时,可以由直线方程计算出相应的直接费用 $S(t)$。

(1)任意一项工作的费用率 $e_{i\text{-}j}$,反映该项工作缩短(或延长)单位持续时间所需要增加(或减少)的费用数额。即

$$e_{i\text{-}j}=\frac{m_{i\text{-}j}-M_{i\text{-}j}}{D_{i\text{-}j}-d_{i\text{-}j}}$$

图 5-66 中,

$$e_{i\text{-}j}=\frac{900-600}{12-7}=60(\text{元}/\text{天})$$

(2)计算直接费用的直线方程为:

$$S(t)=k-et$$

式中
$$k=M+De$$
$$=\frac{DM-dM}{D-d}+\frac{Dm-DM}{D-d}$$
$$=\frac{Dm-dM}{D-d}$$

图 5-66 中,$k=\dfrac{12\times 900-7\times 600}{12-7}=1\,320(\text{元})$

当 $t=10$ 天时,直接费用为:

$$S(10)=k-et$$
$$=1\,320-60\times 10$$
$$=720(\text{元})$$

(二)基本思路

进行工期-成本优化,主要在于求出不同工期下的最小直接费用总和。由于关键线路的持续时间是决定工期长短的依据,因此缩短工期首先要缩短关键工作的持续时间。而如前所述,各工作的费用率不同,即缩短单位持续时间所增加的费用不一样。因此,在关键工作中,首先又应缩短费用率最小的关键工作的持续时间,这通常称之为"最低费用加快法"。具体步骤说明如下:

(1)当关键线路只有一条时,首先将这条线路上费用率 e_{i-j} 最小的工作的持续时间缩短 Δt。此时,应满足 $\Delta t \leqslant D_{i-j} - d_{i-j}$,且保持被缩短持续时间的工作 $i-j$ 仍为关键工作。如图 5-67 中,工作 4-5 的费用率为最小,故应首先缩短它的持续时间。

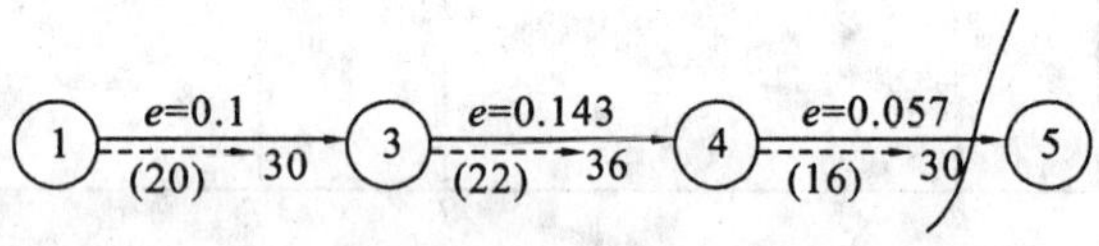

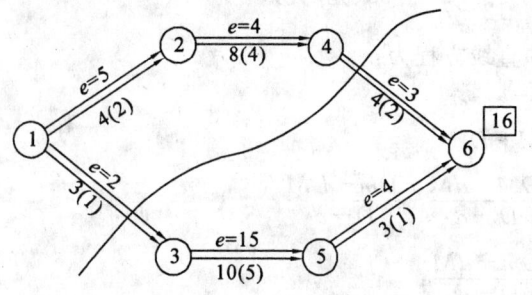

图 5-67 选择费用率最小的关键工作示意图

(2)如果关键线路有两条以上时,那么每条线路都需要缩短持续时间 Δt,才能使计划工期也相应缩短 Δt。为此,必须找出费用率总和 $\sum e_{i-j}$ 为最小的工作组合,我们通常把这种工作组合称为"最小切割"。

图 5-68 中,箭线下面的前一个数字表示 D_{i-j},后一个带括弧的数字表示 d_{i-j}。在该图中,两条关键线路共有九种工作组合(表 5-9),缩短任一工作组合的持续时间都可以达到缩短工期的目的,但其中第 7 工作组合的费用率总和为最小。因此,首先应将工作 1-3 和 4-6 的持续时间同时缩 Δt,此时 Δt 应取工作 1-3 和 4-6 持续时间可能缩短值中的最小值,且保证缩短后这两项工作仍为关键工作,即

图 5-68 "最小切割"示例

$$\Delta t \leqslant \min[D_{i-j} - d_{i-j}]$$

代入具体数据 $\Delta t \leqslant \min[(4-2),(3-1)]$

得 $\Delta t \leqslant 2$

(3)上述步骤 1 或 2 应进行多次循环,以逐步缩短工期,直至计划工期满足规定的要求,计

算出相应的直接费用总和及各工作的时间参数。假设任意一循环为第 k 次循环,它以前一循环(第 $k-1$ 次循环)为基础的计算过程如框图 5-69 所示。

表 5-9 九种工作组合及相应费用率

序号	工作组合 i-j	费用率总和
1	1-2,1-3	5+3=8
2	1-2,3-5	5+5=10
3	1-2,5-6	5+4=9
4	2-4,1-3	4+2=6
5	2-4,3-5	4+5=9
6	2-4,5-6	4+4=8
7	4-6,1-3	3+2=5
8	4-6,3-5	3+5=8
9	4-6,5-6	3+4=7

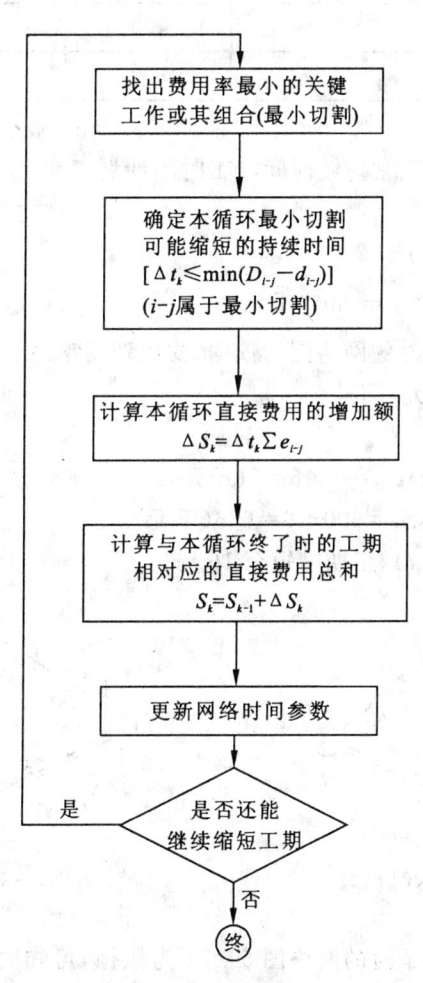

图 5-69 循环缩短工期框图

(三)优化示例

表5-10为某网络计划中各工作的工期-成本数据,从表中可以看出各工作的正常持续时间 D,加快的持续时间 d,以及它们相应的直接费用 M 和 m。经计算得到的费用率 e 也列于表中。

表5-10 网络计划中各工作的工期-成本数据

工作 i-j	D(周)	d(周)	M(千元)	m(千元)	e(千元/周)
0-1	5	3	80	100	10
0-2	9	7	160	176	8
1-2	5	4	90	96	6
1-3	4	2	50	68	9
2-4	5	4	100	121	7
3-4	5	2	120	156	12
合计			600	717	

第0循环:计算各工作以正常持续时间施工时的计划工期 T_0 与直接费用总和 S_0,如图5-70所示。

$$T_0 = 17(周)$$
$$S_0 = \sum M_{i\text{-}j} = 600(千元)$$

第1循环:以0循环终了时的网络图为依据,找出费用率最小的关键工作1-2,可知:

$$e_{1\text{-}2} = 6(千元/周)$$
$$\Delta t_1 = D_{1\text{-}2} - d_{1\text{-}2} = 5 - 4 = 1(周)$$
$$\Delta S_1 = \Delta t_1 \times e_{1\text{-}2} = 1 \times 6 = 6(千元)$$
$$S_1 = S_0 + \Delta S_1 = 600 + 6 = 606(千元)$$

将图5-70更新为图5-71,工期缩短至16周。

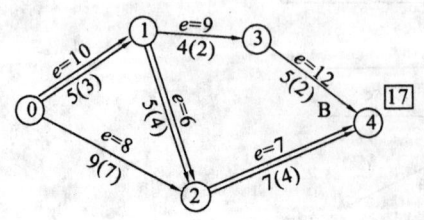

图5-70 优化示例

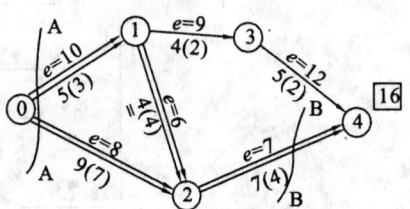

图5-71 第一循环优化

第2循环:以第1循环终了时的网络图5-71为依据,可知关键线路有两条,能缩短工期的切割方案有两种:

切割 AA：工作 0-1 和 0-2　　　　$\sum e = 10 + 8 = 18$（千元/周）

切割 BB：工作 2-4　　　　　　　　$e_{1-2} = 7$（千元/周）

显然应该首先缩短工作 2-4 的持续时间。从表 5-10 可知，$D_{2-4} - d_{2-4} = 3$ 周，但工作 2-4 只能缩短 2 周，否则关键线路就转化为 0→①→③→④。因此

$$\Delta t_2 = 2（周）$$
$$\Delta S_2 = \Delta t_2 \times e_{2-4} = 2 \times 7 = 14（千元）$$
$$S_2 = S_1 + \Delta S_2 = 606 + 14 = 620（千元）$$

调整时间参数，将图 5-71 更新为图 5-72，工期缩短为 14 周。

第 3 循环：以第二循环终了时的网络图 5-72 为依据，可以看出关键线路已有三条，能缩短工期的切割方案也有三种，即：

切割 AA：工作 0-1 和 0-2，$\sum e = 10 + 8 = 18$（千元/周）

切割 BB：工作 1-3 和 2-4，$\sum e = 9 + 7 = 16$（千元/周）

切割 CC：工作 2-4 和 3-4，$\sum e = 7 + 12 = 19$（千元/周）

因此，应该选择 $\sum e$ 最小的 BB 方案缩短工期。从表 5-10 看出，工作 2-4 尚可缩短一周，而工作 1-3 可缩短 2 周，所以取

$$\Delta t_3 = \min[(D_{1-3} - d_{1-3}), (D_{2-4} - d_{2-4})]$$
$$= \min[(4-2), (5-4)] = 1（周）$$

则　　　　$$\Delta S_3 = \Delta t_3 \times \sum e = 1 \times 16 = 16（千元）$$
$$S_3 = S_2 + \Delta S_3 = 620 + 16 = 636（千元）$$

经过网络图的更新，得图 5-73，工期缩短至 13 周。

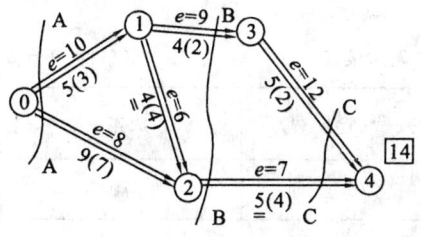
图 5-72　第二循环优化

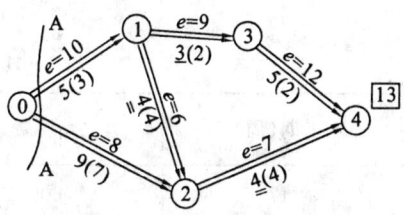
图 5-73　第三循环优化

第四循环：以图 5-73 为依据可知，现在虽有三条关键线路，但能缩短工期的切割方案只有一种，即工作 0-1 和 0-2 组成的切割 AA，其费用率总和为 $\sum e = 18$（千元/周）。工作 1-2 和 2-4 以缩短到极限，故不能再和其他线路上的工作组合成最小切割。因此，本循环取

$$\Delta t_4 = \min[(D_{0-1} - d_{0-1}), (D_{0-2} - d_{0-2})]$$
$$= \min[(5-3), (9-7)] = 2（周）$$
$$\Delta S_4 = \Delta t_4 \times \sum e = 2 \times 18 = 36（千元）$$
$$S_4 = S_3 + \Delta S_4 = 636 + 36 = 672（千元）$$

调整图 5-73 网络计划的时间参数，得图 5-74，工期缩短至 11 周，以至不能再继续缩短，

至此解毕。

最后我们可以计算一下，不经过工期-成本优化，各工作均采用技术快的持续时间 d_{i-j} 时，网络计划的总工期 T_B 和相应的直接费用总和 S_S，见图 5-75。

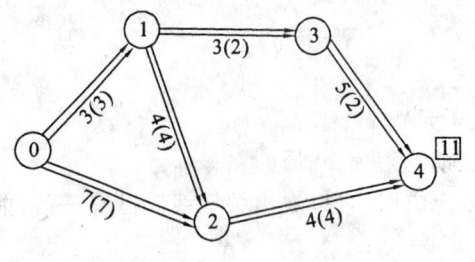

图 5-74 优化解

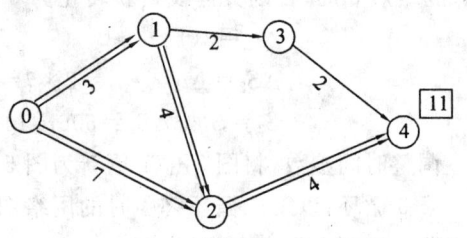

图 5-75 加快进度的结果

图中有两条关键线路，计划工期亦为 11 周，即

$$T_s = 11 （周）$$

而直接费用总和　　$S_s = \sum m_{i-j} = 717 （千元）$

由此可知，经过优化后，

工期缩短：　　$\Delta T = 17 - 11 = 6 （周）$

费用增加：　　$\Delta S = 672 - 600 = 72 （千元）$

与不经过优化而盲目加快进度的图 5-75 相比，节省费用总额 717-672=45 千元，约占 7.5%。

将上述计算结果汇总于表 5-11 中，并假定每周平均管理费（间接费）为 10 千元，则可绘制出该网络计划的工期-成本曲线，如图 5-76 所示。

表 5-11　工期成本优化结果表　　　　　　　　（单位：千元）

工期（周）	直接费	间接费（管理费）	成本
17	600	70	670
16	606	60	666
15		50	
14	620	40	660*
13	636	30	666
12		20	
11	672	10	682

* 为最优

由此可知,成本最低的最优工期为 14 周,总成本计 660 千元。

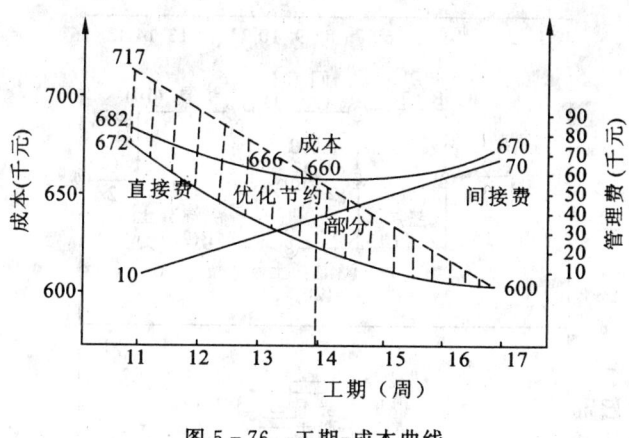

图 5-76 工期-成本曲线

二、网络计划的资源优化

(一)有限资源以最短工期为目标的优化方法

建筑施工中的资源,是劳动力、机械设备、建筑材料和资金等人力、物力和财力的总称。在一定的时期内,一个单位或部门的人力、物力和财力总是有一定限量的,编制网络计划必须对资源问题加以统筹安排。假定图 5-77 所示实例中回填土工作队每天需要 20 人,铺设垫层工作队每天需要 10 人,浇混凝土工作队每天也需要 20 人。我们可以用带时间坐标的网络图,绘制出如图 5-78 下部所示的每天劳动力(资源)总需要量动态曲线(所谓带时间坐标的网络图,就是矢箭沿水平方向的长度与时间刻度相一致的网络图)。这一动态曲线是把各工作每天所需要的资源(劳动力)数量进行叠加而得到的。

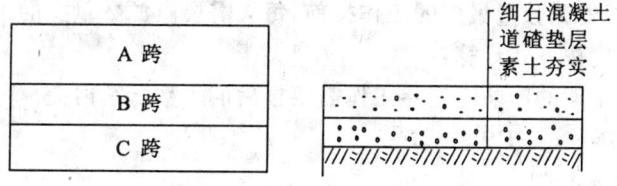

图 5-77 某车间地面工程

显然,尽管这样一个网络计划的工艺逻辑和组织逻辑都是正确的,但如果每天能够提供的劳动力只有 30 人,原计划就无法得到执行,而必须进行调整,使得每天劳动力的总需要量不超过限量。这种调整,就是利用各工作所具有的时差,以资源限制为约束条件,以不延长工期或者延长最少为目标,改善网络计划的进度安排,通常也称为"资源有限,工期最短"的优化方法。

1. 基本思路

(1)根据初始网络计划方案,绘制出带时间坐标的网络图及其相应的每天资源总需要量动态曲线(图5-78)。

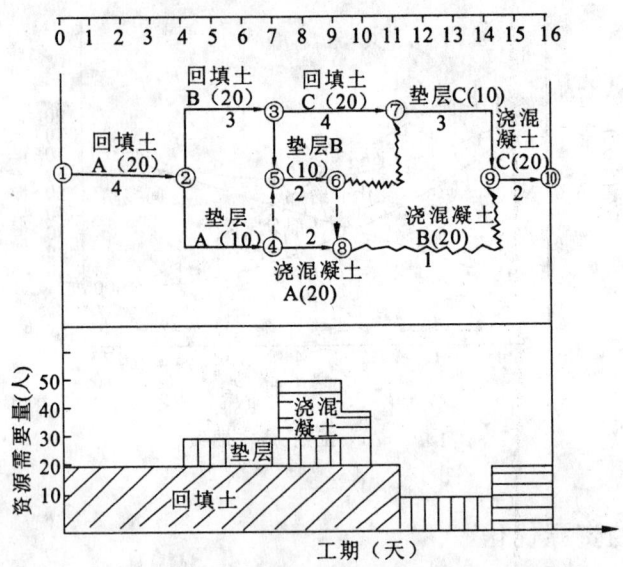

图5-78 带时间坐标的网络图(上)及资源需要量动态曲线(下)

(2)从左到右检查资源动态曲线的各个阶段,如某时段所需要资源超过限制数量,就对与该时段有关的工作进行排队编号,并按排队编号的顺序,依次给各工作分配所需要的资源数。对于分配不到资源的工作,就顺推到该时段后面开始。

(3)对工作进行排队的规则,是以资源分配和工作的进度的调整对工期的影响最小为出发点。现将工作分成几类加以研究。

第一类:在所研究的时段之前已经开始作业的工作。对这类工作应优先满足其资源需要,使之能连续地进行下去。当这类工作有多项时,要计算一下每项工作分配不到资源,需要推移到时段后面开始时,对工期所产生的影响程度,影响大的排前,影响小的排后。若对工期影响程度相同,则每天需要资源数量最多的工作排前,每天需要资源数量少的工作排后。

对工期的影响程度按下式计算:

对工期的影响程度＝工作需要推后的天数－总时差

即 $\Delta T=(t_b-ES_{i\text{-}j})-F_{i\text{-}j}^T$

式中:t_b——时段的终止时刻。

第二类:在所研究的时段内开始的关键工作。因为关键工作的推迟,意味着工期的延长,因此其资源应优先予以满足。当关键工作有多项时,它们的排队编号规则是,每天所需要资源数量大的排前,小的排后。

第三类:在所研究的时段内开始的非关键工作,当有多项非关键工作时,它们的排队规则是:工作总时差小的排前,大的排后;若两项工作的总时差相同,则每天所需要资源数量最大的排前,小的排后。

2.优化示例

对于图5-78所示的网络计划,按"资源有限,工期最短"优化如下。

第一步,对时段[7,9]的工作进行调整。

从资源动态曲线中看出,该时段左边的每天资源总需要量都不超过30人,而这个时段每天则需要50人,所以应该调整。与该时段有关的工作为回填土C,每天20人;铺垫层B,每天10人;浇混凝土A,每天20人;总共50人。这三项工作分类排队及需要资源如下:

第一类:无;

第二类:回填土C(即工作3-7天为关键工作),需要20人;

第三类:铺垫层B(总时差$F^T_{5-6}=2$),需10人;浇混凝土A(总时差$F^T_{4-8}=4$),需20人。

按排队先后,有限资源(30名劳动力)只能分配给回填土C和铺垫层B,而将浇混凝土A推迟到第9天后开始,从而可得图5-79。

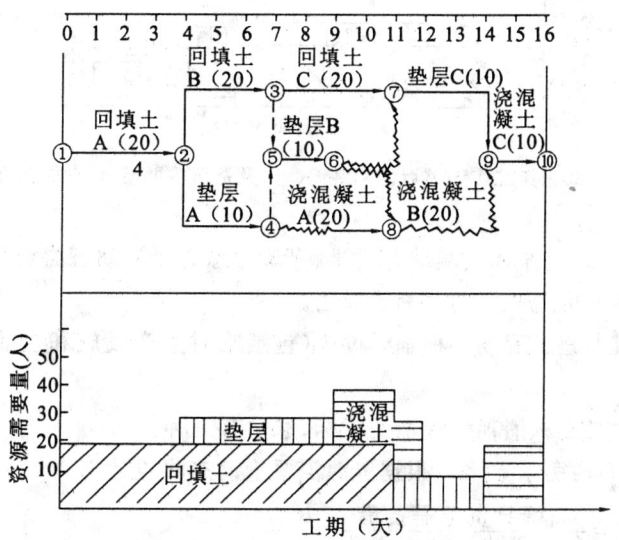

图5-79 第一步调整后的网络图(上)及资源需要量动态曲线(下)

第二步,对图中时段[9,11]的工作进行调整。

有关工作的分类排队及需要资源为:

第一类:回填土C(在第9天前已经开始),需20人;

第二类:同第一类;

第三类:浇混凝土A($TF_{4-8}=2$),需20人。

有限资源30人,首先分配给回填土C 20人,剩下10人小于浇混凝土A的每天需要量20人,因此,将浇混凝土A再推迟到第11天后开始,得图5-80。至此,每天资源总需要量都已不超过30人,优化调整完毕。(这种分配方法称为资源需要量强度固定的分配方法,也就是说,要么分配给浇混凝土A 30人,要么不分配,不能按任意数量分配。在某些情况下,对排队序列中最后一项工作,也可以剩有多少资源就分配多少,这叫资源强度可变的分配方法。

(二)工期不变,以资源需要量均衡为目标的优化方法

1.均衡施工的意义和指标

均衡施工,是指在整个施工过程中所完成的工作量和所消耗的资源尽可能保持均衡。反

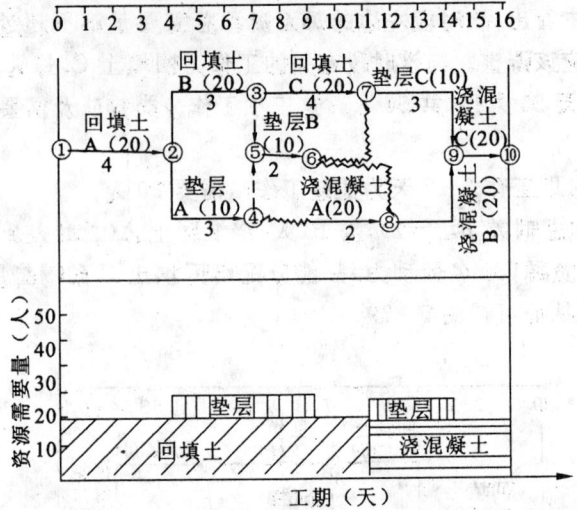

图 5-80 第二步调整后的网络图(上)及资源需要量动态曲线(下)

映在施工进度计划中,是工作量进度动态曲线、劳动力总需要量动态曲线和各种材料需要量动态曲线等都尽可能不出现短时期的高峰或低陷。

均衡施工可以减少施工现场各种临时设施(包括临时生产设施和生活福利设施)的规模,从而节省施工费用。

衡量施工均衡性或资源消耗均衡性的指标,通常有三种:

(1)资源需要量不均衡系数 K。根据资源需要量动态曲线计算

$$K = \frac{高峰日资源需要量}{每天平均资源需要量} = \frac{R_{max}}{R_m}$$

显然,资源需要量不均衡系数愈小,说明施工均衡性愈好。

(2)资源需要量极差 ΔR。是指资源需要量动态曲线上,每天计划需要量与每天平均需要量之差的最大绝对值。

即
$$\Delta R = \max[|R(t) - R_m|] \qquad 0 \leqslant t \leqslant T$$

同样,极差值愈小,均衡性也就愈好。

(3)资源需要量均方差 σ^2。表示资源需要量动态曲线上,每天计划需要量与每天平均需要量之差的平方和的平均值。即

$$\sigma^2 = \frac{1}{T}\sum_{t=1}^{T}[R(t) - R_m]^2$$

同样,方差值愈小,施工愈均衡。

2. 工期不变,以均方差最小作为资源均衡目标的优化方法

这种方法的基本思路是,利用网络计划初始方案的局部时差,在工期不变的情况下,改善进度计划的安排,使资源需要量的方差值减小到最小,从而达到均衡的目的。因此,这种方法通常也称为"工期规定,资源最小"的优化方法。

均方差表达式可以展开为:

$$\sigma^2 = \frac{1}{T}\sum_{t=1}^{T}[R(t)-R_m]^2$$

$$= \frac{1}{T}\sum_{t=1}^{T}[R^2(t)-2R(t)R_m+R_m^2]$$

$$= \frac{1}{T}\sum_{t=1}^{T}R^2(t)-\frac{2R_m}{T}\sum_{t=1}^{T}R(t)+\frac{1}{T}\sum_{t=1}^{T}R_m^2$$

$$= \frac{1}{T}\sum_{t=1}^{T}R^2(t)-2R_m^2+R_m^2$$

$$= \frac{1}{T}\sum_{t=1}^{T}R^2(t)-R_m^2$$

式中:T 与 R_m 均为常数。因此,要使均方差为最小,只需要使方差之和 $\sum_{t=1}^{T}R^2(t)$ 为最小即可。即

$$\sum_{t=1}^{T}R^2(t) = R_1^2+R_2^2+R_3^2+\cdots+R_T^2 \longrightarrow \min$$

假定在有时间坐标的网络计划中,某一非关键工作 $i-j$,开始于第 k 天,结束于第 $l-1$ 天,每天需要的资源数量为 r_{i-j},那么,当它利用局部时差向后(右)推移一天时,显然在原先的动态曲线上,第 k 天的总需要量将减少 r_{i-j},而第 l 天的总需要量将增加 r_{i-j},如图 5-81 所示。

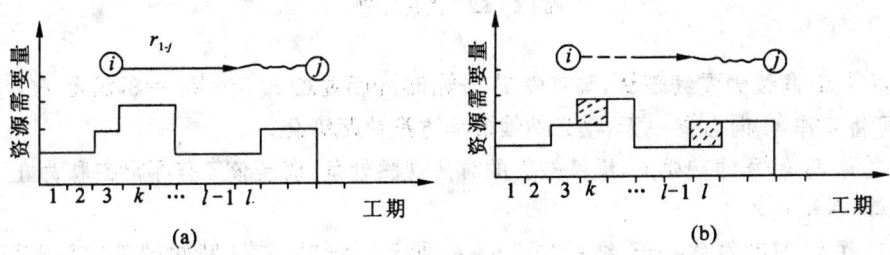

图 5-81 资源需要量动态曲线
(a)原动态曲线;(b)工作($i-j$)推迟一天的动态曲线

由此可知,工作 $i-j$ 推后一天时,方差之和的增量为:

$$\Delta = [(R_l+r_{i-j})^2-R_l^2]-[R_k^2-(R_k-r_{i-j})^2]$$

化简得:

$$\Delta = 2r_{i-j}[R_l-(R_k-r_{i-j})]$$

如果 $R_l-(R_k-r_{i-j})$ 为负值,说明工作 $i-j$ 右移一天,能使方差之和减小。
设 $R_k-r_{i-j}=R_k'$,R_k' 表示第 k 天不包括工作 $i-j$ 在内的资源总需要量。
则当 $R_l-R_k'\leqslant 0$ 或 $R_l\leqslant R_k'$ 时,将工作 $i-j$ 右移一天,资源需要量均方差将减小或不变,均衡性将得到改善或保持不变。

3. 优化示例

某工程带时间坐标初始网络图,如图 5-82(a)所示。图中矢箭的虚线部分表示局部时差,括弧内的数字表示资源需要量。该网络计划优化过程是,按节点最早可能开始时间的先后

顺序，对各节点前面的非关键工作，依次进行利用时差的分析和计划的调整（如果某节点前面有几项非关键工作，则按它们最早可能开始时间的先后顺序依次进行），并重复进行这种分析和调整，直至所有工作都不能右移为止。

第一步，分析节点⑥前面的非关键工作 H 在局部时差（2 天）范围内能使资源动态曲线的均方差减小的右移天数。

①画出不包括工作 H 在内的资源需要量动态曲线，如图 5-82(b)实线所示。另用虚线表示工作 H 的每天资源需要量。

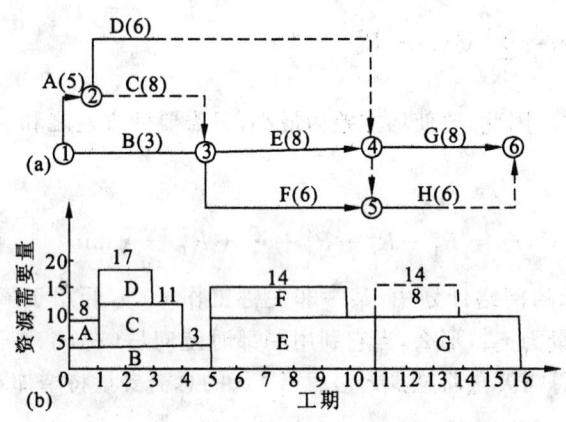

图 5-82 优化示例

②观察动态曲线中实线部分，与工作 H 开始时间相对的 $R'_{12}=R_{15}=8$，满足 $R'_{12} \geqslant R_{15}$ 的条件，故可将工作 H 向右移一天，动态曲线的均方差值无变化。

③在工作 H 右移的基础上，继续按②的方法观察处理，直至该工作不能右移为止。

$\because R'_{13} = R'_{16} = 8$

所以工作 H 可再右移一天，结果如图 5-83 所示。此时，工作 H 的局部时差已用完。

第二步，分析节点⑤前面的非关键工作 F。该工作原有局部时差一天，经第一步调整后增

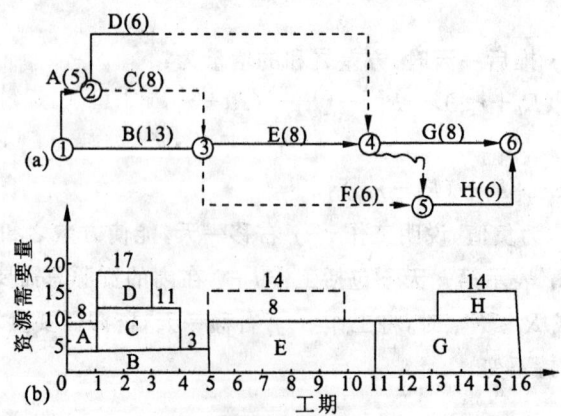

图 5-83 工作右移 2 天的网络图(a)及资源需要量动态曲线(b)

至3天。

① 为了简便起见,在图5-83的动态曲线中,先用虚线表示出工作F的每天资源需要量。

② 观察图5-83中动态曲线的实线部分,不难看出:
$$R'_6 = R_{11} = 8$$
所以工作H可右移一天。

③ 在②的基础上继续观察,可知
$$R'_7 = R_{12} = 8$$
$$R'_8 = R_{13} = 8$$
因此,工作F一直可右移到9至13天的位置上,如图5-84所示。

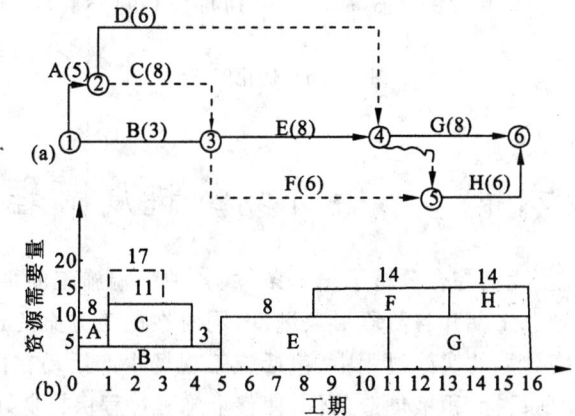

图5-84 工作F右移后的网络图(a)及资源需要量动态曲线(b)

第三步,分析结点④前面的非关键工作D。

① 在图5-84中用虚线表示工作D的每天资源需要量。

② 观察图5-84中动态曲线的实线部分,可知
$$R'_2 = 11, R_4 = 11$$
因此,工作D可以右移一天。

③ 继续观察,可知
$$R'_3 = 11, R_5 = 3$$
$$\because R'_3 > R_5$$
故工作D仍可右移一天。

同理,$R'_4 = 11 > R_6 = 8$ 可继续将工作D右移一天;
$R'_5 = 3 < R_7 = 8$ 不能再右移。于是工作D右移到第5、6天的位置上,得图5-85。

重复进行以上步骤,即进行第二循环以及后继各循环的分析和调整。本例到图5-85为止,所有的工作都已不能继续右移,故优先解至此完毕。通过计算,可知本例初始计划的资源需要量均方差 $\sigma^2 = 14.25$,而经过优化后 $\sigma^2 = 6$,说明均衡性得到改善。

这种方法同样适用于多种资源条件下的优化,不过对于工作数目较多或大而复杂的工程网络计划,一般需要借助电子计算机求解。

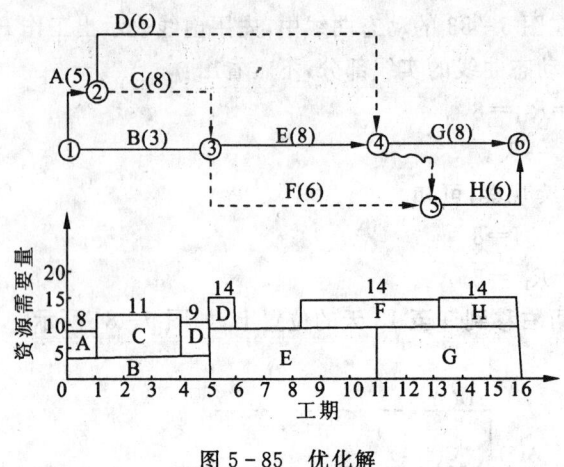

图 5-85 优化解

第六节 网络计划的进度管理

通过网络计划的编制,我们综合分析了施工条件、各种影响施工的主观因素和施工方法,明确了计划目标——计划总工期和各阶段形象进度,同时在施工方案的选择过程中考虑了施工的经济性问题。在网络计划的实施过程中,包括施工现场生产活动在内的一切施工业务的任务,是围绕着既定的计划目标,积极创造条件,使整个施工过程保持良好的状态,按时保质保量地完成计划。但是,由于施工中客观因素多变,随着工程的进展,实际施工进度往往会背离计划的要求,因此,进度管理显得十分重要。

(一)进度管理的主要内容

(1)定期收集有关施工成果的数据,预测施工进度的发展变化趋势,实行进度控制。进度控制的周期应根据计划的内容和管理的目的来确定。一般来说,在工程开工与准备期间,有些施工条件还不很明确,进度检查和分析周期可以短一些;一旦施工进入正常和稳定状态,多数施工条件已经明朗化,检查分析的周期可以适当放长至半个月或者一个月,但绝对不能等到工程结束才对网络计划的执行情况做出评价。

(2)随时掌握各施工过程持续时间总时差的变化情况,由于设计变更而引起的施工内容的增减情况,施工内部与外部条件的变化情况等,应及时分析研究,采取相应措施与对策。

在一般情况下,施工进度都有推迟的倾向。为了防止拖延工期和突击赶工程等现象,各项工作应尽可能提前安排,使施工初期的进度比预定的快一些,以留出较充裕的机动时间,应付施工期间可能发生的事故,确保计划总工期的实现。外部条件,如材料、构件、设备等的供应,往往是影响工期的重要因素,因此必须采取相应措施,通过协议和合同实行监督。

(3)及时做好各项施工准备,加强作业管理和调度。在各施工过程开始之前,应做好施工技术物资供应、施工环境等的准备;作业管理应该以不断提高劳动生产率为目标,采取减轻劳动强度、提高施工质量、节省施工费用、缩短作业时间的技术组织措施。此外,要做好各项作业的技术培训与指导工作。

(二)进度管理的方法

现以图 5-86 所示的初始网络图为例。由图可知各事件的时间参数和各工作的时差,总工期为 130 天,关键线路为 ⓪→①→④→⑦→⑧→⑨。进入施工阶段后,对该网络计划进行跟踪的结果,在第 35 天剩下的工作如图 5-87 所示。

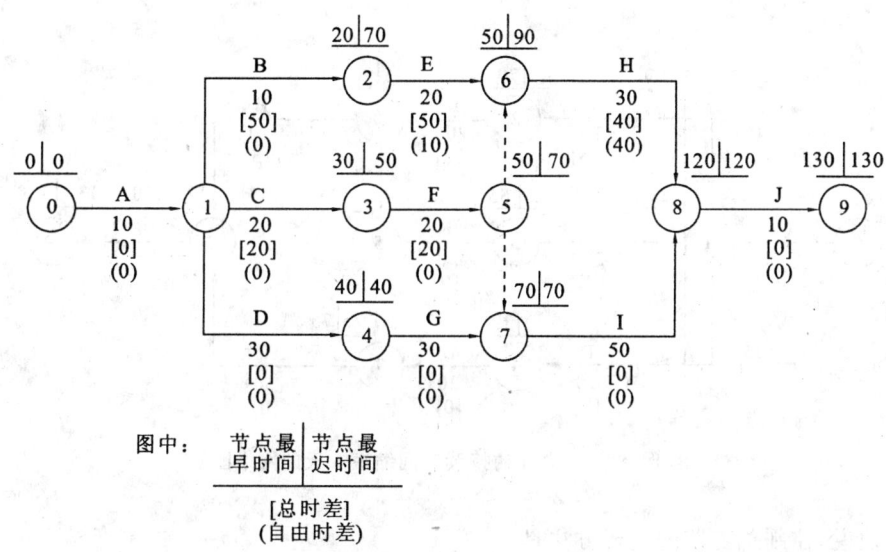

图 5-86 初始网络图

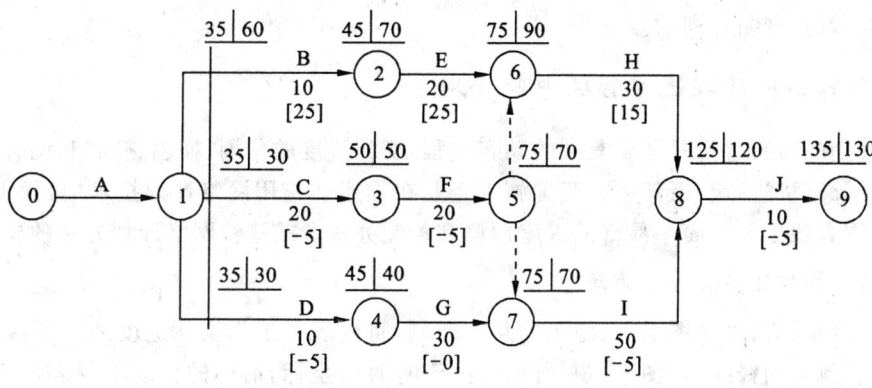

图 5-87 开工后第 35 天的网络图

从图 5-87 可以看出,总工期将是 135 天,相对于 130 天而言,推迟了 5 天。从图上出现总时差 TF 为 -5 的情况也可知道这一点。为了保证按原定 130 天的工期完工,必须消除负的总时差。而具有负总时差的线路为 ①→③→⑤→⑦→⑧→⑨ 和 ①→④→⑦→⑧→⑨ 两条,对此,通常有两种处理方法。

(1)如果已知各工作的费用率和可能缩短的持续时间,可以按照工期-成本优化一节中所介绍的最低费用加快方法,在两条关键线路上分别选择费用率最低的工作,缩短5天持续时间。

(2)如果不考虑费用问题,在图5-88中,可选择两条线路中公共部分,如工作I和J,缩短其持续时间。

图5-88表示两条线路的公共部分I的持续时间缩短5天,相对于初始网络计划的关键线路为:0→①→③→⑤→⑦→⑧→⑨和0→①→④→⑦→⑧→⑨两条。

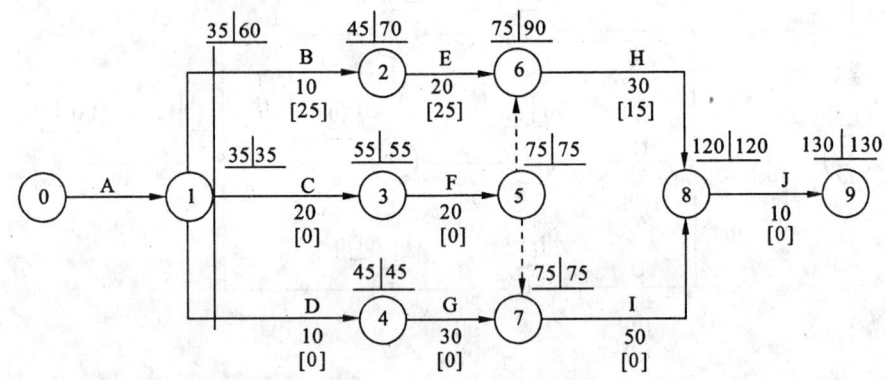

图5-88 工作I的持续时间缩短5天的网络图

一般地说,控制总工期的主要方法是:

(1)在检查进度计划的时刻,在网络图上计算出尚未完成的工作各节点的最早可能开始时间。

(2)与原定工期相比,如果出现进度推迟的情况,应按照原定工期计算出各节点的最迟必须开始时间,进行网络计划的修正。

(三)前锋线网络在进度管理中的应用

网络计划的执行过程是一个复杂的动态过程,实施进度的预测、描述、控制和调整,一般应该利用电子计算机进行。近年来。我国施工企业在推广和应用网络计划技术中,做了很多研究工作,力图寻找出一种简单易行的进度预测和控制办法。前锋线网络计划方法的要点如下。

1. 用前锋线描述实际进度的动态

在有时间坐标的网络图上,在施工的某一时刻,将代表各工作实际进度的点连接起来,形成一条折线,就叫前锋线,如图5-89所示。由于有时间坐标,箭杆的长度不仅表示工作持续的时间长短,而且表示该工作实物工程量的多寡。因此某工作的实物工程量完成了几分之几,它的实际进度前锋点就自左至右标到该工作箭杆长度的几分之几。对于那些难以计算实物量的工作,则可以按需用的时间来估计并标出代表其实际进度的前锋点的位置。画出了前锋线,整个工程各时间间隔(例如每天或每旬)画出各个时刻的实际进度前锋线,就可以清楚地看出网络计划各个阶段的执行动态。前锋线越近似于同一日期线,各条线路的进度就越接近于平衡。

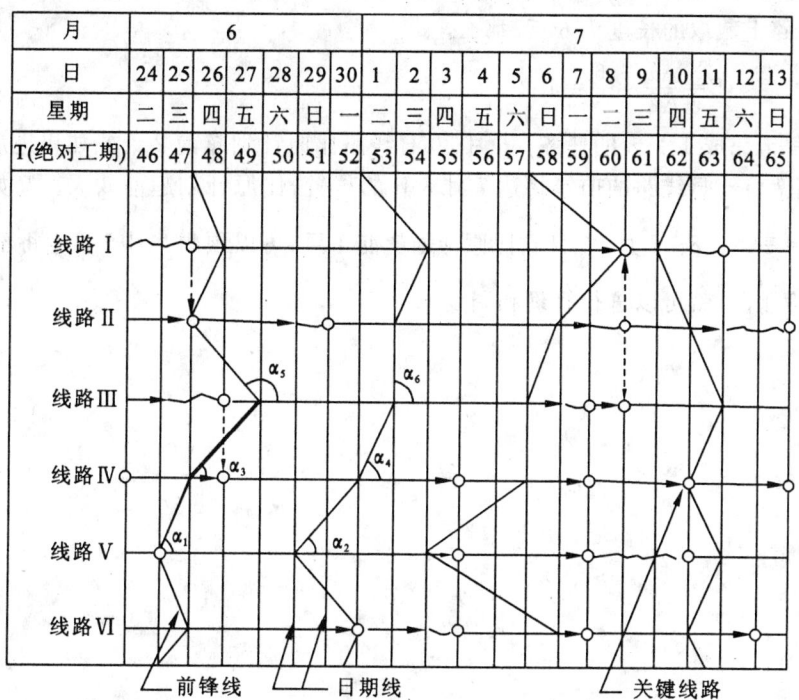

图 5-89 时间坐标网络图(部分)及实际进度前锋线

2. 利用前锋线预测进度

(1)前锋线的某一线段与在其下方与之相交的那一条水平线路的前进方向的夹角,称为该线路的前锋线夹角。例如图中的 α_1 与 α_2,α_3 与 α_4、α_5 与 α_6 分别是线路Ⅴ、线路Ⅳ和线路Ⅲ的前锋线倾角。

前锋线倾角 α 的范围是:$0°<\alpha<180°$。

从图 5-89 上可以直接地看到,某条线路的前锋线倾角 α 的大小与该线路相对于其上方紧邻的那条线路(简称"上邻线路")的进度有关:该线路比上邻线路领先时,$\alpha>90°$;反之,$\alpha<90°$;两条线路进度相同时,$\alpha=90°$。如果所有线路齐头并进,则所有线路的前锋线倾角均等于 $90°$。

某条线路前后两条前锋线倾角的大小变化,与这段时间里该线路相对于上邻线路的进展速度有关:当该线路的进展速度比上邻线路快时,倾角由小变大;反之,倾角由大变小;两条线路进展速度相等时,倾角不变。利用这个特点。可以对相邻两条线路相对进展的变化趋势作出定性的预测。

(2)前后两条前锋线在某条线路上截取的线段长度 Δx,与这两条前锋线的时间间隔 ΔT 之比,称为进度比 B。

$$B=\frac{\Delta x}{\Delta T}$$

B 值的大小与该线路的实际进展速度成正比。当某线路的实际进展速度比原计划快、慢或与原计划相等时,B 值相应地大于1、小于1或等于1。根据 B 的大小,可对该线路未来的进展速度作出定量的预测。以图 5-89 为例，6 月 25 日和 6 月 30 日两条前锋线的时间间隔是 5 天，它们在线路上截取的长度为 6 天，那么，

$$B=\frac{\Delta x}{\Delta T}=\frac{6}{5}=1.2$$

即平均每天完成 1.2 天的任务。6 月 30 日线路比原计划超前 2 天。如果进展速度不变，可以预测，到 7 月 5 日线路的前锋将达 7 月 8 日的位置，比原计划超前 3 天。又如线路，在这段时间里 $B=\frac{4}{5}=0.8$。6 月 30 日它比原计划超前 1 天，可以预测 7 月 5 日它将不再超前。

根据进度预测，就可以进行管理和调度。

第六章 工程质量管理

第一节 质量管理和质量保证标准简介

1987年3月国际标准化组织(ISO)正式发布 ISO 9000《质量管理和质量保证》系列标准后，世界各国和地区纷纷表示欢迎，并等同或等效采用该标准。我国于1992年发布了等同采用国际标准 GB/T1 9001 - ISO 9000《质量管理和质量保证》系列标准。

2000年12月15日，国际标准化组织正式发布 ISO 9000:2000、ISO 9001:2000 和 ISO 9004:2000 国际标准。国际 GB/T1 9000 - 2000、GB/T1 9001 - 2000、GB/T1 9004 - 2000 标准于2000年12月28日正式发布，2000年6月1日实施。

我国建筑业自1994年4月开始贯彻 ISO 9000 系列标准以来，贯标和认证的企业数量迅猛增长。多年来的实践经验证明，只有针对建筑产品质量及其形成过程、建筑业企业质量管理等方面的特点，也针对我国建筑市场现状，在建筑业贯彻 GB/T1 9000 族标准才能取得应有的成果。建设部在建筑业贯彻开始就把它作为建筑行业质量振兴工作中的一件大事来抓，并多次发文对建筑业贯标认证工作的规范和健康发展提出了明确要求。1994年以来，在建设部的支持下，建筑施工、监理房地产、物业管理等各专业贯标实施细则相继出台。在加深理解标准，密切结合行业特点，推进贯标的广度和深度方面，实施细则发挥了很好的指导作用，并以其指导性和实用性在行业中产生广泛的影响。鉴于实施细则的积极作用，2000版 ISO 9000 族标准发布后，2000版实施细则将由建设部和中国质量体系认证机构国家认可委员会(CNACR)联合发布，并更名为：专业应用指南。建设工程施工专业应用指南于2001年8月正式发布，这也是认可委发布的第一个2000版专业应用指南，监理、房地产、物业管理的专业应用指南随后陆续发布。

一、系列标准的组成

ISO 9000 系列标准是在 ISO 8402 - 86《质量——术语》的基础上产生的。我国等同采用 ISO 9000 系列标准制定的 GB/T1 9000 系列标准由五个标准组成：

GB/T1 9000 - ISO 9000《质量管理和质量保证——选择和使用指南》；
GB/T1 9001 - ISO 9001《质量体系——设计/开发、生产、安装和服务的质量保证模式》；
GB/T1 9002 - ISO 9002《质量体系——生产和安装的质量保证模式》；
GB/T1 9003 - ISO 9003《自己两体系——最终检验和实验的质量保证模式》；
GB/T1 9004 - ISO 9004《质量管理和质量体系要素——指南》。

二、系列标准的分类

《质量管理和质量保证》系列标准,分为三个类型:指导性标准(标准的选择指南)、质量保证模式标准、企业质量体系基础性标准(体系要素)。

ISO 9000 标准为指导性标准,阐述了系列标准的结构和分类,阐明了五个关键质量术语的概念及概念之间的相互关系,规定了使用和选择质量体系标准的原理、原则、程序和方法。该标准在系列标准中起着指导作用,国际标准化组织称它为系列标准中交通指南性质的标准。

ISO 9001、ISO 9002、ISO 9003 为质量保证模式标准。这类标准适用于合同环境下的外部质量保证,为供需双方签订含有质量保证要求的合同提供了三种质量保证模式,选定的模式标准即可作为生产方质量保证工作的依据,也可作为需方对供方进行质量体系评价的依据,以及企业申请质量体系认证的认证标准。

ISO 9004 标准为企业质量体系的基础性标准。该标准从市场经济需求出发,提出并阐述了企业质量体系的原理、原则和一般应包括的质量要素。标准具有高度的普遍性和指导性。对不同工业/经济行业的生产企业给予指导,是企业质量管理和质量体系的通用参考模式。

这五个标准构成了《质量管理和质量保证》的系列标准。五个标准是互为关联、互为支持的有机整体,其关系如图 6-1 所示。

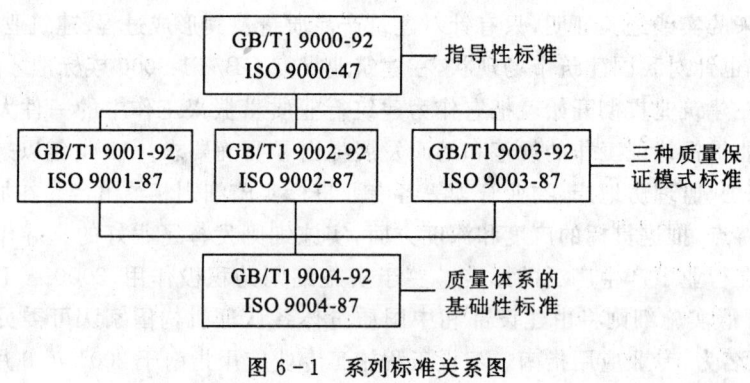

图 6-1 系列标准关系图

第二节 质量体系的建立和运行

无论是合同环境还是非合同环境,从企业生存和发展的角度出发,为了提高竞争能力和市场占有率,企业都要建立质量体系,开展内部与外部质量保证活动。

一、建立质量体系的原则性工作

GB/T1 9004-2000 标准对企业建立质量体系明确了几项基本的原则性工作,主要为:确定质量环;明确和完善体系结构;质量体系要文件化;要定期进行质量体系审核与质量体系复审。

1. 确定质量环

质量环是从产品立项到产品使用全过程各个阶段中影响质量的相互作用的活动的概念模

式,这些阶段如市场调研、设计、采购……售后服务等构成了产品形成与使用的全过程,每个阶段中包括若干直接质量职能与间接质量职能活动。满足要求的产品质量是质量环各个阶段质量职能活动的综合效果。

GB/T1 9004《质量管理和质量体系要素——指南》给定的通用的典型质量环,把产品质量分为11个阶段,即:①营销和市场调研;②设计/规范的编制和产品开发;③采购;④工艺策划和开发;⑤生产制造;⑥检验、实验和检查;⑦包装和贮存;⑧销售和分发;⑨安装和运行;⑩技术服务和维护;⑪用后处置。

在上述相互作用的活动中,应强调营销和设计的重要性,特别是:要确定顾客的需要和期望,并规定对产品或服务的要求;提出以最佳成本运用现行规范生产产品或提供服务的设想(包括依据)。

建设施工企业的特定产品对象是工程,无论其工程复杂程度、结构形式怎样变化,无论是高楼大厦还是一般建筑物,其建造和使用的过程、程序和环节基本是一致的。在参照 GB/T 9004 质量环的基础上,对照施工程序,对建筑施工企业质量环的建议由8个阶段组成:①工程调研和任务承接;②施工准备;③材料采购;④施工生产;⑤实验与检验;⑥建筑物功能实验;⑦竣工交验;⑧回访与保修。

2. 完善质量体系结构,并使之有效运行

GB/T1 9004 标准规定:"最高管理层对质量方针负责并作出承诺。质量管理是制订和实施质量方针的全部管理职能。""质量体系是为了实施质量管理的组织结构、责任、程序、过程和资源。""管理者应组织建立质量体系并使其有效运行,以实现所规定的方针和目标。"

从上述内容分析,企业决策层领导及有关管理人员要负责质量体系的建立、完善、实施和保持各项工作的开展,使企业质量体系达到预期目标。

质量体系的有效运行要依靠响应的组织机构网络。这个机构要严密完整,充分体现各项质量职能的有效控制。对我们建筑施工企业来讲,一般有集团(总公司)、公司、分公司、工程项目经理部等各级管理组织,但由于其管理职责不同所建质量体系的侧重点可能有所不同,但其组织机构应上下贯通,形成一体。特别是直接承担生产与经营任务的实体公司的质量体系更要形成覆盖全公司的组织网络,该网络系统要形成一个纵向统一指挥、分级管理,横向分工合作、协调一致、职责分明的统一整体。一般来讲,一个企业只有一个质量体系,其下属基层单位的质量管理和质量保证活动以及质量机构和质量职能只是企业质量体系的组成部分,是企业质量体系在该规定范围的体现。对不同产品对象的基层单位,如混凝土构件厂、实验室、搅拌站……则应根据其生产对象和生产环境特点补充或调整体系要素,使其在该范围更适合产品质量保证的最佳效果。

3. 质量体系要文件化

质量体系文件化是很重要的工作特征。质量体系结构,采用的各项质量要素、要求和规定等各项工作必须有系统有条理地制订为质量体系文件,要保证这些文件在该体系范围内使有关人员、有关部门理解一致,得到有效的贯彻与实施。

质量体系文件主要分为质量手册、质量计划、工作程序文件与质量记录等几项分类文件。上述质量体系文件的内容在 GB/T1 9004 标准中作了清楚的规定。

4. 定期质量审核

质量体系能够发挥作用，并不断改进和提高工作质量，主要是在建立体系后坚持质量体系审核和评审（评价）活动。

为了查明质量体系的实施效果是否达到了规定目标要求，企业管理者应制订内部审核计划，定期进行质量体系审核。

质量体系审核由企业胜任的管理人员对体系各项活动进行客观评价，这些人员独立于被审核的部门和活动范围。质量体系审核范围如下：①组织机构；②管理与工作程序；③人员、装备和器材；④工作区域、作业和过程；⑤在制品（确定其符合规范和标准的程度）；⑥文件、报告和记录。

质量体系审核一般以质量体系运行中各项工作文件的实施程度及产品质量水平为主要工作对象，一般为符合性评价。

5. 质量体系评审和评价

质量体系的评审和评价，一般称为管理者评审，它是由上层领导亲自组织的对质量体系、质量方针、质量目标等项工作所开展的适合性评价。也就是说，质量体系审核时主要精力放在是否将计划工作落实，效果如何；而质量体系评审和评价重点为该体系的计划、结构是否合理有效，尤其是结合市场及社会环境、企业情况进行全面的分析与评价，一旦发现这些方面的不足，就应对其体系结构、质量标准、质量政策提出改进意见，以使企业管理者采取必要的措施。

质量体系的评审和评价也包括各项质量体系审核范围的工作。

与质量体系审核不同的是，质量体系评审更侧重于质量体系的适合性（质量体系审核侧重符合性），而且，一般评审与评价活动要由企业领导直接组织。

质量环、质量体系结构、质量体系文件、质量体系审核与质量体系评审（评价）五项原则性工作在 GB/T1 9004-2000 标准里均有明确的规定，这些原则性工作贯穿于质量体系各项活动中，要遵守和落实这些原则性工作，方便质量体系发挥预期效能。

二、质量体系的建立和运行

（一）建立和完善质量体系的程序

按照国际标准 ISO 9000:2000 和国家标准 GB/T1 9000-2000 建立一个新的质量体系或更新、完善现行的质量体系，一般都要经历以下步骤。

1. 企业领导决策

企业主要领导要下决心走质量效益型的发展道路，有建立质量体系的迫切需要。建立质量体系是涉及到很多部门参加的一项全面性的工作，如果没有企业主要领导亲自领导、亲自实践和统筹安排，是很难搞好这项工作的。因此，领导真心实意地要求建立质量体系，是建立、健全质量体系的首要条件。

2. 编制工作计划

工作计划包括培训教育、体系分析、职能分配、文件编制、配备仪器仪表设备等内容。

3. 分层次教育培训

组织学习 ISO 9000:2000 和 GB/T1 9000 系列标准，结合本企业的特点，了解建立质量体系的目的和作用,详细研究与本职工作有直接联系的要素,提出控制要素的办法。

4. 分析企业特点

结合建筑施工企业的特点和具体情况,确定采用哪些要素和采用程度。

要素要对控制工程实体质量起主要作用,能保证工程的实用性、符合性。

5. 落实各项要素

企业在选好合适的质量体系要素后,要进行二级要素展开,制订实施二级要素所必需的质量活动计划,并把各项质量活动落实到具体部门或个人。

一般,企业在领导的亲自主持下,合理分配各级要素与活动,使企业各职能部门都明确各自在质量体系中应担负的责任,应开展的活动和各项活动的衔接办法。分配各级要素与活动的一个重要原则就是责任部门只能有一个,允许有若干个配合部门。

在各级要素和活动分配落实后,为了便于实施、检查和考核,还要把工作程序文件化,即把企业的各项管理标准、工作标准、质量责任制、岗位责任制形成与各级要素和活动相对应的有效运行的文件。

6. 编制质量体系文件

质量体系文件按其作用,可分为法规性文件和见证性文件两类。质量体系法规性文件是用以规定质量管理工作的原则,阐述质量体系的构成,明确有关部门和人员的质量职能,规定各项活动的目的要求、内容和程序的文件。在合同环境下这些文件是供方向需方证实质量体系实用性的证据。质量体系的见证性文件是用以表明质量体系的运行情况和证实其有效性的文件(如质量记录、报告等)。这些文件记载了各项质量体系要素的实施情况和工程实体质量的状态,是质量体系运行的见证。

(二)质量体系的运行

保持质量体系的正常运行和持续实用有效,是企业质量管理的重要任务,是质量体系发挥实际效能、实现质量目标的主要阶段。

质量体系运行是执行质量体系文件、实现质量目标、保持质量体系持续有效和不断优化的过程。质量体系的有效运行是依靠体系的组织机构进行组织协调、实施质量监督、开展信息反馈、进行质量体系审核和复审实现的。

1. 组织协调

质量体系是人选的软件体系,它的运行是借助于质量体系组织结构的组织和协调来进行运行的。组织和协调工作是维护质量体系运行的动力。质量体系的运行涉及企业众多部门的活动。就建筑施工企业而言,计划部门、施工部门、技术部门、试验部门、测量部门、检查部门等都必须在目标、分工、时间和联系方面协调一致,责任范围不能出现空挡,保持体系的有序性。这些都需要通过组织和协调工作来实现。实现这种协调工作的人,应是企业的主要领导,只有主要领导主持,质量管理部门负责,通过组织协调才能保持体系的正常运行。

2. 质量监督

质量体系在运行过程中,各项活动及其结果不可避免地会有偏离标准的可能。为此,必须实施质量监督。

质量监督有企业内部监督和外部监督两种,需方或第三方对企业进行的监督是外部质量监督。需方的监督权是在合同环境下进行的,就建筑施工企业来说,叫做甲方的质量监督,按合同规定,从地基验槽开始,甲方对隐蔽工程进行检查签证。第三方的监督,对单位工程和重要分部工程进行质量等级核定,并在工程开工前检查企业的质量体系。在施工过程中,监督企业质量体系的运行是否正常。

质量监督是符合性监督。质量监督的任务是对工程实体进行连续性的监视和验证。发现偏离管理标准和技术标准的情况时及时反馈,要求企业采取纠正措施,严重者责令停工整顿。从而促使企业的质量活动和工程实体质量均符合标准所规定的要求。

实施质量监督是保证质量体系正常运行的手段。外部质量监督应与企业本身的质量监督考核工作相结合,杜绝重大质量事故的发生,促进企业各部门认真贯彻各项规定。

3. 质量信息管理

企业的组织机构是企业质量体系的骨架,而企业的质量信息系统则是质量体系的神经系统,是保证质量体系正常运行的重要系统。在质量体系的运行中,通过质量信息反馈系统对异常信息的反馈和处理,进行动态控制,从而使各项质量活动和工程实体质量保持受控状态。

质量信息管理和质量监督、组织协调工作是密切联系在一起的。异常信息一般来自质量监督,异常信息的处理要依靠组织协调工作,三者的有机结合,是使质量体系有效运行的保证。

4. 质量体系审核与评审

企业进行定期的质量体系审核与评审,一是对体系要素进行审核、评价,确定其有效性;二是对运行中出现的问题采取纠正措施,对体系的运行进行管理,保持体系的有效性;三是评价质量体系对环境的适应性,对体系结构中不适用的采取改进措施。开展质量体系审核和评审是保持质量体系有效运行的主要手段。

第三节 质量手册

一、质量手册的定义和性质

(一)质量手册定义

质量手册是质量体系建立和实施中所用主要文件的典型形式。

质量手册是阐明企业的质量政策、质量体系和质量实践的文件,它对质量体系作概括的表达,是质量体系文件的主要文件。它是确定和达到工程产品质量要求所必需的全部职能和活动的管理文件,是企业的质量法规,也是实施和保持质量体系的过程中应长期遵循的纲领性文件。

(二)质量手册的性质

企业的质量手册应具备以下6个性质。

(1)指令性。质量手册所列文件是经企业领导批准的法规,具有指令性,是企业质量工作必须遵循的准则。

(2)系统性。包括工程产品质量形成全过程应控制的所有质量职能活动的内容。同时将应控制内容展开落实到与工程产品形成直接有关的职能部门和部门人员的质量责任制,构成完整的质量体系。

(3)协调性。质量手册中各种文件之间应协调一致。

(4)先进性。采用国内外先进标准和科学的控制方法,体现以预防为主的原则。

(5)可操作性。质量手册的条款不是原则性的理论,应当是条文明确、规定具体、切实可以贯彻执行的。

(6)可检查性。质量手册中的文件规定,要有定性、定量要求,便于检查和监督。

(三)质量手册的作用

(1)质量手册是企业质量工作指南,使企业的质量工作有明确的方向。

(2)质量手册是企业的质量法规,使企业的质量工作能从"人治"走向"法治"。

(3)有了质量手册,企业质量体系审核和评价就有了依据。

(4)有了质量手册,使投资者(需方)在招标和选择施工单位时,对施工企业的质量保证能力、质量控制水平有充分的了解,并提供了见证。

二、质量手册的编制

编制质量手册必须对质量体系作充分的阐述,它是实施和保持质量体系的长期性资料。

ISO 9004《质量管理和质量体系要素——指南》把质量手册分为三种形式:总质量手册、各部门的质量手册、专业性质量手册。

在较大的建筑施工企业中,结合施工企业的组织结构管理层次、专业分工的特点,为避免重复和繁琐,在质量手册的编写中,应分为总公司的总质量手册、各二级公司的质量手册、工地(队)的专业性质量手册三种。

质量手册一般由封面、目录、概述、正文和补充说明五部分组成。

(一)封面部分

封面有以下几项内容:

(1)手册标题。手册的标题由适用范围、体系属性、文件特征三部分组成,用于表明其使用领域。

例如:

  实用范围:_____公司

  体系属性:质量管理

  文件特征:手册

(2)版本号。版本号一般用发布年度表示。例如,1993年发布的手册,可按1993年版,在手册的名称下面居中以"1993"。如果不是首次发布的手册,还要标明版次。

(3)企业名称。企业名称应用全称,排在封面的下部。

(4)文件编号。按企业关于文件标记、编目的规定,决定文件编号,排在封面的右上角。

(5)手册编号。按手册发放的数量编顺序号,排在封面的左上角。

(二)目录部分

目录是手册的组成部分,一般由章号、章名和页次组成。

(三)概述部分

(1)批准页。批准页中写企业最高领导人批准实施的指令、签署及日期,以及手册发布和生效实施的日期。

(2)前言。叙述手册的主题内容、性质、宗旨、编制依据和适用范围。

(3)企业概况。

(4)质量政策方针。

(5)引用文件。

(6)术语及缩写。

(7)手册管理说明。就质量手册的发放范围、颁布手续、保管要求、修改控制和换版程序作简要的规定。

(四)正文部分

正文按要素及其层次分章节阐述,按质量体系所列要素的顺序编排。

(1)组织结构。

(2)质量职能。主要是从事质量工作的生产技术业务部门的质量职能作出原则性法定。

(3)其他要素。其他各要素应阐述下列各项工作内容:①目标和原则。②活动程序:手册要原则规定要素的活动程序、承担的部门和人员、活动的记录项目。③要素间关系:在阐明本要素和其他要素的联系与接口时,明确规定本要素所含各项活动的范围,以示与其他要素各活动间的区别。

(五)补充说明

补充部分可以有下列一些项目:

(1)工作标准、管理标准、技术标准的目录。

(2)质量记录目录。

(3)质量实践的陈述:主要叙述企业历史上在质量方面的主要成就。

第四节 质量控制概述

施工是形成工程项目实体的过程,也是形成最终产品质量的重要阶段。因此,施工阶段的质量控制是工程项目质量控制的重点。

一、施工项目质量控制的特点

由于项目施工涉及面广,是一个极其复杂的综合过程,再加上项目位置固定、生产流动、结构类型不一、质量要求不一、施工方法不一、体型大、整体性强、建设周期长、受自然条件影响大等特点,因此,施工项目的质量比一般工业产品的质量更难控制,主要表现在以下方面。

1. 影响质量的因素多

如设计、材料、机械、地形、地质、水文、气象、施工工艺、操作方法、技术措施、管理制度等，均直接影响施工项目的质量。

2. 容易产生质量变异

因项目施工不像工业产品生产，有固定的自动性和流水线，有规范化的生产工艺和完善的检测技术，有成套的生产设备和稳定的生产环境，有相同系列规格和相同功能的产品；同时，由于影响施工项目质量的偶然性因素和系统性因素都较多，因此，很容易产生质量变异。如材料性能微小的差异、机械设备正常的磨损、操作微小的变化、环境微小的波动等，均会引起偶然性因素的质量变异；当使用材料的规格、品种有误，施工方法不妥，操作不按规程，机械故障，仪表失灵，设计计算错误等，则会引起系统性因素的质量变异，造成工程质量事故。为此，在施工中要严防出现系统性因素的质量变异；要把质量变异控制在偶然性因素范围内。

3. 容易产生第一、二判断错误

施工项目由于工序交接多，中间产品多，隐蔽工程多，若不及时检查实质，事后再看表面，就容易产生第二判断错误，也就是说，容易将不合格的产品，认为是合格的产品；反之，若检查不认真，测量仪表不准，读数有误，就会产生第一判断错误，也就是说，容易将合格产品，认为是不合格的产品。这点在进行质量检查验收时应特别注意。

4. 质量检查不能解体、拆卸

工程项目建成后，不可能像工业产品那样，再拆卸或解体检查内在的质量，或重新换零件；即使发现质量有问题，也不可能像工业产品那样实行"包换"或"退款"。

5. 质量要受投资、进度的制约

施工项目的质量受投资、进度的制约较大。如一般情况下，投资大、进度慢，质量就好；反之，质量则差。因此，项目在施工中，还必须正确处理质量、投资、进度三者之间的关系，使其达到对立的统一。

二、施工项目质量控制的原则

对施工项目而言，质量控制，就是为了确保合同、规范所规定的质量标准，所采取的一系列检测、监控措施、手段和方法。在进行施工项目质量控制过程中，应遵循以下几点原则。

1. 坚持"质量第一，用户至上"

社会主义商品经营的原则是"质量第一，用户至上"。建筑产品作为一种特殊的商品，使用年限较长，是"百年大计"，直接关系到人民财产的安全。因此，工程项目在施工中应自始至终地把"质量第一，用户至上"作为质量控制的基本原则。

2. "以人为核心"

人是质量的创造者，质量控制必须"以人为核心"，把人作为控制的动力，调动人的积极性、创造性；增强人的责任感，树立"质量第一"观念；提高人的素质，避免人的失误；以人的工作质量保工序质量促工程质量。

3. "以预防为主"

"以预防为主"，就是要从对质量的事后检查把关，转向对质量的事前控制、事中控制；从对产品质量的检查,转向对工作质量的检查、对工序质量的检查、对中间产品的质量检查。这是确保施工项目的有效措施。

4. 坚持质量标准、严格检查,一切用数据说话

质量标准是评价产品质量的尺度,数据是质量控制的基础和依据。产品是否符合质量标准,必须通过严格检查,用数据说话。

5. 贯彻科学、公正、守法的职业规范

建筑施工企业的项目经理,在处理质量问题过程中,要尊重客观事实,尊重科学,正直、公正,不持偏见;遵纪、守法,杜绝不正之风;即要坚持原则、严格要求、秉公办事,又要谦虚谨慎、实事求是、以理服人、热情帮助。

三、施工项目质量控制的过程

任何工程项目都是由分项工程、分部工程和单位工程所组成,而工程项目的建设,则是通过一道道工序来完成。因此,施工项目的质量控制是从工序质量到分项工程质量、分部工程质量、单位工程质量的系统控制过程(图6-2);也是一个由对投入原材料的质量控制开始,直到完成工程质量检验为止的全过程的系统过程(图6-3)。

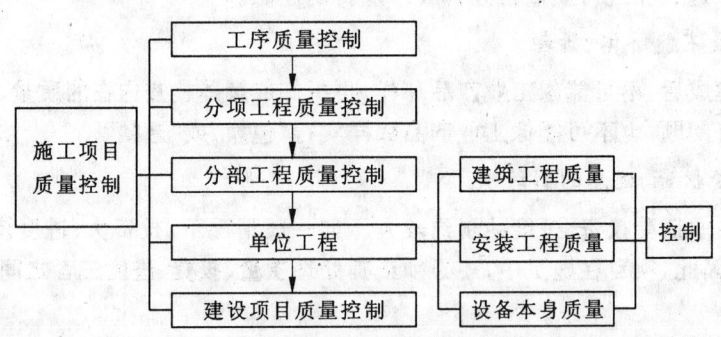

图 6-2 施工项目质量控制过程(一)

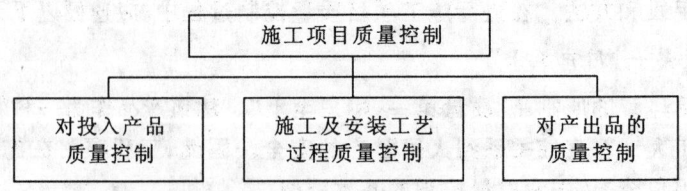

图 6-3 施工项目质量控制过程(二)

四、施工项目质量的控制

影响施工项目质量的因素主要有五大方面,即 4M1E,指:人(Man)、材料(Material)、机械(Machine)、方法(Method)和环境(Environment),如图 6-4 所示。事前对这五大方面的因素严加控制,是保证施工项目质量的关键。

第六章 工程质量管理

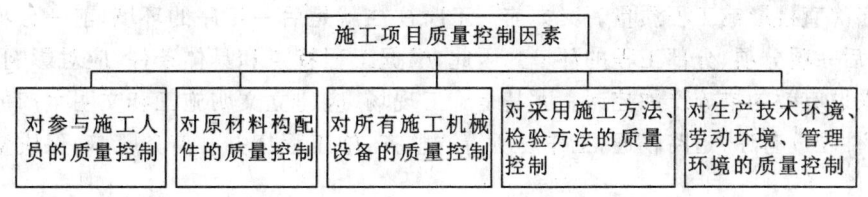

图 6-4 质量因素的控制

1. **人的控制**

人是指直接参与施工的组织者、指挥者和操作者。人作为控制的对象,是要避免产生失误;作为控制的动力,是要充分调动人的积极性,发挥人的主导作用。为此,除了加强政治思想教育、劳动纪律教育、职业道德教育、专业技术培训;健全岗位责任制,改善劳动条件,公平合理地激励劳动热情以外,还需根据工程特点,从确保质量出发,在人的技术水平、人的生理缺陷、人的心理行为、人的错误行为等方面来控制人的使用。如对技术复杂、难度大、精度高的工序或操作,应由技术熟练、经验丰富的工人来完成;反应迟钝、应变能力差的人,不能操作快速运行、动作复杂的机械设备;对某些要求万无一失的工序和操作,一定要分析人的心理行为,控制人的思想活动,稳定人的情绪;对具有危险源的现场作业,应控制人的错误行为,严禁吸烟、打赌、嬉戏、误判断、误动作等。

此外,应严格禁止无技术资质的人员上岗操作;对不懂装懂、图省事、碰运气、有意违章的行为,必须及时制止。总之,在使用人的问题上,应从政治素质、思想素质、业务素质和身体素质等方面综合考虑,全面控制。

2. **材料的控制**

机械控制包括原材料、成品、半成品、构配件等的控制,主要是严格检查验收,正确合理地使用,建立管理台账,进行收、发、储、运等各环节的技术管理,避免混料和将不合格的原材料使用到工程上。

3. **机械控制**

机械控制包括施工机械设备、工具等控制。要根据不同工艺特点和技术要求,选用合适的机械设备;正确使用、管理和保养好机械设备。为此要健全"人机固定"制度、"操作证"制度、岗位责任制度、交接班制度、"技术保养"制度、"安全使用"制度、机械设备检查制度等,确保机械设备处于最佳使用状态。

4. **方法控制**

这里所指的方法控制,包含施工方案、施工工艺、技术组织设计、施工技术措施等的控制,主要应结合工程实际、能解决施工难题、技术可行、经济合理,有利于保证质量、加快进度、降低成本。

5. **环境控制**

影响工程质量的环境因素较多,有工程技术环境,如工程地质、水文、气象等;工程管理环境,如质量保证体系、质量管理制度等;劳动环境,如劳动组合、作业场所、工作面等。环境因素对工程质量的影响,具有复杂而多变的特点,如气象条件就变化万千,温度、湿度、大风、暴雨、酷暑、严寒都直接影响工程质量。又如前一工序往往就是后一工序的环境,前一分项、分部工程也就是后一项分项、分部工程的环境。因此,根据工程特点和具体条件,应对影响质量的环境因素,采取有效的措施严加控制。尤其是施工现场,应建立文明施工和文明生产的环境,保持材料工件堆放有序,道路畅通,工作场所清洁整齐,施工程序井井有条,为确保质量、安全创造良好条件。

五、施工项目质量的控制阶段

为了加强对施工项目的质量控制,明确各施工阶段的质量控制的重点,可把施工项目质量分为事前控制、事中控制和事后控制三个阶段。

(一)事前质量控制

它指在正式施工前进行的质量控制,其控制重点是做好施工准备工作,且施工准备工作要贯穿于施工全过程中。

1. 施工准备的范围

(1)全场性施工准备,是以整个项目施工现场为对象而进行的各项施工准备。

(2)单位工程施工准备,是以一个建筑物或构筑物为对象而进行的施工准备。

(3)分项(部)工程施工准备,是以单位工程中的一个分项(部)工程或冬、雨期施工为对象而进行的施工准备。

(4)项目开工前的施工准备,是在拟建项目开工后,每个施工阶段正式开工前所进行的施工准备,如混合结构住宅施工,通常分为基础工程、主体工程和装饰工程等施工阶段,每个阶段的施工内容不同,其所需的物质技术条件、组织要求和现场布置也不同,因此,必须做好相应的施工准备。

2. 施工准备的内容

(1)技术准备,包括项目扩大初步设计方案的审查;熟悉和审查项目的施工图纸;项目建设地点的自然条件、技术经济条件调查分析;编制项目施工图纸预算和施工预算;编制项目施工组织设计等。

(2)物质准备,包括建筑材料准备、构配件和制品加工准备、施工机具准备、生产工艺的准备等。

(3)组织准备,包括建立项目组织机构;集结施工队伍;对施工队伍进行入场教育等。

(4)施工现场准备,包括控制网、水准点标桩的测量;"三通一平";生产、生活临时设施等的准备;组织机具、材料进场;拟定有关试验、试制和技术进步项目计划;编制季节性施工措施;制定施工现场管理制度等。

(二)事中质量控制

它是指在施工过程中进行的质量控制。事中质量控制的策略是:全面控制施工过程,重点控制工序质量。其具体措施是:工序交接有检查;质量预控有对策;施工项目有方案;技术措施有交底,图纸会审有记录;配制材料有试验;隐蔽工程有验收;计算器具校正有复核;设计变更有手续；钢筋代换有制度；质量处理有复查；成品保护有措施；行使质控有否决(如发现质量异常、隐蔽未经验收、质量问题未处理、擅自变更设计图纸、擅自代换或使用不合格材料、无证上岗未经资质审查的操作人员等，均应对质量予以否决)；质量文件有档案(凡是与质量有关的技术文件，如水准、坐标位置，测量、放线记录，沉降、变形观测记录，调试、试压运行记录，试车运转记录，竣工图等都要编目建档)。

(三)事后质量控制

它是指完成施工过程形成产品的质量控制，其具体工作内容有：
(1)组织联动试车。
(2)准备竣工验收资料，组织自检和初步验收。
(3)按规定的质量评定标准和方法，对完成的分项、分部工程，单位工程进行质量评定。
(4)组织竣工验收，其标准是：①按设计文件规定的内容和合同规定的内容完成施工，质量达到国家质量标准，能满足生产和使用的要求。②主要生产工艺设备已安装配套，联动负荷试车合格，形成设计生产能力。③交工验收的建筑物要窗明、地净、水通、灯亮、气来、采暖通风设备运转正常。④交工验收的工程内净外洁，施工中的残余物料运离现场，灰坑填平，临时建(构)筑物拆除，2m以内地坪整洁。⑤技术档案资料齐全。

六、施工质量控制的方法

施工项目质量控制的方法，主要是审核有关技术文件、报告和直接进行现场检查或必要的试验等。

(一)审核有关技术文件、报告或报表

对技术文件、报告、报表的审核，是项目经理对工程质量进行全面控制的重要手段，其具体内容有：
(1)审核有关技术资质证明文件；
(2)审核开工报告，并经现场核实；
(3)审核施工方案、施工组织设计和技术措施；
(4)审核有关材料、半成品的质量检验报告；
(5)审核反映工序质量动态的统计资料或控制图表；
(6)审核设计变更、修改图纸和技术核定书；
(7)审核有关质量问题的处理报告；
(8)审核有关新工艺、新材料、新技术、新结构的技术鉴定书；
(9)审核有关工序交接检查，分项、分部工程质量检验报告；
(10)审核并签署现场有关技术签证、文件等。

(二)现场质量检查

1. 现场质量检查的内容

(1)开工前检查。目的是检查是否具备开工条件，开工后能否连续正常施工，能否保证工程质量。

(2)工序交接检查。对于重要的工序或对工程质量有重大影响的工序,在自检、互检的基础上,还要组织专职人员进行工序交接检查。

(3)隐蔽工程检查。凡是隐蔽工程均应检查认证后方能掩盖。

(4)停工后复工前的检查。因处理质量问题或某种原因停工后需要复工时,亦应经检查认可后方能复工。

(5)分项、分部工程完工后,应经检查认可,签署验收记录后,才允许进行下一工程项目施工。

(6)成品保护检查。检查成品有无保护措施,或保护措施是否可靠。

此外,还应经常深入现场,对施工操作质量进行巡视检查;必要时,还应进行跟班或追踪检查。

2. 现场质量检查的方法

现场进行质量检查的方法有目测法、实测法和试验法三种。

(1)目测法。其手段可归纳为看、摸、敲、照四个字。

看:就是根据质量标准进行外观目测。如墙纸裱糊质量应是:纸面无斑痕、空鼓、气泡、折皱;每一墙面纸的颜色、花纹一致;斜视无胶痕,纹理无压平、起光现象;对缝无离缝、搭缝、张嘴;对缝处图案、花纹完整;裁纸的一边不能对缝,只能搭接;墙纸只能在阴角处搭接,阳角应采用包角等。又如,清水墙面是否洁净,喷涂是否密实,颜色是否均匀,内墙抹灰大面及口角是否平直,地面是否光洁平整,油漆浆活表面观感,施工顺序是否合理,工人操作是否正确等,均是通过目测检查、评价。

摸:就是手感检查,主要用于装饰工程的某些检查项目,如水刷石、干黏石黏结牢固程度,油漆的光滑度,浆活是否掉粉,地面有无起砂等,均可通过手摸加以鉴别。

敲:是运用工具进行音感检查。对地面工程、装饰工程中的水磨石、面砖、锦砖和大理石贴面等,均应进行敲击检查,通过声音的虚实确定有无空鼓,还可以根据声音的清脆和沉闷,判定属于面层空鼓或底层空鼓。此外,用手敲玻璃,如发出颤动音响,一般是底灰不满或压条不实。

照:对于难以看到或光线较暗的部位,则可采用镜子反射或灯光照射的方法进行检查。

(2)实测法。就是通过实测数据与施工规范及质量标准所规定的允许偏差对照,来判断质量是否合格。实测检查法的手段,也可归纳为靠、吊、量、套四个字。

靠:是用直尺、塞尺检查墙面、地面、屋面的平整度。

吊:是用托线板以线锤吊线检查垂直度。

量:是用测量工具和计量仪表等检查断面尺寸、轴线、标高、湿度、温度等的偏差。

套:是以方尺套方,辅以塞尺检查。如对阴阳角的方正、踢脚线的垂直度、预制构件的方正等项目的检查。对门窗口及构配件的对角线(窜角)检查,也是套方的特殊手段。

(3)试验检查。指必须通过试验手段,才能对质量进行判断的检查方法。如对桩或地基的静载试验,确定其承载力;对钢结构进行稳定性试验,确定是否产生失稳现象;对钢筋对焊接头进行拉力试验,检验焊接的质量等。

第五节 质量管理基本方法

一、数理统计的几个概念

1. 母体

母体又称总体、检查批或批,指研究对象全体元素的集合。母体分有限母体和无限母体两种。有限母体为有一定数量表现,如一道工序,它源源不断地生产出某一产品,本身是无限地。

2. 子样

子样系从母体中取出来的部分个体,也叫试样或样本。子样分随机取样和系统取样,前者多用于产品验收,即母体内各个体都有相同的机会或有可能被抽取;后者多用于工序的控制,即每经一定的时间间隔,每次连续抽取若干产品作为子样,以代表当时的生产情况。

3. 母体与子样数据的关系

子样的各种属性都是母体特性的反映。在产品生产过程中,子样所属的一批产品(有限母体)或工序(无限母体)的质量状态和特性值,可从子样取得的数据来推测、判断。母体与子样数据的关系如图6-5所示。

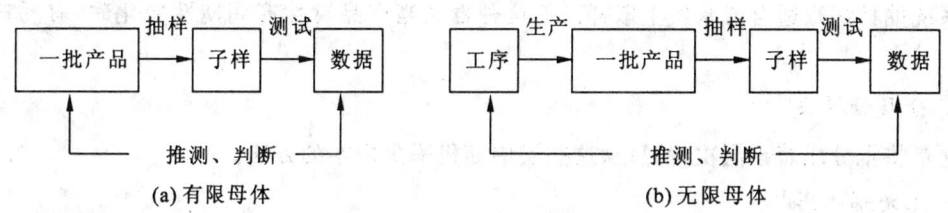

图6-5 母体与子样数据的关系

4. 随机现象

在质量检验中,某一产品的检验结果可能合格、优良、不合格,这种事先不能确定结果的现象称为随机现象(或偶然现象)。随机现象并不是不可认识的,人们通过大量重复的试验,可以认识它的规律性。

5. 随机事件

随机事件(或偶然事件)系每一种随机现象的表现或结果,如某产品检验为"合格",某产品检验为"优良"。

6. 随机事件的频率

频率是衡量随机事件发生可能性大小的一种数量标志。在试验数据中,偶然事件发生的次数叫"频数",它与数据总数的比值叫"频率"。

7. 随机事件的概率

频率的稳定值叫"概率"。如掷硬币试验中,正面向上的事件设为A,当掷币次数较少时,事件 A 的频率是不稳定的;但随着掷币次数的增多,事件 A 的频率越来越呈现出稳定性。当掷币次数充分多时,事件 A 的频率大致在 0.5 这个数附近摆动,所以,事件 A 的概率为 0.5。

二、数据的收集方法

在质量检验中,除少数的项目需进行全数检查外,大多数是按随机取样的方法收集数据。其抽样的方法较多,仅就其中的几种方法简介于下。

1. 单纯随机抽样法

这种方法适用于对母体缺乏基本了解的情况下,按随机的原则直接从母体 N 个单位中抽取 n 个单位作为样本。样本的获取方式常用的有两种:一是利用随机数表和一个六面体骰子作为随机抽样的工具,通过掷骰子所得的数字,相应地查对随机数表上的数值,然后确定抽取试样编号。二是利用随机数骰子,一般为正六面体,六个面分别标 1~6 的数字。在随机抽样时,可将产品分成若干组,每组不超过 6 个,并按顺序先排列好,标上编号,然后掷骰子,骰子正面表现的数,即为抽取的试样编号。

2. 系统抽样法

它是采用间隔一定时间或空间进行抽取试样的方法。例如要从 300 个产品中取 10 个试样,可先将产品标上编号,然后每隔 30 个取一个,即用骰子先取 1 个 6 以内的数,若为 5,便可将编号 5,35,65,95……取作子样。

系统抽样法很适合流水线上取样。但这种方法当产品特性有周期性变化时,容易产生偏差。

3. 分层抽样法

它是将批分成若干层次,然后从这些层中随机采集样本的方法。

4. 二次抽样法

它是从组成母体的若干批中,抽取一定数量的分批,然后再从每一个分批中随机抽取一定数量的样本。

一般来说,对于钢材、水泥、砖等原材料可以采用二次抽样;对于砂、石等散状材料可采用分层抽样;对于预制构配件,可采用单纯随机抽样。

三、样本数据的特征

1. 子样平均值

子样平均值系表示数据集中的位置,也叫子样的算术平均值,即

$$\overline{X} = \frac{1}{n}(x_1 + x_2 + \cdots + x_n) = \frac{1}{n}\sum_{i=1}^{n} X_i$$

式中:$\overline{X}$——子样的算术平均值;
n——子样的大小。

2. 中位数

它是指将收集到的质量数据按大小次序排列后,处在中间位置的数值,故又叫中值(μ),它也是表示数据的集中位置。当子样数 n 为奇数时,取中间一个数为中数;为偶数,则取中间

两个数的平均值作为中数。

3. 极值

一组数按大小次序排列后,处于首位和末位的最大和最小两个数值称为极值,常用 L 表示。

4. 极差

一组数中最大值与最小值之差,常用 R 表示。它表示数据分散的程度。

5. 子样标准偏差

它是反映数据分散的程度,常用 S 表示,即:

$$S = \sqrt{\frac{1}{n-1}\sum_{i=1}^{n}(X_i - \overline{X})^2}$$

式中:S——子样标准偏差;

$(X_i - \overline{X})$——第 i 个数据与子样平均值 $\overline{X}$ 之间的离差;

n——子样的大小。

在正常情况下,子样实测数据与子样平均值之间的离差总是有正有负,在 0 的左右摆动,如果观察次数多了,则离差的代数和将接近于 0,就无法用来分析离散的程度。因此把离差平方以后再求出子样的偏差即子样标准差,用以反映数据的偏离程度。

当子样较大时(如 $n \geqslant 30$)时,可以采用下式,即:

$$S = \sqrt{\frac{1}{n}\sum_{i=1}^{n}(X_i - \overline{X})^2}$$

6. 变异系数

它是用平均数的百分率表示标准偏差的一个系数,用以表示相对波动的大小,即:

$$C_v = \frac{S}{\overline{X}} \times 100\% \quad 或 \quad C_v = \frac{\sigma}{\mu} \times 100\%$$

式中:C_v——变异系数;

S——子样标准偏差;

σ——母体标准差;

$\overline{X}$——子样的平均值;

$\overline{\mu}$——母体的平均值。

四、直方图法

直方图又称质量分布图、矩形图、频数分布直方图。它是将产品质量频数的分布状态用直方图形来表示,根据直方的分布形状和与公差界限的距离来观察、探索质量分布规律,分析、判断整个生产过程是否正常。

利用直方图,可以制定质量标准,确定公差范围,可以判明质量分布情况,是否符合标准的要求。但其缺点是不能反映动态变化,而且要求收集的数据较多(50~100 个以上),否则难以体现其规律。

(一)直方图的作法

现以钢筋笼绕筋问题尺寸误差的测定为例,说明直方图的作法。实测数据见表 6-1。

表 6-1 钢筋笼绕筋尺寸误差表

序号	钢筋笼编号	各次实测的边长误差(cm)							
		1	2	3	4	5	6	7	8
1	L_1	−2	−3	−3	−4	−3	0	−1	−2
2	L_2	−2	−2	−3	−1	+1	−2	−2	−1
3	L_3	−2	−1	0	−1	−2	−3	−1	+4
4	L_4	0	0	−1	−3	0	+2	0	−2
5	L_5	−1	+3	0	0	−3	−2	−5	−1
6	D_1	0	−2	−4	−3	−4	−1	+1	+1
7	D_2	−2	−4	−6	−1	−2	+2	−1	−2
8	D_3	−3	−1	−1	−1	−1	−1	−1	0
9	D_4	−2	−3	0	−2	−2	0	−3	−1

(1) 首先从表列数据中找出最大数和最小数,得出误差范围为 −6cm 到 +4cm。

(2) 决定组距和组数,本例以 1cm 为组距,可得 11 组;

组数 K 根据数据多少而定,一般数据在 50 个以内时为 5~7 组,数据为 50~100 个时为 6~10 组;数据为 100~250 个时为 7~12 组,数据为 250 个以上时为 10~20 组。

组距 h 则为极差与组数的比值,即

$$h = \frac{X_{max} - X_{min}}{K}$$

(3) 确定分组的边界值。为了避免数据正好落在边界值上,通常要使各组的边界值比原测定精度高半个最小测量单位。本例边界值的划分和得出的频数列于表 6-2 中。

表 6-2 频数分布表

组号	边界值	频数记录	频数	频率
1	−6.5~−5.5	1	1	0.014
2	−5.5~−4.5	1	1	0.014
3	−4.5~−3.5	5	4	0.056
4	−3.5~−2.5	13	13	0.182
5	−2.5~−1.5	17	17	0.236
6	−1.5~−0.5	17	17	0.236
7	−0.5~0.5	12	12	0.166
8	0.5~1.5	3	3	0.041
9	1.5~2.5	2	2	0.028
10	2.5~3.5	1	1	0.014
11	3.5~4.5	1	1	0.014
合计			72	1

(4)绘制直方图(图6-6)。横坐标表示分组的边界值,纵坐标表示各个组间数据发生频数的若干直方矩形构成的图形。

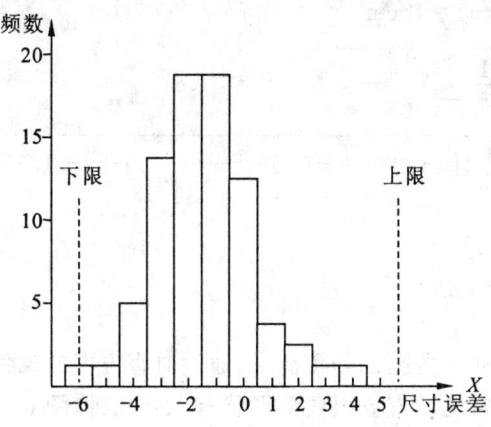

图6-6 钢筋笼绕筋尺寸误差直方图

(二)计算质量特征值

1. 误差平均值

误差直方图如图6-6所示。本例直方图的计算如下:

$$\overline{X}=\frac{(-2)+(-3)+\cdots+0+(-3)+(-1)}{72}=1.3\text{cm}$$

当子样的容量较大时,子样的平均值 $\overline{X}$ 接近于母体的平均值 $\overline{\mu}$。

2. 中位数

将例中数据由大到小排列:

$-6,-5,-4,-4,\cdots,0,1,1,1,2,2,3,4$

排列结果,中位数有两个,即-2和-1为此,取其平均值:

$$\overline{X}=\frac{(-2)+(-1)}{2}=1.5\text{cm}$$

3. 极差 R(表6-3)

表6-3 极差 R 计算表

钢筋笼编号	最大	最小	R
L_1	0	-3	0-(-3)=3
L_2	1	-3	1-(-3)=4
L_3	4	-3	4-(-2)=6
L_4	2	-3	2-(-3)=5
L_5	3	-5	3-(-5)=8
D_1	1	-4	1-(-4)=5
D_2	2	-6	2-(-6)=8
D_3	0	-3	0-(-3)=3
D_4	0	-3	0-(-3)=3

$$R = X_{\max} - X_{\min}$$

由以上计算可知，L_1、D_3、D_4 极差最小，$R=3$cm；L_5、D_2 极差最大，$R=8$cm。如此整批钢盘笼考虑，极差 $R=4-(-6)=10$cm。

$$\sigma = \sqrt{\frac{1}{n}\sum_{i=1}^{n}(x_1-\overline{x})^2}$$

$$= \sqrt{\frac{1}{72}\{[(-2)-(-1.3)]^2+[(-3)-(-1.3)]^2+\cdots\}}$$

(三)直方图的观察分析

1. 直方图图形分析

直方图形象直观地反映了数据的分布情况，通过对直方图的观察和分析，可以看出生产是否稳定及其质量的情况。常见的直方图典型形状有以下几种(图6-7)：

(1)正常型——又称为"对称型"。它的特点是中间高、两边低，并呈左右基本对称，说明相应工序处于稳定状态，如图6-7(a)。

(2)孤岛型——在远离主分布中心的地方出现小的直方，形如孤岛，如图6-7(b)。孤岛的存在表明生产过程中出现了异常因素，例如原材料一时发生变化；有人代替操作；短期内工作操作不当。

(3)双峰型——直方图出现两个中心，形成双峰状。这往往是由于把来自两个总体的数据混在一起作图所造成的。如把两个班组的数据混为一批，如图6-7(c)。

(4)偏向型——直方图的顶峰偏向一侧，故又称偏坡型，它往往是因计数值或计量值只控制一侧界限或剔除了不合格数据而造成的，如图6-7(d)。

(5)平顶型——在直方图顶部呈平顶状态。一般是由多个母体数据混在一起造成的，或者在生产过程中有缓慢变化的因素在起作用所造成的。如操作者疲劳而造成直方图的平顶状，如图6-7(e)。

(6)陡壁型——直方图的一侧出现陡峭绝壁状态。这是由于人为地剔除一些数据，进行不真实的统计造成的，如图6-7(f)。

(7)锯齿型——直方图出现参差不齐的形状，即频数不是在相邻区间减少，而是隔区间减少，形成了锯齿状。造成这种现象的原因不是生产上的问题，而主要是绘制直方图时分组过多或测量仪器精度不够而造成的，如图6-7(g)。

2. 对照标准分析比较

当工序处于稳定状态时(直方图为正常型)，还需进一步将直方图与规格标准进行比较，以判定工序满足标准要求的程度。其主要是分析直方图的平均值 $\overline{X}$ 与质量标准中心重合程度，比较分析直方图的分布范围 B 与公差范围 T 的关系。图6-8在直方图中标出了标准范围 T，标准的上偏差 T_U 和下偏差 T_L，实际尺寸范围 B。对照直方图图型可以看出实际产品分布与实际要求标准的差异。

(1)理想型——实际平均值 $\overline{X}$ 与规格标准中心 μ 重合，实际尺寸分布与标准范围两边有一定余量，约为 $T/8$。

(2)偏向型——虽在标准范围之内，但分布中心偏向一边，说明存在系统偏差，必须采取措施。

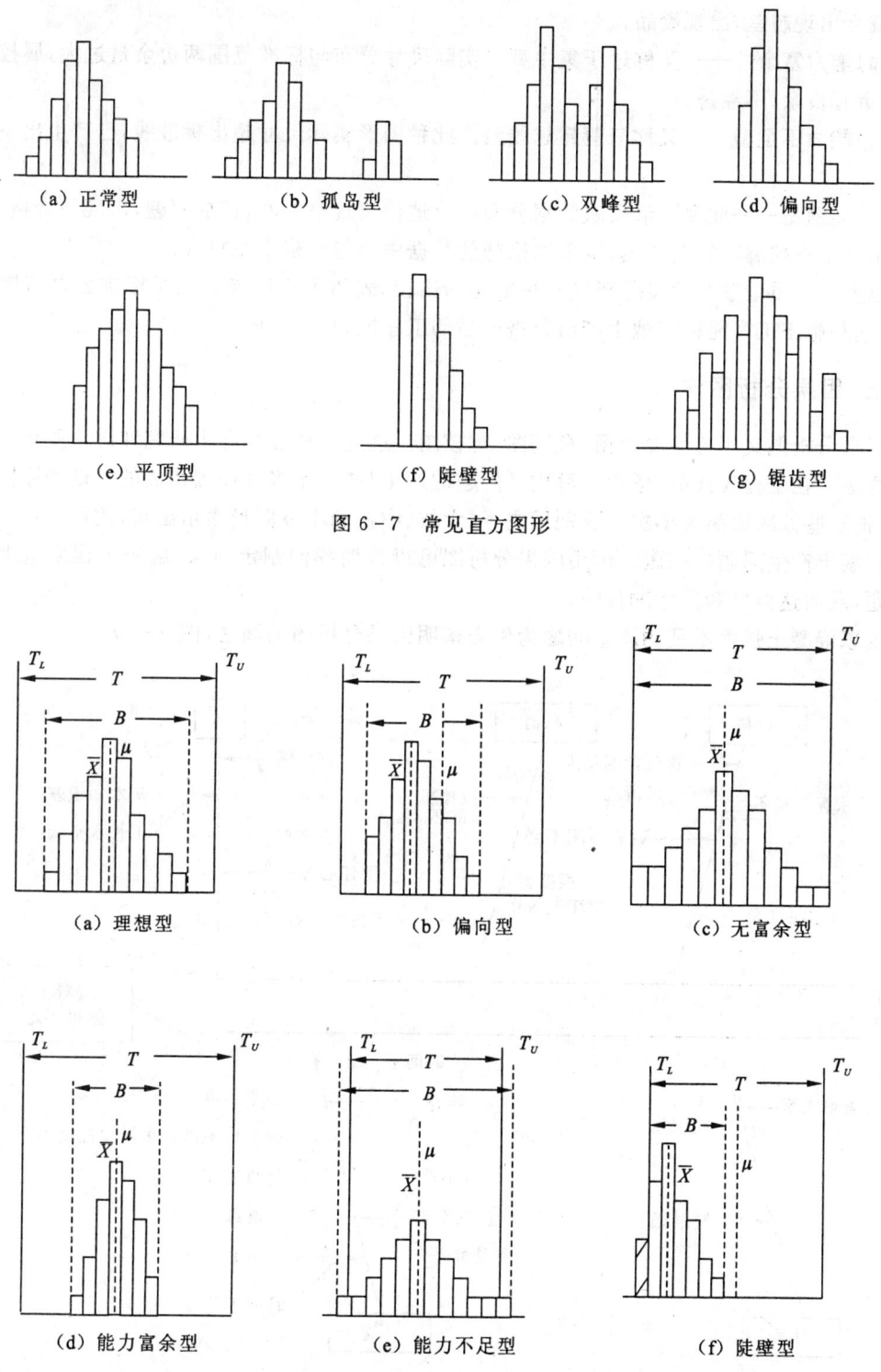

图 6-7 常见直方图形

图 6-8 与标准对照的直方图

(3)双侧压线型——又称无富余型。分布虽然落在规格范围之内,但两侧均无余地,稍有波动就会出现超差,出现废品。

(4)能力富余性——又称过于集中型。实际尺寸分布与标准范围两边余量过大,属控制过严,质量有富余,不经济。

(5)能力不足型——又称双侧超越线型。此种图形实际尺寸超出标准线,已产生出不合格品。

(6)陡壁型——此种图形反映数据分布过分地偏离规格中心,造成超差,出现不合格产品。这是由于工序控制不好造成的,应采取措施使数据中心与规格中心重合。

以上产生质量散布的实际范围与标准范围比较,表明了工序能力满足标准公差范围的程度,也就是施工工序能稳定地生产出合格产品的工序能力。

五、因果分析图法

因果分析图又叫特性要因图、鱼刺图、树枝图。这是一种逐步深入研究和讨论质量问题的图示方法。在工程实践中,任何一种质量问题的产生,往往是多种原因造成的。这些原因有大有小,把这些原因依照大小次序分别用主干、大枝、中枝和小枝图形表示出来,便可一目了然地系统观察出产生问题的原因。运用因果分析图可以帮助我们制定对策,解决工程质量上存在的问题,从而达到控制质量的目的。

现以混凝土强度不足的质量问题为例来阐明因果分析图的画法(图6-9)。

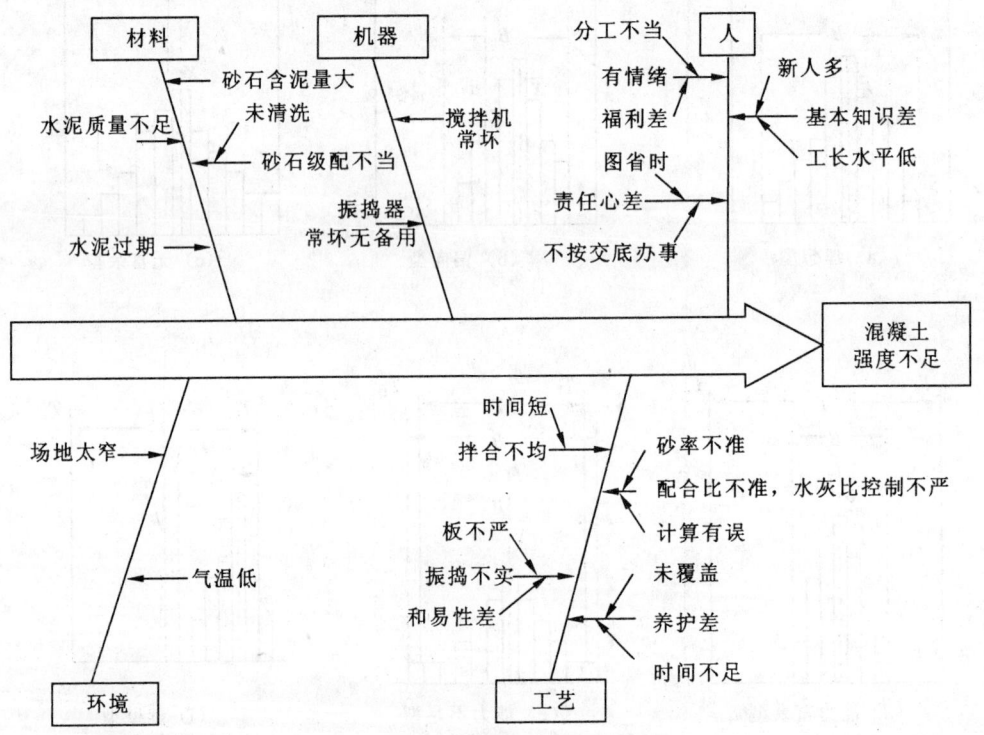

图6-9 混凝土强度不足因果分析图

(1)决定特性。特性就是需要解决的质量问题,放在主干箭头的前面。
(2)确定影响质量特性的大枝。影响工程质量的因素主要是人、材料、工艺、设备和环境五方面。
(3)进一步画出中、小细枝,即找出中、小原因。
(4)发扬民主,反复讨论,补充遗漏的因素。
(5)针对影响质量的因素,有的放矢地制定对策,并落实到解决问题的人和时间,通过对策计划表的形式列出(表6-4),限期改正。

表6-4 对策计划表

项目	序号	问题存在原因	采取措施	负责人	期限
人	1	基本知识差	①对新工人进行教育;②做好技术交底工作;③学习操作规程及质量标准		
	2	责任心不强,工人干活有情绪	①加强组织工作,明确分工;②建立工作岗位责任制,采用挂牌制;③关心职工生活		
工艺	3	配合比不准	实验室重新试配		
	4	水灰比控制不严	修理水箱、计量器		
材料	5	水泥量不足	对水泥计量进行检查		
	6	砂石含泥量大	组织人员清洗过筛		
设备	7	振捣器、搅拌机常坏	增加设备,及时修理		
	8	场地乱	清理现场		
环境	9	气温低	准备草袋覆盖、保温		

六、调查分析法

调查分析法又称调查表法,是利用表格进行数据收集和统计的一种方法。表格形式根据需要自行设计,以便于统计、分析。

表6-5为工序质量特性分布统计分析表。该表是为掌握某工序产品质量分布情况而使用的,可以直接把测出的每个质量特性值填在预先制好的频数分布空白表格上,每测出一个数据就在相应值栏内划一记号组成"正"字,记测完毕,频数分布也就统计出来了。此法较简单,但填写统计分析表时若出现差错,事后无法发现,因此,一般都先记录数据,然后再用直方图法进行统计分析。

表 6-5 某桩基工程桩位偏移统计分析表

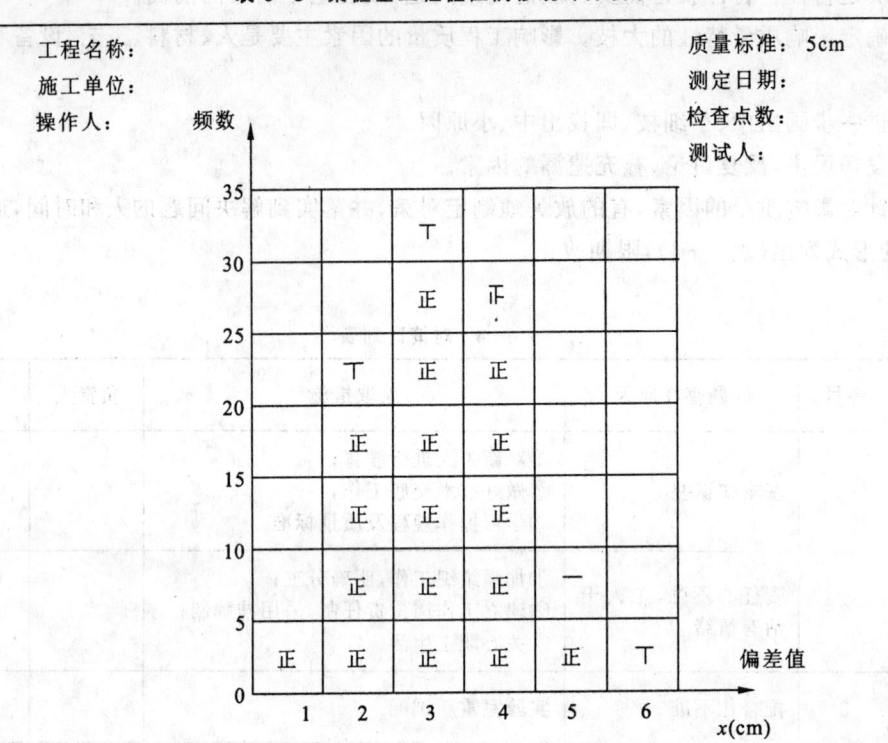

七、分层法

分层法又称分类法,或分组法,就是将收集到的质量数据,按统计分析的需要,进行分类整理,使之系统化,以便于找到产生质量问题的原因,采取措施,加以预防。

分层方法多种多样,可按班次、日期分类;按操作者(男、女、新老工人)或其工龄、技术等级分类;按施工方法分类;按设备型号、生产组织分类;按草料成分、规格、供料单位及时间等分类。

现以钢筋焊接质量的调查数据为例,采用分层法进行统计分析如下:

调查钢筋焊接点 50 个,其中不合格的有 19 个,不合格率为 19/50＝38%,为了查清焊接不合格的原因,需要分层收集数据。现查明,该批钢筋由三个焊接工操作,并采用两种不同的焊接条,因此分别按操作者分层(表 6-6)和按供应焊条的工厂分层(表 6-7)进行分析。

表 6-6 按操作者分层

操作者	不合格	合格	不合格率(%)
A	6	13	32
B	3	9	35
C	10	9	53
合计	19	31	38

表 6-7　按供应焊条工厂分层

工厂	不合格	合格	不合格率(%)
甲	9	14	39
乙	10	17	37
合计	19	31	38

从表中可以看出,操作工人 A 的质量较好,用乙工厂的焊条质量较好。

若进一步分析,可得出综合分层表(表 6-8)。综合分层结论是:用甲厂的焊条,采取工人 B 的操作方法较好;用乙厂的焊条,应采用 A 的操作方法。这样,可使钢筋焊接质量提高。

表 6-8　综合分层分析焊接质量

操作者		甲厂	乙厂	合计
A	不合格	6	0	6
	合格	2	11	13
B	不合格	0	3	3
	合格	5	4	9
C	不合格	3	7	10
	合格	7	2	9
合计	不合格	9	10	19
	合格	14	17	31

第七章 施工项目成本管理

第一节 基本概念

一、商品价值、成本和价格的关系

根据马克思的政治经济学原理可知,商品价值(W)的组成可用下式表述:

$$W = C + V + M$$

式中:C——商品中物化劳动的价值;

V——劳动者为自己劳动的价值;

M——劳动者为社会创造的价值;

$(C+V)$——生产成本。

则商品的价格＝生产成本＋盈利和税收

由此可见,上列公式表明了商品价值、成本和价格之间的关系。成本是商品价值的重要组成部分,它是商品中的物化劳动价值和必要的活劳动价值所构成。商品价格则是其价值的货币表现。

商品价值、成本和价格之间的关系还可用图 7-1 来表示。

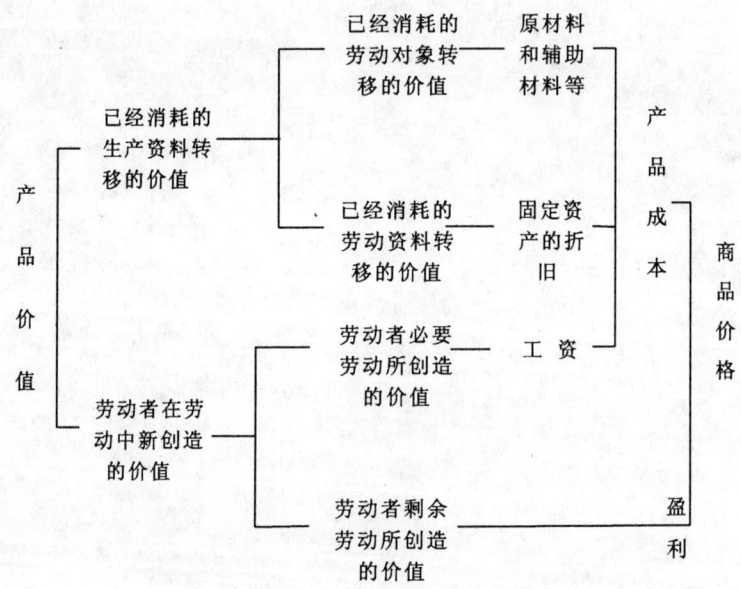

图 7-1 商品价值、成本和价格之间的关系图

二、成本的作用

成本的作用有以下三个方面。

1. 成本是补偿生产消耗的尺度

成本作为一个经济范畴,是确认资源消耗和补偿水平的依据。为了保证再生产的不断进行,这些资源消耗必须得到补偿,也就是说,把生产中所消耗的固定资金、材料资金和货币资金必须计入产品的成本。因此,成本客观地表现了生产消耗价值补偿的尺度。企业只有使收益大于成本才能有盈利,而企业盈利则是保证满足整个社会需要和扩大再生产的主要源泉。

2. 成本是制定价格的重要依据

商品生产过程,既是活劳动和物质的消耗过程,又是使用价值和价值的形成过程。从全社会来说,在产品价值目前还难以直接精确计算的情况下,成本为产品制定价格提供了近似的依据,使产品价格基本上接近于产品价值。

企业生产的产品,只有通过制定合理的价格,根据等价交换的原理,使产品销售后,成本得到补偿并取得盈利。

3. 成本是企业进行经营决策、实行经济核算的工具

企业在生产经营过程中,对一些重大问题的决策,都要进行技术经济分析,方案的经济效果则是技术经济分析的重点,而产品成本是考察和分析决策方案的经济效果的重要指标。例如,建筑施工企业在项目施工中欲采用某项新工艺,该工艺当然需要投入一定的成本。因此,只有当该工艺实施后所取得的收入大于所投入的成本,这一价值指标大于1,才是可行的。

企业的产品成本在很大程度上反映着企业各个方面活动的经济效果。劳动生产率的高低、材料物资消耗的多少、设备利用的好坏、资金周转的快慢等,都能够在成本上反映出来,因此,成本是经济核算的基本内容。没有客观的成本指标,就没有起码的经济核算。

企业可以利用产品成本这一综合性指标,有计划地、正确地进行计算并反映和监督产品的生产费用,使生产消耗降低到最低限度,以取得最好的经济效果。同时可以利用成本指标分层次分解为各种消耗定额,据以编制成本计划,控制日常消耗,定期分析、考核,促使企业不断降低消耗,增加盈利。

三、施工项目成本

施工项目成本是指建筑施工企业以施工项目作为成本核算对象的施工过程中所耗费的生产资料转移价值和劳动者的必要劳动所创造的价值的货币形式。亦即,某施工项目在施工中所发生的全部生产费用的总和,包括所消耗的主、辅材料,构配件,周转材料的摊销费或租赁费,施工机械的台班费或租赁费,支付给生产工人的工资、奖金以及项目经理部(或分公司、工程处)一级为组织和管理工程施工所发生的全部费用支出。施工项目成本不包括劳动者为社会所创造的价值(如税金和计划利润),也不应包括不构成施工项目价值的一切非生产支出。

施工项目成本是施工企业的主要产品成本,亦称工程成本,一般以项目的单位工程作为成本核算对象,通过各单位工程成本核算的综合来反映施工项目成本。

在施工项目管理中,最终是要使项目达到质量高、工期短、消耗低、安全好等目标,而成本

是这四项目标经济效果的综合反映。因此,施工项目成本是施工项目管理的核心。

研究施工项目成本,既要看到施工生产中的消耗形成的成本,又要重视成本的补偿,这才是对施工项目成本的完整理解。施工项目成本是否准确客观,对企业财务成果和投资者的效益影响很大。成本多算,则利润少计,可分配利润就会减少;反之,成本少算,则利润多计,可分配的利润就会虚增而实亏。因此要正确计算施工项目成本,就要进一步改革成本核算制度。为了适应社会主义市场经济发展要求,按"企业财务通则",结合施工企业特点,财政部和中国人民建设银行于1993年1月11日印发了《施工、房地产开发企业财务制度》,按制造成本法对施工项目成本的组成,作了新的规定,这是一项重大的改革举措,必将有助于施工企业进一步深化改革。

为了明确认识和掌握成本的特性,搞好成本管理,根据管理的要求,可从不同的角度进行考察,将成本划分为不同的成本形式。

1. 按成本控制需要,从成本发生时间来划分

根据成本管理要求,施工项目成本可分为预算成本、计划成本和实际成本。

(1)预算成本。工程预算成本是反映各地区建筑业的平均成本水平。它根据施工图由全国统一的工程量计算规划计算出来的工程量,全国统一的建筑、安装工程基础定额和各地区的市场劳务价格、材料价格信息及价差系数,并按有关取费的指导性费率进行计算。

全国统一的建筑、安装工程基础定额是为了适应市场竞争、增大企业的个别成本报价,按以量价分离以及将工程实体消耗量和周转性材料、机具等施工手段相分离的原则来制定的,作为编制全国统一、专业统一和地区统一概算的依据,也可作为企业编制投标报价的参考。

市场劳动价格和材料价格信息及差价系数和施工机械台班费由各地区建筑工程造价管理部门按月(或按季度)发布,进行动态调整。

有关取费费率由各地区、各部门按不同的工程类型、规模大小、技术难易、施工场地情况、工期长短、企业资质等级等条件分别制定具有上下限幅度的指导性费率。

预算成本是确定工程造价的基础,也是编制计划成本的依据和评价实际成本的依据。

(2)计划成本。施工项目计划成本是指施工项目经理部根据计划期有关资料(如工程的具体条件和施工企业为实施该项目的各项技术组织措施),在实际成本发生前预先计算的成本。亦即施工企业考虑降低成本措施后的成本计划数,反映了企业在计划期内应达到的成本水平。它对于加强施工企业和项目经理部的经济核算,建立和健全施工项目成本管理责任制,控制施工过程中生产费用,降低施工项目成本具有十分重要的作用。

(3)实际成本。实际成本是施工项目在报告期内实际发生的各项生产费用的总和。将实际成本与计划成本进行比较,可以揭示成本的节约和超支,考核企业施工技术水平及技术组织措施的贯彻执行情况和企业的经营效果。实际成本与预算成本的比较,可以反映工程盈亏情况。因此,计划成本和实际成本都是反映施工企业成本水平的,它受企业本身的生产技术、施工条件及生产经营管理水平所制约。

以上三种成本的关系可用图7-2来说明。

2. 按生产费用计入成本的方法来划分

按生产费用计入成本的方法,工程成本可划分为直接成本和间接成本两种形式。

(1)直接成本。直接成本是指直接耗用于并能直接计入工程对象的费用。

(2)间接成本。间接成本是指非直接用于也无法直接计入工程对象,但为进行工程施工所必须发生的费用,通常是按照直接成本的比例来计算。

按上述分类方法,就能正确反映工程成本的构成,考核各项生产费用的使用是否合理,便于找出降低成本的途径。

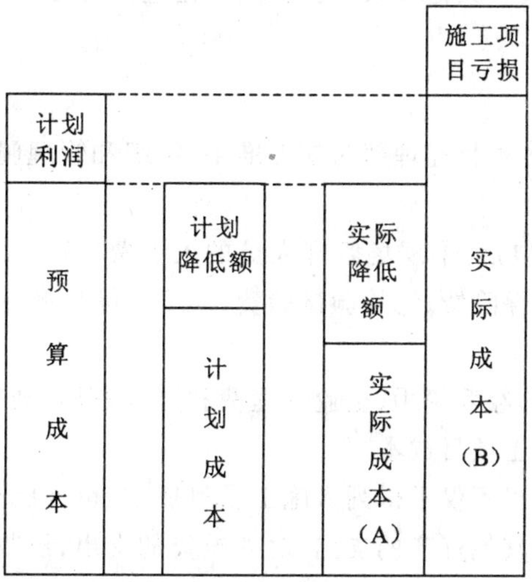

图 7-2 三种成本的关系图

3. 按生产费用与工程量关系来划分

按生产费用与工程量关系,可将工程成本划分为固定成本和变动成本。

(1)固定成本。固定成本是指在一定期间和一定的工程量范围内,其发生的成本额不受工程量增减变动的影响而相对固定的成本,如折旧费、大修理费、管理人员工资、办公费、照明费等,这一成本是为了保持企业一定的生产经营条件而发生的。一般来说,对于企业的固定成本每年基本相同,但是,当工程量超过一定范围则需要增添机械设备和管理人员,此时固定成本将会发生变动。此外,所谓固定,指其总额而言,关于分配到每个单位工程量上的固定费用则是变动的。

(2)变动成本。变动成本是指发生总额随着工程量的增减变动而成比例变动的费用,如直接用于工程的材料费、实行计划工资制的人工费等。所谓变动,也是就其总额而言,对于单位分项工程上的变动费用往往是不变的。

将施工过程中发生的全部费用划分为固定成本和变动成本,对于成本管理和成本决策具有重要作用,它是成本控制的前提条件。由于固定成本是维持生产能力所必需的费用,要降低单位工程量的固定费用,只有通过提高劳动生产率,增加企业总工程量数额并降低固定成本的绝对值入手,降低变动成本只能是从降低单位分项工程的消耗额入手。

四、施工项目成本的构成

施工企业在工程项目施工中为提供劳务、作业等过程中发生的各项费用支出,按照国家规定计入成本费用。

按成本的经济性质和国家财政部、中国人民银行颁发的《施工、房地产开发企业财务制度》（[1993]财预字第6号）的规定，施工企业工程成本由直接成本和间接成本组成。

1. 直接成本

直接成本是指施工过程中直接耗费的构成工程实体或有助于工程形成的各项支出，包括人工费、材料费、机械使用费和其他直接费。所谓其他直接费是指直接费以外施工过程中发生的其他费用。

2. 间接成本

间接成本是指企业的各项目经理部为施工准备、组织和管理施工生产所发生的全部施工间接费支出。

施工项目间接成本应包括：①现场管理人员的人工费（基本工资、工资性补贴、职工福利费）；②工具用具使用费；③保险费；④检验试验费；⑤工程保修费；⑥工程排污费以及其他费用等。

对于施工企业所发生的经营费用、企业管理费和财务费用，则按规定计入当期损益，亦即计为期间成本，不得计入施工项目成本。

应该指出，企业下列支出不仅不得列入施工项目成本，也不能列入企业成本，如为购置和建造固定资产、无形资产和其他资产的支出；对外投资的支出；没收的财物；支付的滞纳金、罚款、违约金、赔偿金；企业赞助、捐赠支出；国家法律、法规规定以外的各种付费和国家规定不得列入成本费用的其他支出。

五、施工项目成本管理系统的组成

施工项目成本管理是建筑施工企业项目管理系统中的一个子系统，这一系统的具体工作内容包括：成本预测、成本计划、成本控制、成本核算、成本分析和成本考核等。施工项目经理部在项目施工过程中，对所发生的各种成本信息，通过有组织、有系统地进行预测、计划、控制、核算和分析等一系列工作，促使施工项目系统内各种要素，按照一定的目标运行，使施工项目的实际成本能够控制在预定的计划成本范围内。

1. 施工项目成本预测

施工项目成本预测是通过成本信息和施工项目的具体情况，并运用一定的专门方法，对未来的成本水平及其可能发展趋势作出科学的估计，其实质就是工程项目在施工以前对成本进行核算。通过成本预测，可以使项目经理部在满足业主和企业要求的前提下，选择成本低、效益好的最佳成本方案，并能够在施工项目成本形成过程中，针对薄弱环节，加强成本控制，克服盲目性，提高预见性。因此，施工项目成本预测是施工项目成本决策与计划的依据。

2. 施工项目成本计划

施工项目计划是项目经理部对项目施工成本进行计划管理的工具。它是以货币形式编制施工项目在计划期内的生产费用、成本水平、成本降低率以及为降低成本所采取的主要措施和规划的书面方案，它是建立施工项目成本管理责任制、开展成本控制和核算的基础。一般来说，一个施工项目成本计划应包括从开工到竣工所必需的施工成本，它是该施工项目降低成本的指导性文件，是设立目标成本的依据。可以说，成本计划是目标成本的一种形式。

3. 施工项目成本控制

施工项目成本控制是指项目在施工过程中,对影响施工项目成本的各种因素加强管理,并采取各种有效措施,将施工中实际发生的各种消耗和支出严格控制在成本计划范围内,随时揭示并及时反馈,严格审查各项费用是否符合标准、计算实际成本和计划成本之间的差异并进行分析,消除施工中的损失浪费现象,发现和总结先进经验。通过成本控制,使之最终实现甚至超过预期的成本目标。

施工项目成本控制应贯穿在施工项目从招投标阶段开始直到项目竣工验收的全过程,它是企业全面成本管理的重要环节。因此,必须明确各级管理组织和各级人员的责任和权限,这是成本控制的基础之一,必须给予足够的重视。

4. 施工项目成本核算

施工项目成本核算是指项目施工过程中所发生的各种费用和形成施工项目成本的核算。它包括两个基本环节:一是按照规定的成本开支范围对施工费用进行归集,计算出施工费用的实际发生额;二是根据成本核算对象,采用适当的方法,计算出该施工项目的总成本和单位成本。施工项目成本核算所提供的各种成本信息,是成本预测、成本计划、成本控制、成本分析和成本考核等各个环节的依据。因此,加强施工项目成本核算工作,对降低施工项目成本、提高企业的经济效益具有积极的作用。

5. 施工项目成本分析

施工项目成本分析是指在成本形成过程中,对施工项目成本进行的对比评价和剖析总结工作,它贯穿施工项目成本管理的全过程,也就是说,施工项目成本分析主要利用施工项目的成本核算资料(成本信息),与目标成本(计划成本)、预算成本以及类似的施工项目的实际成本等进行比较,了解成本的变动情况,同时也要分析主要技术经济指标对成本的影响,系统地研究成本变动的因素,检查成本计划的合理性,并通过成本分析,深入揭示成本变动规律,寻找降低施工项目成本的途径,以便有效地进行成本控制,减少施工中的浪费,促使企业和项目经理部遵守成本开支范围和财务纪律,更好地调动广大职工的积极性,加强施工项目的全员成本管理。

6. 施工项目成本考核

所谓成本考核,就是施工项目完成后,对施工项目成本形成中的各责任者,按施工项目成本目标责任制的有关规定,将成本的实际指标与计划、定额、预算进行对比和考核,评定施工项目成本计划的完成情况和各责任者的业绩,并以此给以相应的奖励和处罚。通过成本考核,做到有奖有惩,赏罚分明,才能有效地调动企业每一个职工在各自的施工岗位上努力完成目标成本的积极性,为降低施工项目成本和增加企业的积累,做出自己的贡献。

综上所述,施工项目成本管理系统中每一个环节都是相互联系和相互作用的。成本预测是成本决策的前提,成本计划是成本决策所确定目标的具体化。成本控制则是对成本计划的事实进行监督,保证决策的成本目标实现,而成本核算又是成本计划是否实现的最后检验,它所提供的成本信息又对下一个施工项目成本预测和决策提供了基础资料。成本考核是实现成本目标责任制的保证和实现决策的目标的重要手段。

本章只对施工项目的成本预测、计划和控制作一介绍。

第二节 施工项目成本预测

一、定性预测方法

定性预测方法主要有：经验判断法[包括经验评判法、专家会议法和专家调查法（特尔菲法）]；主观概率法；调查访问法等。

(一)专家会议法

1. 概念

专家会议法又称为集合意见法，是将有关人员集中起来，针对预测的对象，交换意见，预测工程成本。参加会议的人员一般是具有丰富经验，熟悉经营和管理，并有一定专长的各方面专家。这个方法可以避免依靠个人的经验进行预测而产生的片面性。例如，对材料价格市场行情预测，可请材料设备采购人员、计划人员、经营人员等；对工料消耗分析，可请技术人员、施工管理人员、材料管理人员、劳资人员等；估计工程成本，可请预算人员、经营人员、施工管理人员等。

使用该方法，预测值经常出现较大的差异。在这种情况下，一般可采用预测值的平均值或加权平均值作为预测结果。

2. 案例

[例7-1] B基础公司承建位于某市的商住楼的打桩工程的施工（以下简称H工程），灌注混凝土工程是 10 000m³，工期是 2002 年 1 月至 2003 年 2 月。公司在施工之前将进行H工程的成本预测工作。试采用专家会议法预测成本。

解：该公司召开由本公司的 9 位专业人员参加的预测会议，预测 H 工程的成本。各位专家的意见分别为：485、500、512、475、480、495、493、510、506（单位：元/m³）。由于结果相差较大，经反复讨论，意见集中在 480（3 人）、495（3 人）、510（3 人），采用上述的方法确定预测成本（Y）为

$$Y = \frac{480 \times 3 + 495 \times 3 + 510 \times 3}{9} = 495(元/m^3)$$

(二)主观概率法

1. 概念和方法

主观概率法是专家会议法的一种改进方法，即允许专家在预测时可以提出几个估计值，并评定各值出现的可能性（概率）；然后，计算各个专家预测值的期望值；最后，对所有专家预测期望值求平均值，即为预测结果。

计算公式如下：

$$E_i = \sum_{j=1}^{m} F_{ij} \cdot P_{ij} \tag{7-1}$$

$$E = \sum_{i=1}^{m} E_i / n \tag{7-2}$$

$$(i=1,2,\cdots,m;j=1,2,\cdots,n)$$

式中：F_{ij}——第 i 个专家作出的第 j 个估计值；

P_{ij}——第 i 个专家对其第 j 个估计值评定的主观概率，$\sum_{j=1}^{m}P_{ij}=1$

E_i——第 i 个专家的预测值的期望值；

E——预测结果，即所有专家预测期望值的平均值；

n——专家数；

m——允许每个专家作出的估计值的个数。

2. 案例

[例 7-2] 在例 7-1 中，进一步要求专家对三值评定主观概率，然后再按主观概率法预测成本。

解：计算过程和结果见表 7-1。

采用主观概率法预测的单位平方成本为：

$$E=\frac{506.25+507+504+498.75+493.5+493.5+482.25+486+486.75}{9}$$
$$=495.33(元/m^3)$$

表 7-1 采用主观概率法预测成本

估计值 概率 专家	最高值 ($A=510$) (a)	最可能值 ($B=495$) (b)	最低值 ($C=480$) (c)	合计 $(d)=(a)+(b)+(c)$	期望值 $(e)=A\times(a)+B\times(b)+C\times(c)$
1	0.80	0.15	0.05	1	506.25
2	0.85	0.10	0.05	1	507.00
3	0.70	0.20	0.10	1	504.00
4	0.25	0.75	0.00	1	498.75
5	0.05	0.80	0.15	1	493.50
6	0.10	0.70	0.20	1	493.50
7	0.05	0.05	0.90	1	482.25
8	0.10	0.20	0.70	1	486.00
9	0.15	0.15	0.70	1	486.75

二、定量预测法

定量预测也称统计预测，它是根据已掌握的比较完备的历史统计数据，运用一定的数学方法进行科学的加工整理，借以揭示有关变量之间的规律性联系，用于预测和推测未来发展变化情况的一类预测方法。

定量预测基本上可以分为两类：一类是时间序列预测法，它是以一个指标本身的历史数据的变化趋势，去寻找市场的演变规律，作为预测的依据，即把未来作为过去历史的延伸；另一种是回归预测法，它是从一个指标的历史和现实变化的相互关系中，探索它们之间的规律性联系，作为预测未来的依据。

定量预测的优点是：偏重于数量方面的分析，重视预测对象的变化程度，能作出变化程度在数量上的准确描述；它主要把历史统计数据和客观实际资料作为预测的依据，运用数学方法进行处理分析，受主观因素的影响较少；它可以利用现代化的计算方法，来进行大量的计算工作和数据处理，求出适应工程进展的最佳数据曲线。缺点是比较机械，不易灵活掌握，对信息资料质量要求较高。

进行定量预测通常需要积累和掌握历史统计数据。如果把某种统计指标的数值，按时间先后顺序排列起来，以便于研究其发展变化的水平和速度，也叫动态数列。这种预测，就是对时间序列进行加工整理和分析，利用数列所反映出来的客观变动过程、发展趋势和发展速度，进行外推和延伸，借以预测今后可能达到的水平。

时间序列中每一时期的数值，都是由很多不同因素同时发生作用后的综合反映。总的说来，这些因素可分为三大类：

第一，长期趋势。这是时间序列变量在较长时间内的总动态，即在长时间内连续不断地增长或下降的变动势态。它反映预测对象在长时期内的变动总趋势，这种变动趋势，可能表现为向上发展，如劳动生产率提高，也可能表现为向下发展，如物料消耗的降低，也可能表现为向上发展转为向下发展，如物价变化。长期趋势往往是施工项目成本在数量上的反映，因此，它是进行分析和预测的重点。

第二，季节变动。这是指一再发生于每年的特定时期内的周期波动。即这种变动上次出现以后，每隔一年又再次出现。所以，简单地说，每年重复出现的循环变动，就叫做季节变动。季节性施工变动是季节性规律作用于施工活动的结果。如自然气候的影响，雨季施工和冬季施工等。

第三，不规则变动，又称随机变动。其变化无规则可循。这种变动都是由偶然事件引起的，如自然灾害、政治运动、政策改变等影响经济活动的变动。不规则变动幅度往往较大，而且无法预测。

定量预测方法主要有：平均发展速度预测法、移动平均法、指数平滑法、线性趋势预测法、回归预测法等。这里主要介绍应用较广的移动平均法、指数平滑法和回归预测法。

(一)移动平均法

移动平均法又可分为：简单移动平均法、加权移动平均法、趋势修正移动平均法和二次移动平均法。这里主要介绍简单移动平均法。

1. 方法

简单移动平均法,又叫一次移动平均法,是在算术平均数的基础上,通过逐项分段移动,求得下一期的预测值。其基本公式是

$$M_t = \frac{Y_{t-1} + Y_{t-2} + \cdots + Y_{t-N}}{N} \tag{7-3}$$

式中:M_t——一次移动平均值,即代表第 t 期的预测值;

Y_t——各期($t, t-1, t-2, \cdots$)的实际数值;

N——移动平均时的分段数据的项数。

上式可改写成

$$M_t = M_{t-1} + \frac{Y_{t-1} + Y_{t-(N+1)}}{N} \tag{7-4}$$

此公式说明,在计算移动平均数时,只要在前一期移动平均数的基础上,加上一个修正项 $(Y_{t-1} - Y_{t-(N+1)})/N$,就可以求得所需要的移动平均数。

2. 案例

[例 7-3] 例 7-1 中,B 公司利用移动平均法预测 H 工程的劳动生产率的提高。

解:取 $N=3$,计算过程和结果见表 7-2(各年度的劳动生产率实际增长率为已知历史资料)。

表 7-2 利用移动平均法预测劳动生产率

年份	年次	各年度劳动生产率 实际增长率(Y)	简单移动平均值($N=3$) [用(7-3)式或(7-4)式计算]
1996	1	0	
1997	2	2.2%	
1998	3	3.5%	
1999	4	5.0%	1.9%
2000	5	4.0%	3.6%
2001	6	4.7%	4.2%
2002	7	5.4%	4.6%
2003	8		4.7%

3. N 值的选择

移动平均法的分段数据的项数(N)的选择是一个关键问题。如果 N 取得大,移动平均值对数列起伏变动的敏感性差,反映新水平的时间长,随着 N 值的增加,趋势线逐渐平稳,但其滞后现象也同时愈益显著,容易滞后于可能的发展趋势。如 N 值取得小,其灵敏度高,反映新水平的时间短,对于随机因素反映敏感,容易造成错觉,导致预测失误。

因此,在确定 N 时,要从以下几个方面考虑:

(1)处理的数据数次的多少。如数据项数多,N 可取得大些。

(2)对新数据适应程度的要求。N取得小,对新数据反映灵敏,但反映过快,容易把意外情况错当为趋势;若反映过慢,又缺乏适应性。

(3)考查时间序列的变动是否有明显的周期性波动。如有,应以其周期作为N,可消除周期性波动,使移动平均序列反映长期趋势。

(4)凭长期积累的经验,决定N值大小。

4. 简单移动平均法的缺点

(1)会出现滞后偏差。如果近期内情况发展变化较快,利用移动平均法预测要通过较长时间才能反映出来,存在着滞后偏差。

(2)一次移动平均法对分段内部的各数据同等对待,没有考虑时间先后对预测值的影响。实际上各个不同时期的数据对预测值的影响是不一样的。越是接近预测期的数值,对预测值的影响就越大。

为了弥补这两个缺点,可利用加权移动平均法、趋势修正移动平均法和二次移动平均法。

(二)指数平滑法

指数平滑法,也叫指数修正法,是一种简便易行的时间序列预测方法。它是在移动平均法基础上发展起来的一种预测方法,是移动平均法的改进形式。使用移动平均法有两个明显的缺点:一是它需要有大量的历史观察值的储备;二是要用时间序列中近期观察值的加权方法来解决,因为最近的观察中包含着最多的未来情况的信息,所以必须相对地比前期观察值赋予更大的权数。即对最近期的观察值应给予最大的权数,而对较远的观察值就给予递减的权数。指数平滑法就是既可以满足这样一种加权法,又不需要大量历史观察值的一种新的移动平均预测法。

指数平滑法又分为:一次指数平滑法、二次指数平滑法和三次指数平滑法。这里主要介绍一次指数平滑法。

1. 一次指数平滑法的基本公式

一次指数平滑法的基本公式是

$$S_t = \alpha Y_t + (1-\alpha) S_{t-N} \tag{7-5}$$

式中:S_t——第t期的一次指数平滑值,也就是第$t+1$期的预测值;

Y_t——第t期的实际观察值;

S_{t-N}——第$t-1$期的一次指数平滑值,也就是第t期的预测值;

α——加权系数,$0 \leqslant \alpha \leqslant 1$。

2. α值的选取

从(7-5)式可见,加权系数α取值的大小直接影响平滑值的计算结果。α越大,其对应的观察值Y_t在S_t中所占的比重越高,所起的作用也越大。在实际应用中,选取α值,应经过反复试算而确定。

3. 案例

[例7-4] 在例7-1中,B公司利用指数平滑法预测劳动力工资上涨。

解:取$N=3$,$\alpha=0.9$,计算过程和结果见表7-3。

表 7-3 利用指数平滑法预测工资上涨

年份	年次	各年度劳动工资实际增长率(Y)	指数平滑值 ($N=3, \alpha=0.9$)[用(7-5)式计算]
1996	1	2%	S_0 取 0%
1997	2	3%	1.8%
1998	3	6%	2.9%
1999	4	10%	5.7%
2000	5	15%	9.6%
2001	6	18%	14.5%
2002	7	22%	17.7%
2003	8		21.5%

第三节 施工项目成本计划

施工项目的成本计划工作,是一项非常重要的工作,不应仅仅把它看作是几张计划表的编制,更重要的是项目成本管理的决策过程,即选定技术上可行、经济上合理的最优降低成本方案。同时,通过成本计划把目标成本层层分解,落实到施工过程的每个环节,以调动全体职工的积极性,有效地进行成本控制。编制成本计划的程序,因项目的规模大小、管理要求不同而不同,大中型项目一般采用分级编制的方式,即先由各部门提出部门成本计划,再由项目经理部汇总编制全项目工程的成本计划;小型项目一般采用集中编制方式,即由项目经理部先编制各部门成本计划,再汇总编制全项目的成本计划。无论采用哪种方式,其编制的基本程序如下。

一、搜集和整理资料

广泛搜集资料并进行归纳整理是编制成本计划的必要步骤,所需搜集的资料也即是编制成本计划的依据。这些资料主要包括:

(1)国家和上级部门有关编制成本计划的规定;
(2)项目经理部与企业签订的承包合同及企业下达的成本降低额、降低率和其他有关技术经济指标;
(3)有关成本预测、决策的资料;
(4)施工项目的施工图预算、施工预算;
(5)施工组织设计;
(6)施工项目使用的机械设备生产能力及其利用情况;
(7)施工项目的材料消耗、物资供应、劳动工资及劳动效率等计划资料;
(8)计划期内的物资消耗定额、劳动工时定额、费用定额等资料;
(9)以往同类项目成本计划的实际执行情况及有关技术经济指标完成情况的分析资料;

(10)同行业同类项目的成本、定额、技术经济指标资料及增产节约的经验和有效措施;
(11)本企业的历史先进水平和当时的先进经验及采取的措施;
(12)国外同类项目的先进成本水平情况等资料。

此外,还应深入分析当前情况和未来的发展趋势,了解影响成本升降的各种有利和不利因素,研究如何克服不利因素和降低成本的具体措施,为编制成本计划提供丰富具体和可靠的成本资料。

二、估算计划成本,即确定目标成本

财务部门在掌握了丰富的资料,并加以整理分析,特别是在对基期成本计划完成情况进行分析的基础上,根据有关的设计、施工等计划,按照工程项目应投入的物资、材料、劳动力、机械、能源及各种设施等,结合计划期内各种因素的变化和准备采取的各种增产节约措施,进行反复测算、修订、平衡后,估算生产费用支出的总水平,进而提出全项目的成本计划控制指标,最终确定目标成本。确定目标成本以及把总的目标成本分解落实到各相关部门、班组,大多采用工作分解法。

工作分解法又称工程分解结构,在国外被简称 WBS(Work Breakdown Structure),它的特点是以施工图设计为基础,以本企业做出的项目施工组织设计及技术方案为依据,以实际价格和计划的物资、材料、人工、机械等消耗量为基准,估算工程项目的实际成本费用,据以确定成本目标。具体步骤是:首先把整个工程项目逐级分解为内容单一、便于进行单位工料成本估算的小项或工序,然后按小项自下而上估算、汇总,从而得到整个工程项目的估算。估算汇总后还要考虑风险系数与物价指数,对估算结果加以修正。WBS 的结构形式为:

1.0 总工作
  1.1 分工作 A
    1.1.1 主任务 Ⅰ
      1.1.1.1 子任务 a
      1.1.1.2 子任务 b
      1.1.1.3 子任务 c
    1.1.2 主任务 Ⅱ
      1.1.2.1 子任务 a
      1.1.2.2 子任务 b
      ....
  1.2 分工作 B
    1.2.1 主任务
      1.2.1.1 子任务 a
      1.2.1.2 子任务 b
      ....
    1.2.2 主任务
      1.2.2.1 子任务 a
      1.2.2.2 子任务 b
      ....

演绎成目标成本分解图,见图7-3。

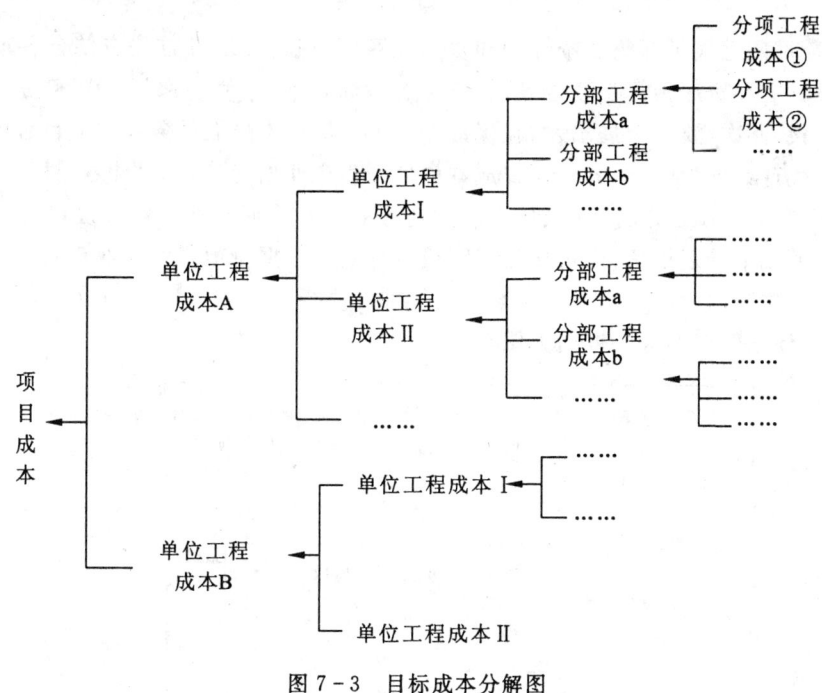

图7-3 目标成本分解图

利用上述WBS系统在进行成本估算时,工作划分得越细、越具体,价格的确定和工程量估计越容易,工作分解自上而下逐级展开,成本估算自下而上,将各级成本估算逐级累加,便得到整个工程项目的成本估算。在此基础上分级分类计算的工程项目的成本,既是投标报价的基础,又是成本控制的依据,也是和甲方工程项目预算作比较和进行盈利水平估计的基础。成本估算的公式如下:

估算成本＝可确认单位的数量×历史基础成本×现在市场因素系数
×将来物价上涨系数

式中:"可确认单位的数量"——指钢材吨数,木材的立方米数,人工的工时数等;
"历史基础成本"——指基准年的单位成本;
"现在市场因素系数"——指基准年到现在的物价上涨指数。

三、编制成本计划草案

对大中型项目,经项目经理部批准下达成本计划指标后,各职能部门应充分发动群众进行认真的讨论,在总结上期成本计划完成情况的基础上,结合本期计划指标,找出完成本期计划的有利和不利因素,提出挖掘潜力、克服不利因素的具体措施,以保证计划任务的完成。为了使指标真正落实,各部门应尽可能将指标分解落实下达到各班组及个人,使得目标成本的降低额和降低率得到充分讨论、反馈、再修订,使成本计划既能够切合实际,又成为群众共同奋斗的目标。

各职能部门亦应认真讨论项目经理部下达的费用控制指标,拟定具体化实施的技术经济措施方案,编制各部门的费用预算。

四、综合平衡,编制正式的成本计划

在各职能部门上报了部门成本计划和费用预算后,项目经理部首先应结合各项技术经济措施,检查各计划和费用预算是否合理可行,并进行综合平衡,使各部门计划和费用预算之间相互协调、衔接;其次,要从全局出发,在保证企业下达的成本降低任务或本项目目标成本实现的情况下,以生产计划为中心,分析研究成本计划与生产计划、劳动工时计划、材料成本与物资供应计划、工资成本与工资基金计划、资金计划等的相互协调平衡。经反复讨论多次综合平衡,最后确定的成本计划指标,即可作为编制成本计划的依据。项目经理部正式编制的成本计划,上报企业有关部门后即可正式下达至各职能部门执行。

上述项目计划的编制程序框图见图7-4。

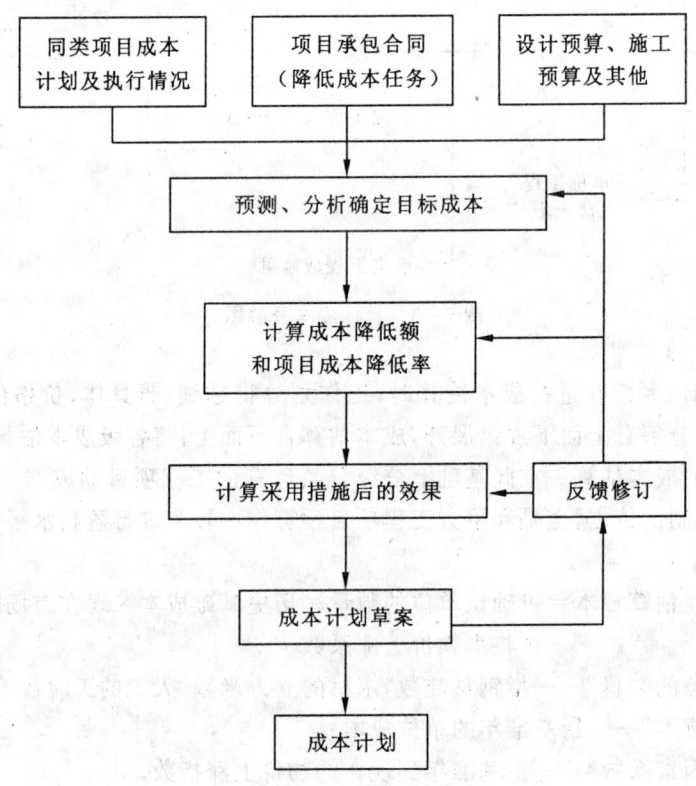

图7-4 成本计划编制程序框图

第四节 施工项目成本控制

施工项目成本计划执行中的控制环节包括:施工项目计划成本责任制的落实,施工项目计划执行情况的检查与协调,施工项目成本核算等。

一、落实施工项目计划成本责任制

成本计划确定以后,就要按计划的要求,采用目标分解的方法,由项目经理部分配到各职

能人员、单位工程承包班子和承包班组,签订成本承包责任状(或合同)。然后由各承包者提出保证成本计划完成的具体措施,确保成本承包目标的实现。

为了保证承包成本目标的实现,一般应做好以下几点:

(1)项目管理班子职能人员责任明确,实行归口控制。由技术人员抓技术措施落实,以节约工料,减少机械停置时间;由机械管理人员控制机械的利用率、完好率和机械效率;由材料人员管理材料的节约,做好订购、采买、验收、保管、领退料、修旧利废、节约代用等工作;由质量管理人员控制质量成本;由核算人员建立成本台账,搞好成本核算及成本分析,防止开支差错、超付和欠收;由财务人员把好收支关,进行债权债务处理,综合工程成本;预算人员除做好概(预)算工作外,还应对设计变更等经济问题加强管理,及时办理增减账手续,经常进行两算对比,抓工程索赔。

(2)项目经理部与栋号承包班子签订承包合同,实行"四保、四包"。"四保"是由项目经理部对栋号承包班子保证任务安排的连续性,料具按时供应,技术指导及时,合同兑现;"四包"是由栋号承包班子对项目经理部包质量、包工期、包安全、包成本;然后,工资总额与"四包"指标挂钩;利润超额完成部分按规定比例提成。

(3)栋号承包班子对作业班组应按分项工程签发任务书,抓好任务书签发、执行、验收、结算,作好技术、质量、安全、操作交底。由队组向栋号承包班子包工、包料、包小型工具。工资奖金与质量、安全、进度、场容、效率挂钩。

(4)班组应本着干什么、算什么的原则,包定额用工,包材料使用,包质量得分率,包安全作业,包活完场清地净,按考核得分计酬。

二、加强成本计划执行情况的检查与协调

项目经理部定期检查成本计划的执行情况,并在检查后及时分析,采取措施,控制成本支出,保证成本计划的实现。

(1)项目经理部应根据承包成本和计划成本,绘制月度成本折线图。在成本计划实施过程中,按月在同一图上打点,形成实际成本折线,如图7-5所示。该图不但可以看出成本发展动态,还可以分析成本偏差。成本偏差有三种:

实际偏差=实际成本-承包成本

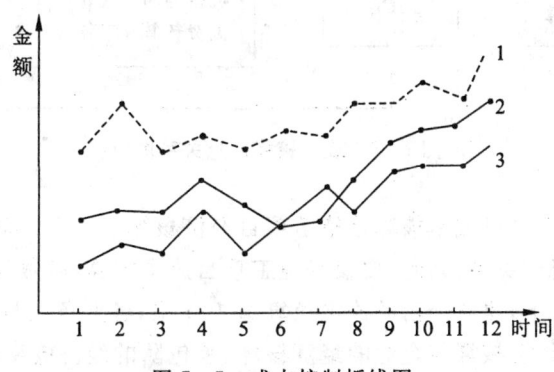

图7-5 成本控制折线图

1. 承包成本;2. 计划成本;3. 实际成本

计划偏差＝承包成本－计划成本
目标偏差＝实际成本－计划成本

应尽量减少目标偏差,目标偏差越小,说明控制效果越好。目标偏差为计划偏差与实际偏差之和。

(2)根据成本偏差,用因果分析图分析产生的原因,然后设计纠偏措施,制定对策,协调成本计划,对策要列成对策表,落实执行责任,见表7-4。

表7-4 成本控制纠偏对策表

计划成本	实际成本	目标偏差	解决对策	责任人	最终解决时间
⋮	⋮	⋮	⋮	⋮	⋮

对责任的执行情况应进行考核。

三、加强施工项目成本核算

建立施工项目成本核算制是当前施工项目管理的中心课题。用制度规定成本核算的内容并按规定程序进行核算,是成本控制取得良好效果的基础和手段。成本核算的信息关系如图7-6所示。

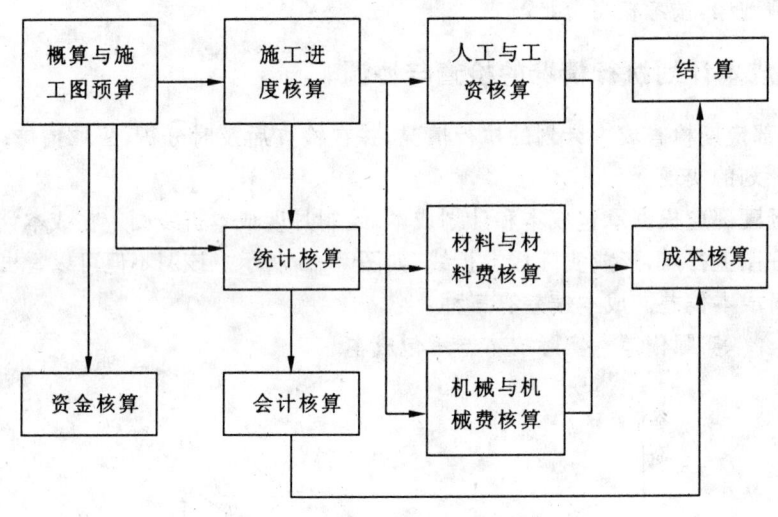

图7-6 成本核算信息关系图

由图7-6可见,施工项目成本核算是施工项目经济核算的一个分系统,它与统计核算、会计核算、业务核算均有密切关系,因此,要搞好施工项目成本核算,应做到以下几点:

(1)在项目经理领导下,建立严密的成本核算组织体系,各业务人员均应承担成本核算责任。还要把施工项目的经济核算与企业的经济核算、承包队的经济核算,乃至班组的经济核算关系处理好,实行分级核算和分口核算。

(2)把施工项目的成本核算基础建立在业务核算上,首先做好实物核算,做好原始记录,以保证成本核算的准确性与可靠性。

（3）分期搞好施工"三算"：开工之前搞好预算，对施工图预算和施工预算进行两算对比，以便对盈亏作出预测；在施工中搞好会计核算、工程价款结算和内部承包结算，确保收入兑现；竣工后抓好施工项目成本竣工结算。

（4）为成本核算创造外部条件和内部条件。外部条件包括定价方式、承包方式、价格状况及经济法规；内部条件包括经济核算制度，定额、计量、信息流通体系等基础工作，指标体系的建立，考核方法，成本项目划分，成本台账的建立等。

四、施工项目成本分析

施工项目成本分析的目的是找出成本升降的原因，总结项目管理经验，制定切实可行的改进措施，不断提高成本管理水平。成本分析既要贯穿于施工的全过程，服务于成本形成的过程，又要在施工后进行一次性分析，作出成本控制效果的判断，为以后的成本控制提供经验，这就是成本的事后控制。施工项目竣工后的成本分析包括：施工项目成本综合分析和单位工程成本分析以及单项费用分析。成本分析的方法有比较法、差额分析法、连环替代法等。

有关施工项目成本核算、分析和考核，在此略。

第八章 施工安全管理

基础工程施工安全管理,就是施工过程中组织安全生产的全部管理活动。通过对基础工程生产因素具体的状态控制,使生产因素中不安全的行为和状态减少或消除,不引发事故,尤其是不引发人受伤害的事故。

第一节 安全管理概述

一、基本概念

1. 安全

安全的思想和名称,可以追溯到历史年代。对安全的定义,也是各种各样,如"不危险","不接触危险","无伤害","无损失或无风险的条件","从物质危险或精神威胁中解放出来以获得自由",等等。

安全可以定义为消除能导致人伤害、疾病或死亡,或者引起设备或财产损失,或者危害环境的条件。

这个定义的特点在于既涉及到人又涉及到物,可以是个别的、局部的或整体的,也反应出安全与其他有关学科的相互关系,如系统可靠性工程、行为科学、环境工程等。同时,也考虑到事故理论的发展,包括事故损失和事故预防概念。

2. 危险

安全的对立面是危险,与安全一样,危险也有各种各样的定义。本书选定的危险定义为:某一系统,产品、设备或操作的内部和外部的一种潜在条件,其发生可导致意外事故或事件,造成人员伤害、疾病或死亡,或者设备财产的损失或环境危害。

需要指出的是,要使危险从潜在状态发展为现实状态或者变成导致损失的事件,需要有激发因素,此种激发因素可能是人为失误,元件故障,某一系统状态(压力、温度、转换条件的超限,维护不善,操作故障等)或其他条件和情况的综合。

与安全的定义一样,危险的定义也是定性的,其定量涉及到危险的度量标准和估计伤害或损失的严重度。可以运用矢量概念,与给定任务相联系的危险水平(临界值)是以下两个因数的函数:

(1)危险影响的严重程度(即危险分类级别 C);
(2)危险发生概率(P)。
即:
$$H_L = f(C_i P_i)$$

式中：H_L——危险水平；

C_i——根据危险分类所建立危险级别第i级危险的加权因素；

P_i——第i级危险发生概率。

与i级危险相联系的两个值(C_i,P_i)定义为危险矢量H_i，与通常两维空间矢量相似，C相当于方向，P相当于数量大小，可以等效使用普通矢量的加法律、交换律、综合律和分配律，也可以将危险作为影响或后果严重程度的函数来分类。

3. 风险

风险具有不合意或不希望结果含义，但风险概念比安全系统工程已涉及到的还要稍为复杂些、广泛些，可以按两种不同的方法来定义：

(1)用来描述不合意事件率可能比提出的或希望的数值大的概率，作为估计未来状况或未来运行参数时衡量不可靠性的标准。譬如，我们说某钢铁厂对规定事故率（如千人死亡率1‰）的风险为0.05，意指超过该事故率的概率为0.05。

(2)用于未来的随机事件，描述危险可能性或事故可能性。譬如说某钢铁厂明年有死亡×人或死亡事故增加的风险。

本书所涉及的主要是后一种风险，指危险的可能性。换言之，是危险概率及后果的综合量度或期望值，它直接与足以使危险从潜在状态变成损失的激发事件的频率、强度和持续时间的概率有关。

从我们日常生活中也经常说及"要冒些风险"，人们总是在避免风险还是冒些风险去获利之间权衡轻重，总想在风险和利益之间作出最优平衡。由此看来似乎风险原理是较简单的，实际上风险评价和风险可接受性的判断是较复杂的。譬如风险的可接受性，包含主观因素，如社会风险或社会大部分公众的判断；又如企业现存系统运行的赢利值，在其计算的系统寿命期间远远超过现存风险值，某些企业领导人会认为这种风险是可接受的，如一些危险作业或劳动条件较差情况，这将导致严重后果。

4. 事故

事故是人们在实现某一目的的行动过程中，突然发生了与人的意志相反的情况，迫使其有目的的行动暂时或永远停止的意外事件。

事故的定义有三层含义：

(1)为实现某一目的而采取的行动过程。如某一车工为了完成一批加工零件，而采取开动车床，进行零件加工的劳作，以达到完成生产指标的目的。

(2)在行动过程中，发生了意外事件。如上面所述工人在完成零件加工时，由于思想不集中或违反操作规程等原因突然发生了手指被绞伤的不幸事件。这事件的发生事先谁也不可预料，完全是在人的意料之外发生的，违背人们的希望。

(3)迫使行动暂时或永远地终止。如上述工人手指绞伤，不得不立即停止工作。轻者，需要停工休息，暂时离开工作岗位；重者，使其不能完成任务，达不到如期的生产目的，永远丧失这里工作的工作能力。

通过上面的分析，我们对事故这一概念有了明确的认识，事故就是一种不幸事件，它阻碍人们实现其目的，是阻碍企业实现其目标的原因，它对于人的伤害或企业的损失都是显而易见的。因此，需要控制、消除事故的发生，只有这样，才能收到与目的一致的有期望的效果。

二、安全管理的范围

安全管理的中心问题是在生产活动中,保护人的安全与健康,保证生产顺利进行。

安全管理包括劳动保护、安全技术和工业卫生,这三个方面相互联系又相互独立。

(1)劳动保护侧重于以政策、规程、条例、制度等形式规范操作或管理行为,从而使劳动者的劳动安全与身体健康得到应有的法律保障。

(2)劳动技术侧重对"劳动手段和劳动对象"的管理,包括预防伤亡事故的工程技术和安全技术规范、技术规定、标准、条例等,以规范物的状态,减轻或消除对人的威胁。

(3)工业卫生着重工业生产中高温、粉尘、振动、噪声、毒物的管理,通过防护、医疗、保健等措施,防止劳动者的安全与健康受到有害因素的危害。

从生产管理的角度,安全管理应概括为:在进行生产管理的同时,通过采用计划、组织、技术等手段,依据并适应生产中人、物、环境因素的运动规律,使其积极方面充分发挥,而有利于控制事故不致发生的一切管理活动。如在生产管理过程实行作业标准化,组织安全检查,安全、合理地进行作业现场布置,推行安全操作资格确认制度,建立与完善安全生产管理制度等。

针对生产中人、物环境因素的状态,有侧重地采取控制人的具体化不安全行为或物和环境的具体化不安全状态的措施,往往会收到较好的效果。这种具体化的控制措施,是实现安全管理的有力保障。

三、施工现场的安全管理

施工现场是施工生产因素的集中点,其动态特点是多工种立体作业、生产设施的临时性、作业环境的多变性、人机的流动性。

施工现场中直接从事生产作业的人,随时随地活动于危险因素的包围之中,随时受到自身行为失误和危险状态的威胁或伤害。因此,对施工现场的人机环境系统的可靠性,必须进行经常性地检查、分析、判断、调整、强化动态中的安全管理活动。

第二节 事故理论

一、事故的分类

(一)事故的分类

据上述事故定义,我们可以将事故分为两类,即生产事故和非生产事故,在此我们只研究生产事故。

所谓生产事故是企业生产过程中突然发生的伤害人体、损坏财物、影响生产正常进行的事故,包括人身事故、物质事故和险肇事故。

人身事故又分为工伤事故和非工伤事故。工伤事故系指企业职工为了生产和工作,在生产时间和生产活动区域内,由于生产过程中存在的危险因素和影响,或虽不在生产和工作岗位上,但由于企业条件和设备或劳动条件不良,致使人体受到伤害,暂时地、部分地或长期地丧失劳动能力的事故,其伤害情况是由伤害部位、伤害种类和伤害程度三个要素来全面客观地反应的。国家对工伤事故的划分有明确规定。当然事故总是千差万别的,属于何种事故要具体问题具体分析,不能一概而论。

物质事故是在事故发生过程中,物质遭到了破坏,使其需要进行修理或永久地报废,它包括:①建筑物、设备等的损失;②机械器具、工具等的损失;③原材料、半成品等的损失;④防护用品等的损失;⑤动力、燃料等的损失;⑥其他方面物的损失。

险肇事故是一种潜在的危险源,它的发生没能造成人的伤害和物质的损失,只是事故发生的倾向,对此,我们要严加预防,不可忽视,这样才能减少事故的发生。

(二)事故后果的几种情况

事故一般都是人和机器设备以及作为环境条件的物质违反系统目的的相互作用的结果。因此,其后果大致可分为如下几种情况:

(1)人身受到伤害,物质(包括设备)也有损失;
(2)只有人受到伤害,而物质没有遭受任何损失;
(3)物质遭受损失,人没有受到伤害;
(4)人和物质几乎都没有受到伤害和损失。

事故的发生有偶然性的可能,即使是同一类似情况,仅仅是由于一些偶然因素,也会得到完全不同的结果。例如,某处发生了爆炸,若人们当时不在现场,人当然不会受到伤害;若某人本应在现场,但就在爆炸那一瞬间因有事而离开了现场,那他也不会受到伤害;反之,某人本应不该在此现场,但刚巧有事去现场,那么他就有受伤的可能。总之,人到底何时何地是否遭受伤害是很难预测的。另外,即使事故的发生是由于人们的操作失误所致,有时由于物质条件好,也不致发生伤害;若物质条件差,就会受到伤害。再如,在生产现场中,不小心跌倒了,有时可能不会造成伤害,但若人体碰到周围机器设备上,就有可能受到严重伤害。

以上事例均说明事故的后果是难以预料的。但从统计资料表明,上面第(4)种情况的事故一般约占事故总数的90%,其次是第(2)种情况的事故。(1)和(3)种事故大多属于重大事故,相比之下,发生次数较少。因此,我们在安全管理工作过程中,不仅要重视造成伤害事故,而且也要重视无伤害事故,这样才可能掌握事故发生的倾向,找出事故发生的隐患,判断出事故发生的概率,真正坚持以预防事故发生为主的原则。

二、事故构成要素

事故发生的原因不尽相同,各式各样,但通过对大量事故的剖析,可知每一特定事故都是由一些基本要素所构成的,亦即人(Man)、物(Machine)、环境(Medium)、管理(Management)四要素(即4M问题)。下面着重对这四个方面加以分析。

(一)人

人是指工作现场的操作工、管理人员及其他在场中的人员。大家都熟知,人是生产活动的主体,是创造一切财富,实现某一目的的关键,但他同时又是激发事故发生的主要因素。如人可能作出不安全行为;会造成物的不安全状态;会造成管理上的缺陷;会形成事故隐患并可触发隐患等,因此,可以说绝大多数事故都是由于人为原因所致的。

由于人的遗传、生理上的差异使人与人之间存在着差异。更为重要的是,人是生活在丰富多彩的社会当中,因个人的经历、处境及受教育程度等多种原因的不同,决定了人的本身素质不相同,所积累的经验知识、技能、观念等亦不尽相同,这些原因或多或少地都与事故有关。如从人的性格和精神方面来看,性格急燥、感情易冲动、处事轻率、大脑反应迟钝、身体不适、注意力不易集中的人,发生事故的倾向就大;而性格稳重,办事有条不紊,反应灵敏的人就不易发生事故,并有可能在事故发生前,找出事故隐患,自制事故发生或避免人身受到伤害。又如事故发生频率与操作熟练程度的关系,对于一个训练有素、实际经验丰富的工人就很少会发生因操作失误而导致事故;而对于一个没有受过专门技能和安全教育的新工人结果就会截然相反,许多事故正是由于技能不熟练,产生了误操作所引起的。

另外,人不同于机器,机器只需要供给一定的能量,就会按照一定的指令进行运动。而人是有思维能力,有自由意志,并受环境、物质及其自身的素质影响,正因如此,在生产过程中,人的安全可靠性比机器差得多。从心理学的观点来看,人的行为来自于动机,而动机又产生于需要,并促使了实现目的的行为发生。因此,当人遇到困难挫折,并且一些条件并不以人的意志为转移,有的人就会改变安全行为为不安全行为,于是产生事故的条件,如图8-1所示。

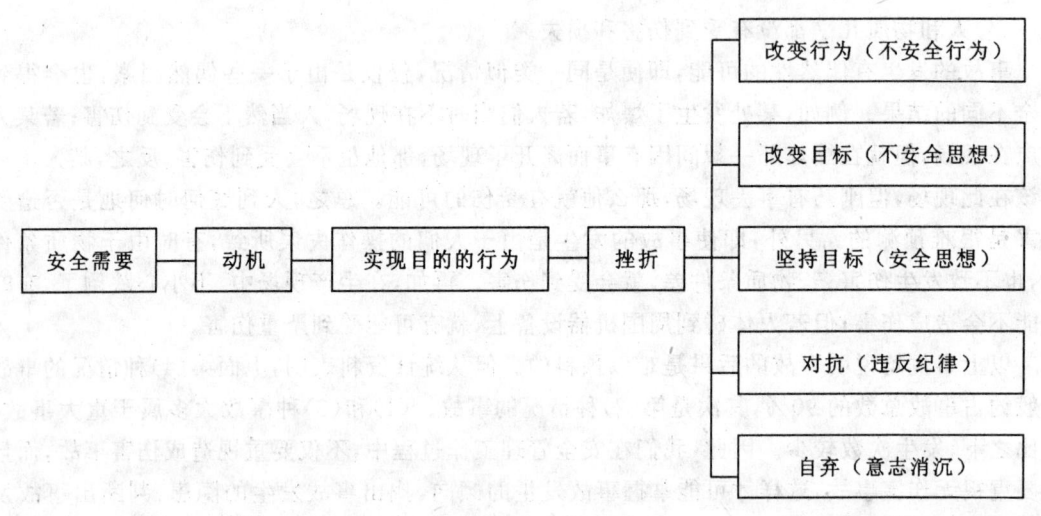

图8-1 事故条件示意图

日本学者青岛贤司对事故的人为原因作过统计,如图8-2所示。从图中我们一目了然。由于安全技能方面的原因(即是操作失误和技术不熟练)占人为失误事故的一半以上,在现实中的确存在着大量这类的实例。如钻机利用提钻空隙拽备用皮带时,值班电工在未与操作工人联系的情况下,开始核对电路,作业中误按启动钮,致使电机启动,将一工人转入皮带致死。这类事故屡见不鲜,不计其数,因此,我们一定要引起高度重视,对工人要进行安全技能的训练及安全教育,使作业者能主动地进行安全作业。

(二)物

它是指发生事故时,所涉及到的物质,它包括生产过程中的原料、燃料、动力、产品、设备、工具附件及其他非生产性的物质。

物质本身的固有属性及其潜在的破坏能力构成了不安全因素,是诱发事故的物质基础。

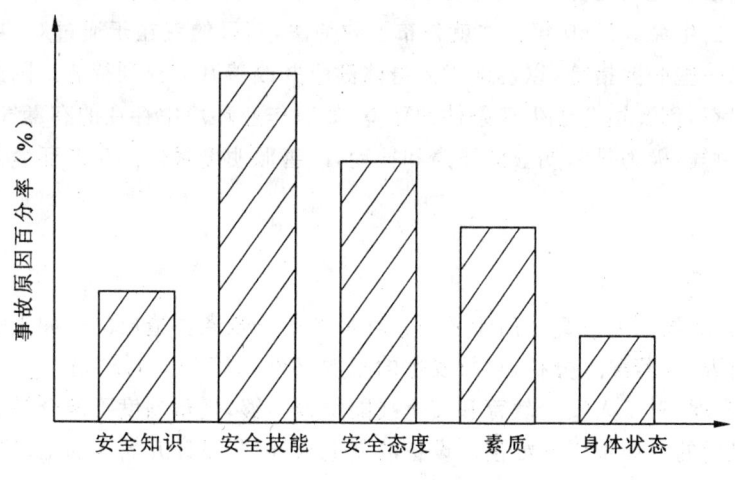

图 8-2 人为原因产生事故分布图

例如,钻机在快速提下钻过程中,随着钻具的提升,提引天车的势能不断增大,一旦孔内突然遇阻,就会造成严重事故;机械设备在设计制造及质量与使用条件不符,强度计算错误及结构上的缺陷;制造上也可能出现加工方法、工艺和技能上的缺陷;使用阶段由于对机械性能掌握不清,使其产生磨损,耗伤等,失去本身一些特有功能,降低了机器的可靠性。这些隐患的连锁反应都可促使事故的发生。

物的不安全因素是随生产过程中物质条件的存在而存在,随生产方式、工艺条件的变化而变化的。

在生产过程中,仅仅依靠操作人员的技能、注意力是不能完全达到安全操作目的的。这是因为人不可能每时每刻都处在紧张状态中,总可能会产生判断上的错误,进行了错误的不安全行动,这种情况都是难免的。所以,应采取安全装置来提高机械设备的可靠性,即使操作人员进行了错误的操作,机械设备和装置仍能安全运转并确保安全。

生产的发展过程,就是人们对物质不安全状态的不断深入认识和逐步克服的过程。如当人们不认识煤气中毒机理时,常带着迷信、恐惧心理,不知所措,而一旦揭开它的秘密,采取诸如密闭管路、设备,戴氧气面具,加强通风、排气等相应措施之后,就使煤气中毒大大减少。因此,虽然物的不安全因素是客观存在的,但只要采取一定的安全装置或采取相应的防护措施转化物的不安全状态,总是可以消除或避免由于物的不安全状态所引起的事故。

(三)环境

环境包括社会环境、自然环境和生产环境。

任何一个事故的发生都是与环境有关的,它决定着人的因素和物的因素。如社会环境决定了一个人的素质;自然环境如气象、地貌、采光等可以影响一个人的精神面貌,可引起物的不安全状态,最主要的是生产环境,也就是为了满足、适应生产流程的各种要求,必须人为地创造一个特殊的人工环境,它包括现场的温度、湿度、采光、照明以及生产设备产生的噪声、振动、泄露出的有害气体、蒸汽、粉尘或局部发热等。例如,生产环境的噪声太大,就会听不清周围的声音,就有可能得到错误信息,作出错误判断,从而导致事故的发生,再者,操作人员长期处在这样的工作环境势必引起听觉异常,使听力减退;还有有害气体对人体产生的生理影响,严重的甚至可以威胁人的生命。1960年日本就公布了矽肺法,其目的就在于通过对矽肺的预防和健康管理以及采取一些必要措施,以确保工人身体健康并改善其他福利待遇。因此,就必须改善环境的不正常状态,创造适合于生产条件的环境,如对作业环境中存在的有毒气体。蒸汽粉尘等要进行通风、换气,极力排除明显的噪声和振动,改善照明度很低的生产环境及高温、潮湿等不安全因素。

(四)管理

事故的发生,从表面上看都是由于人、物、环境的不安全条件造成的。如人的失误、物体的不安全状态等原因,但若深入分析,事故发生的根源必然是管理上的缺陷,它包括技术上的缺陷,劳动组织不合理,对工人安全教育和安全技能培养不够,规章制度不健全等。

安全管理包括的方面很广。如生产设备的制造从计划、设计开始到加工、使用、维修,最后一直到更新、报废为止都要进行安全管理。美国一位早期从事安全工作的人士说:"为人类设计产品或系统而不弄清和估价与之相关的危险是不道德的"。可见,在计划、设计、制造任一物时都应必不可少地考虑安全问题,以免留下后患,一旦这种隐患形成后,人们有可能一时难以发现或无法解决,从安全系统工程角度来考虑,这一过程更显得重要。

在生产过程中,由于安全管理不善,造成人的伤亡事故和物的损失事故是不计其数的。例如,人工挖孔桩在成孔后,按规定应该及时封盖孔口,以防坠人,但某工地忽视了这一有关规定,大量孔口空露,从而使得一民工因喝酒后外出小便时坠入空孔内身亡。可见,安全管理在生产过程中更为重要,要建立健全安全生产管理机构,指定安全操作规程和各项规章制度,进行安全知识的教育,定期进行安全检查,组织安全活动,等等。随着科学技术的不断发展,安全管理已由传统管理逐步走向科学化管理,运用安全系统工程,将会大大提高安全管理工作的技术水平。

有时候,尽管管理措施比较完善,但也难免不发生事故,一旦发生紧急情况时,应急措施、急救、防护不当,也会造成事故发生或促使事故的扩大。

三、事故发生的原因

由于事故的要素所构成的范围很广,因而事故原因也是多方面的。概括起来,事故原因可分为直接原因和间接原因。

顾名思义,直接原因就是直接导致事故发生的原因,它包括人的原因和物的原因,亦即是人不安全行为和物的不安全状态。

事故的间接原因有下列五项。

(1)技术的原因:包括主要装置、机械建筑物的设计、建筑物竣工后的检查、保养等技术方面不完善,机械装备的布置,工厂地面、室内照明以及通风、机械工具的设计和保养,危险场所的防护设备及警报设备,防护用具的维护和配备等所存在的技术缺陷。

(2)教育的原因:包括与安全有关的知识和经验不足,对作业过程中的危险性及其安全运行方法无知、轻视、不理解、训练不足、坏习惯、没有经验等。

(3)身体的原因:包括身体有缺陷,例如头昏、癫痫病等疾病,近视、耳聋等残疾,由于睡眠不足而疲劳,酩酊大醉等。

(4)精神的原因:包括急慢、反抗、不满等不良态度,焦躁、恐怖、不和、心不在焉等精神状态,偏狭、固执等性格缺陷,以及白痴等智能缺陷。

(5)管理的原因:包括企业主要领导人对安全的责任心不强,作业标准不明确,缺乏检查保养制度,人事配备不完善,劳动意志消沉等管理上的缺陷。

一般说来,调查事故发生的原因,不外乎上述五个间接原因中的某一个,或者某两个以上的原因同时存在,其中第(1)、(2)、(5)项原因占大部分。

除此以外,还必须考虑以下原因:

(6)学校教育的原因:由于小学、中学、大学等教育组织的安全教育不彻底。

(7)社会或历史的原因:由于有关安全的法规或行政机构不完善,社会思想不开化,产业发展的历史过程等。

上述这两项原因由来是很深远的,要有针对地直接提出对策是困难的。但是必须深刻认识到这些问题同样是防止事故的重要问题。

在上述这些间接原因中,(5)~(7)项又称为基础原因。

我们在分析事故时,应首先深入调查研究。摸清事故的直接原因,即找出人的不安全行为或物的不安全状态,继而据此找出事故的间接原因,是何种原因导致人或物的这种不安全条件?如我们分析某钢铁厂大钟坠落的实例,首先要找出大钟坠落的直接原因,焊接联接板时,未先处理掉大钟表面的硬质合金层,致使联接板焊在硬质合金上,引起联接板与大钟脱焊。然后分析出是由于制度不健全、管理混乱等间接原因引起的。因此在做具体分析时,要由近到远,由表及里,层层找原因,深入剖析其根源。这就是说,不仅要分析事故的直接原因,而且还要分析事故的间接原因,只有这样,才能真正掌握事故发生的原因,制定出切实可行的安全措施,使安全工作有的放矢。

图8-3是事故发生的原因和过程方框图。

第三节 事故预防原理

一、事故模式

通过对大量的事故统计分析研究,将事故的发生、发展过程模型化,这有利于深入研究导致事故的机理、原因,还可根据模型进行危险性评价以及作出预防事故的决策。据日本学者统计,目前事故模式已有22种,如根据能量变化的形式,有能量转移论;据伤害的逻辑过程,有连锁反应论;据人机空间的运动学关系,有轨迹交叉论;据事故发生的随机性原则,有事故概率法,还有事故的综合模型和多重线性事件过程图解法等。根据我国实际情况,下面着重介绍三种事故模式。

(一)人为失误模式

我们知道,大多数事故的发生都是与人有关的,都是由于人的不安全行为所致,因此,研究人为失误模式是很有实际意义的。

图8-4是以人的失误为主要的事故模型。从图中可看出人受到外界刺激而产生误操作会出现两种情况:一是造成伤亡事故;二是无伤亡事故。当失误带来危险,再加上一些机会因

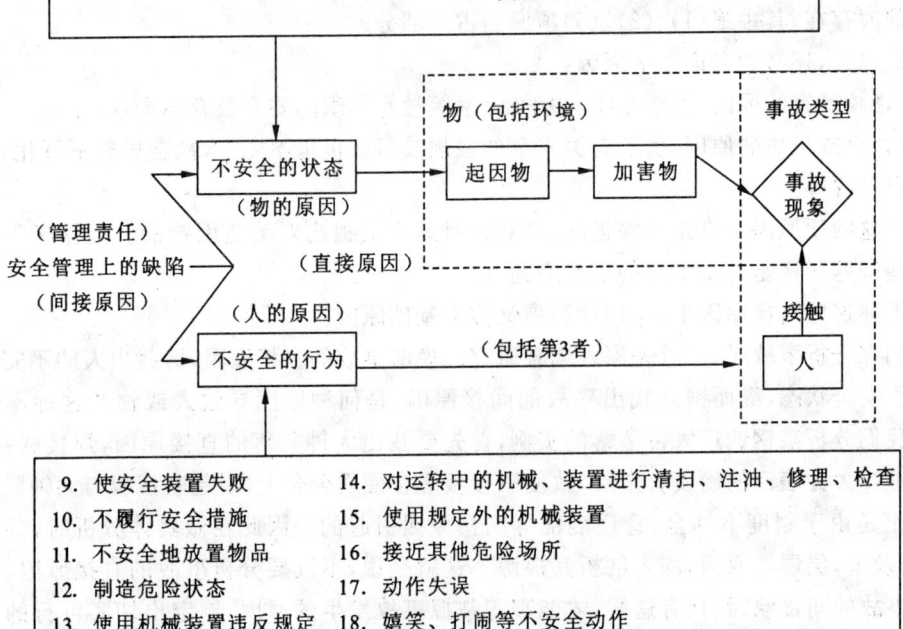

图 8-3 事故发生原因和过程框图

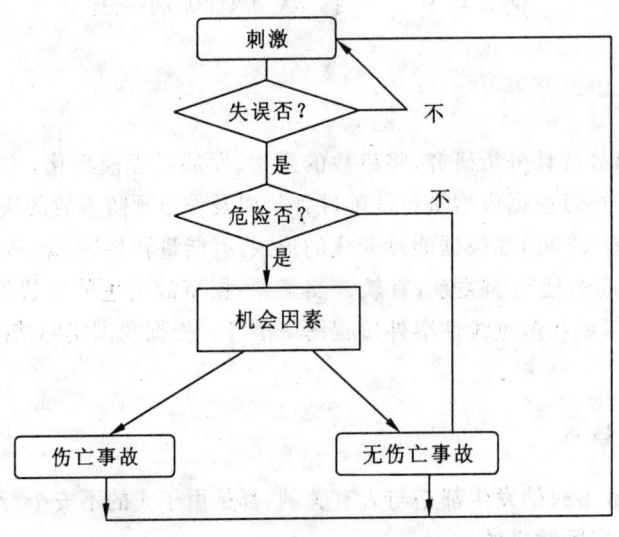

图 8-4 人为失误模式

素时,必然就要发生伤亡事故;而有时即使人为失误,但并未带来危险,就不会发生伤亡事故。因此,人为失误模式清楚地展现出人由于受到外界刺激而引起的失误在什么条件下会造成伤亡事故?但人为失误模式却不可能解释人为什么会发生失误的各种原因,仅仅提出了人为事故的笼统模式,不能对特殊类型的事故作出定性分析评价,这样就不利于分析事故的原因,不利于制订预防事故的措施,运用上有一定的局限性。

(二)骨牌理论

伤亡事故发生过程可用多米诺骨牌理论来阐明,伤亡事故的五个因素:①社会原因和社会管理 A_1;②人为过失 A_2;③不安全动作或机械、物质危害 A_3;④意外事件 A_4;⑤伤亡事故 A_5,可看成等距竖立的骨牌,如图 8-5(a)所示。这五个因素彼此之间相互联系、相互制约,以因果关系而依次发生,犹如连锁反应。即社会环境和管理的缺陷 A_1 促使人为过失 A_2,A_2 又造成了不安全动作或机械、物质危害 A_3,A_3 又促使了意外事件 A_4(包括未遂事故)和由此产生的人身伤亡事件 A_5。在时间推移过程中,五个因素依次发生,其发生顺序如图 8-5(b)所示,从图 8-5(b)中看到事故之所以能发生是由于前因素发生的结果。如果,我们在意外事件 A_4 和事故 A_5 发生之前,排除触发危险的因素 A_3,即使 A_1、A_2 发生,也不会发生事故 A_5,如图 8-5(c)所示。由此可知,安全管理工作的中心是防止人为的不安全动作,消除机械的或物质的危害,即设法消除事件 A_2,使连锁反应系列中断。

从概率上讲,如果移去一枚骨牌,也就等于某一因素出现的概率为 0。假设移出骨牌 A_3 即 $P(A_3)=0$,则伤亡事故概率 $P(A_5)=0$。此时,随机事件成为不可能事件,即可达到避免事故发生的目的。

骨牌理论简单形象地证明了事故的发生原因及其发展动态,指出能量和客观存在的危险性,并着重提出人的不安全条件和物的不安全状态对事故起着决定性作用。它告诉人们安全工作的重点,但骨牌理论没能反映出这五个因素是如何起作用的。

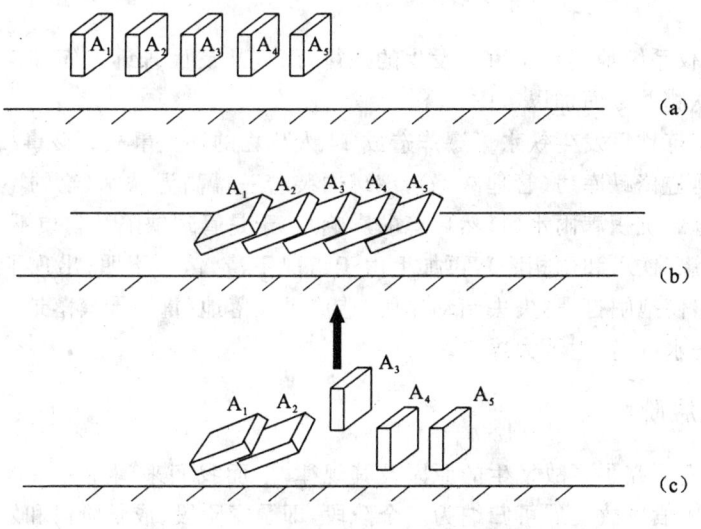

图 8-5 事故发生过程的骨牌理论模式

(三)综合模型

综合模型是将引起事故发生的若干种原因,即人、物、环境、管理几方面综合起来考虑,指出事故发生的规律,事故是在什么情况下发生的,采取什么样的措施能够阻止事故的发生。在劳动生产作业过程中,人的不安全行为可能是由于没受过安全技能和知识教育训练引起的,这可直接引起事故的发生;物的不安全状态是由于技术措施不当,而管理缺陷则是由于管理失误,这两方面都会引起事故隐患,而这种事故隐患未能及时治理,就必然导致事故发生,图8-6是事故发生的各种原因。

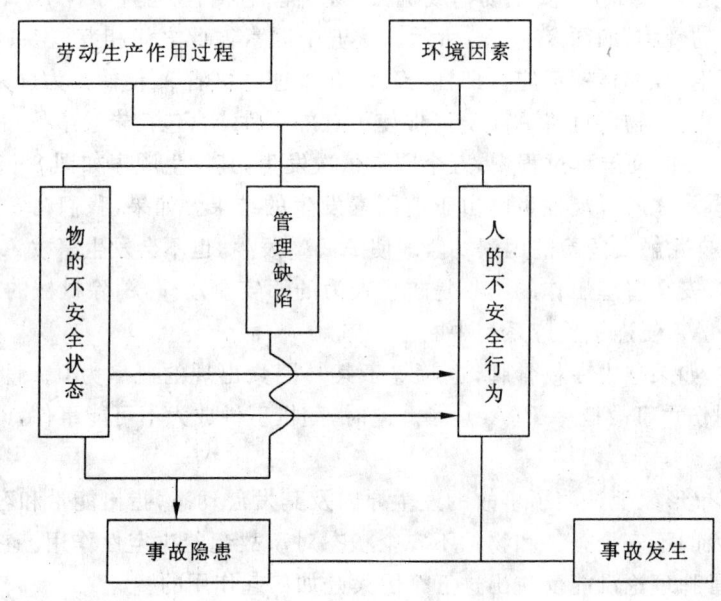

图 8-6 事故发生规律模型

综合模型不仅系统地揭示了事故发生的规律,而且从反面告诉人们如何去避免事故的发生,安全工作应从哪些方面加以考虑。

例如,某公司炼铁厂发生铁水罐爆炸造成14人死亡的重大事故。该事故的发生是由于误将重罐当空罐,运进修罐库房(管理缺陷),该罐内装着一罐高温铁水(物的不安全状态),时逢连日滂沱暴雨,修罐坑积满雨水(自然环境的影响)。于是管理缺陷和物质不安全状态的结合,便构成了事故隐患(铁水和雨相凑),再加上由于情况不清,信号不明,出现了超负荷起吊铁水罐的不安全行为,使抱闸打滑,失去制动作用,造成重罐落地(重罐严禁落地),从而触发了事故隐患,使铁水流进水坑,发生了大爆炸。

二、事故发展阶段

上几节里我们研究了事故发生的原因及其规律,下面我们来阐述一下事故发展的阶段和各阶段的特点。一般事故发展可归纳为三个阶段,即孕育阶段、成长阶段和发生阶段。

1. 孕育阶段

孕育阶段是事故发生的最初期阶段,是由事故的基础原因所致,如前述的社会历史原因、技术教育原因等。机械设备由于设计、制造过程中的各种不可靠或不安全性,使其先天地潜伏着危险性,这些都蕴藏着事故发生的原因,都是导致事故发生的条件。孕育阶段的特点是事故危险性事先看不到,都存在于静止状态之中。只有当人或物触发了这种危险性,才显现出来它是导致事故发生的根本原因。从这一点看,要防止事故的发生,就要从防止事故的基础原因入手,减少事故隐患。

2. 成长阶段

如果由于人或物的不安全因素,再加上管理上的失误所促成事故隐患的增长,危险性增大,那么事故就从孕育阶段发展到了成长阶段。它是导致事故发生的媒介条件,是发生事故的主要因素。其特点是事故的危险性可看到、可感觉到,并随时都有可能发生并带来伤害。因此,在这一阶段中应及时采取措施制止事故的成长,对出现的危险要立即排除。

3. 发生阶段

事故发展到成长阶段,再加上一些机会因素,事故必然会发生。此即事故到了最后阶段——发生阶段。这一阶段必然会给人或物带来伤害和损失,其结果也是无可挽回的。唯一对人们有所帮助的就是要人们吸取教训,总结经验,制定出切实可行的预防措施,防止事故再次发生。

事故的三个发展阶段是相互联系,依次发生的。如一个没有经过安全技能教育的新工人(基础原因孕育着危险),在操作时,由于技术熟练程度及思想不集中等原因使他产生了误操作(人为失误,使事故隐患得以发展),从人为失误模式可知,再加上一些机会因素,就必然会导致事故发生。因此,了解事故的发展阶段,针对各阶段的特点,采取相应的措施,对消灭和控制事故的发生都会起着一定的积极作用。

三、事故特性及预防原则

(一) 事故的特性

事故有三大特性,即因果性、偶然性和潜在性。

1. 因果性

对于事故的因果性,我们并不难理解,本来一切现象的发生都是由一定原因所引起的。也就是说有其因必有其果。这样,对事故也就不能例外了,它的发生一定是与之相联的诸种原因的结果。

既然事故的发生都是由一定原因所致的,那么原因相同的话,就有可能导致类似事故的发生,也就是说,事故具有再现性。这说明事故是可以模拟的。这对我们制订有效措施,防止事故再次发生是很有帮助的。例如,呆在一间无通风的房间里,有 CO 的存在,那么房间里的人必然会引起 CO 中毒而产生危害。如果依旧不采取任何措施,那么类似事故就会接二连三地发生下去,即是所谓的事故再现性。同样我们知道,由于人、无通风的房间、CO 这三者的集合,导致了人中毒的事件,这样我们就依此来制定一些保护措施。如让人戴防护面具,改善作业环境等,以避免事故的再次发生。

2. 偶然性

事故的偶然性,也就是说事故在一定条件下可能发生,也可能不发生,是一个随机事件。

偶然性是客观存在的,使得我们不易找出事故的发展规律。但在一定范畴内,用一定的科学仪器或手段,都可以找出近似规律。从外部与表面的联系,找出内部决定性的主要关系。虽不详尽,却可能是其近似的规律,若采用概率论的分析方法对大量实例进行统计分析处理,并应用伯努里大数定理,找出带有根本性的问题,如海因里希从统计的5万件事故中得出的无伤、轻伤、重伤(包括死亡)的比例是300∶29∶1。这就论证了虽然事故具有偶然性,但也有其必然性。

这就是从偶然性中找出必然性,认识事故发生的规律性。反之亦可知,偶然性是建立在必然性的基础之上的。因此,要避免事故的发生,就要使事故消灭在萌芽状态之中,变不安全条件为安全条件,使事故没有发生的可能性,其偶然性就会不存在了。

3. 潜在性

事故的潜在性是人或物先天性地具有的危险性,这是事故的基础造成的。随着时间的流逝和一定条件的具备,这种潜在的危险性就显现为事故发生的现象。人们事先难以觉察到,这就会使人们麻痹大意,如果我们能掌握事故潜在性的某些规律,对其有充分的认识,我们就能及时发现隐患并加以排除,不使之导致为显现的事故。

从事故发生五要素来看,事故的发生就是由于存在危险性故障。如果轻伤次数增多,就必然会有潜在的重伤事故,这是因为在多次轻伤(或险肇事故)发生后,就可能按照一定的概率发生严重伤亡,所以我们不但要防止重大伤害事故,对轻伤或险肇事故也不可忽视,它反映了事故发生的倾向。如日本有些工厂开展"消灭300运动",就是减少产生重大事故的可能性。

(二) 事故的预防原则

1. 事故是可预防的

一般来说,事故分为自然事故和人为事故,也就是常说的天灾人祸。前者在人们未知领域之中。如地震、海啸、风暴、洪水等,凭现代的科学技术还不能预先防止其发生,只能尽早地预测它,采取防灾措施,使受灾范围缩小到最小限度,并尽快恢复正常。可是,人为事故的发生,其原因在于人而不在于天。从我们前面所分析的事故的原因、过程等特性可知,人为事故是可以预先防止的。

2. 事故预防为主的原则

从事故的定义看出,谁也不想发生事故,没有一个人是自愿发生事故的,因为它的发生必然会给人带来危险或伤害,甚至危及人们的生存,同时,也会使企业受到损失,降低企业的生产率,所以我们实行事故预防为主的原则,极早找出事故隐患,采取相应措施,避免事故的发生。这不论是对个人还是对企业都是所希望的。在企业生产过程中,尽早树立预防为主的原则,使生产人员认识到,安全生产对企业和个人的重要性,时刻想着安全,自觉注意安全,不可忽略轻伤险肇事故的发生。

3. 事故的全面治理原则

事故的全面治理原则是通常所说的"3E"原则:

(1) 技术措施(Engineering);

(2) 教育措施(Education);

(3) 管理措施(Enforcement)。

所谓技术措施,是指对现场规划、设备设计、生产操作、机械维修等方面,从安全角度考虑计划、设计、检查和保养的措施。根据现代管理的观点,技术对策的重点是从系统的角度解决安全问题,如在工程项目投产之前,运用系统安全程序进行安全系统的设计,这些都是从系统的角度采取的技术对策。

所谓教育措施,是通过企业教育、学校教育、社会教育等不同途径,传授和训练安全方面应有的态度、知识及操作方法等。其中最重要的一环是企业职业安全教育,因为企业是从事生产活动的场所,安全与企业直接相关,所以,开展安全教育、安全技能训练最能收到实际效果。

所谓管理措施,是指通过国家机关、企业等组织,制定有关安全生产的方针、政策、规范和安全标准等。例如,针对物质的不安全状态,加强安全防护措施(如控制及监测仪器、安全防护装置、个人防护用品等);针对人的不安全行为,加强对职工的教育和训练工作(如新职工的三级安全教育,定期进行安全思想和安全技术知识教育),提高员工的行为安全管理可靠性;针对管理缺陷,加强控制手段(如严格控制设计、工艺等技术问题的合理性,制定有关的规程、制度),提高管理水平。

另外,熟悉环境特点,掌握环境对人和物的影响作用,进而改造环境,这在预防事故中,无疑是不可忽视的。

根据图8-6事故发生规律模型,提出事故预防措施系统图,如图8-7所示。

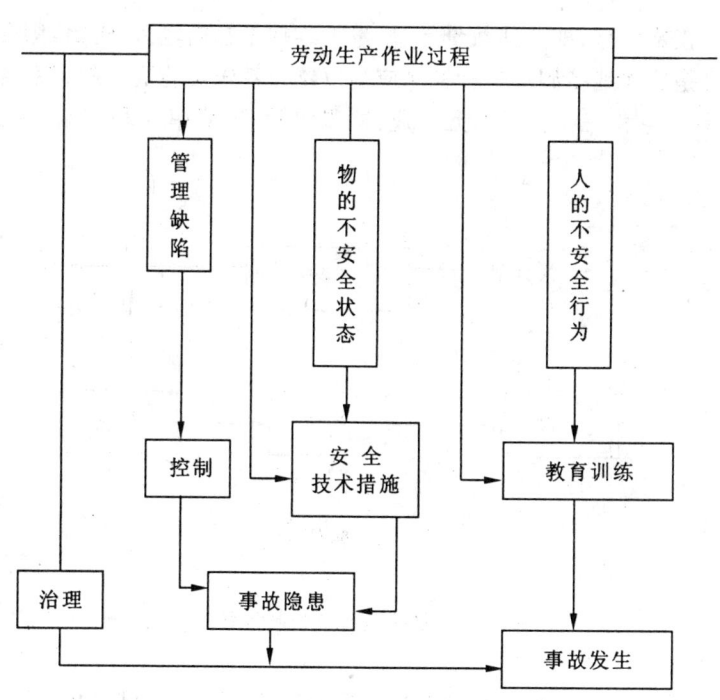

图8-7 事故预防措施系统图

4. 根除原则

我们知道,事故的原因是由直接、间接、基础原因所致的,并且间接(基础)原因是产生直接原因的条件,是产生事故的基础。即使去掉了直接原因,只要间接原因还残留,同样不能防止直接原因再发生。因此,要杜绝事故的发生,不仅要消除事故的直接原因,而且更重要的是消除间接原因。这就是根除原则。我国重复性事故多,教训就在于此,每当事故发生后,处理工作很紧迫,往往匆忙采取应急措施,只考虑事故的表面现象,在"事故"一般不会马上"重复"的情况下,这种权宜之计的应急措施常被误认为是"有效预防措施",于是问题的要害及实质被掩盖,事故隐患得以长存不灭,日复一日、年复一年长期恶性循环,使作业长久处于具有危险的条件之中,长期麻木,丧失警惕,谈不上制定有效的预防对策。这样,重复事故仍然不断发生。因此,只有坚持事故的根除原则,才能摘除事故发生的起源点,真正杜绝事故的再发生。

第四节 危险控制

对系统进行危险分析和评价,是为了辩识系统中存在的危险因素及其危害程度,而最终目的是要应用系统方法控制危险,以减少事故的严重程度和降低事故的发生概率。危险控制技术有两类:以整个系统作为控制对象,运用系统控制论原理,对危险进行控制的方法称为宏观控制;把各种具体的危险源作为对象,应用工程技术措施,对危险进行控制的方法称为微观控制。

一、系统危险控制

系统若想维持正常运行,即能从数量上、质量上维持正常的输入、输出,则必须依据实际情况进行正确地而且是适时地控制。这种控制应当以维持系统功能为目的。系统最简单的控制模型如图 8-8 所示。它由三个主要单元组成:检测单元、决策单元和控制单元。系统的控制过程如下。

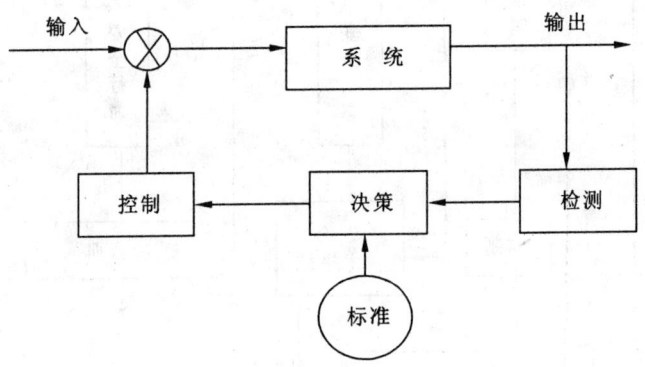

图 8-8 系统简单的控制模型

(1)检测单元从系统输出端取得系统输出的有关信息、参数,将结果传递给决策单元。

(2)决策单元根据检测单元提供的信息,参考系统给定的判断标准,进行逻辑判断,确定应当如何控制输入量,然后向控制单元传递指令信息。

(3)控制单元执行由决策单元传递过来的指令信息内容,对系统的输入量进行控制。

对于安全系统的输入是操作指令、安全规程、技术水平、环境因素、设备技术水平等,输出是系统的安全状态。危险控制系统是由标准、检测、评价和调整四个单元组成。危险控制系统

第八章 施工安全管理

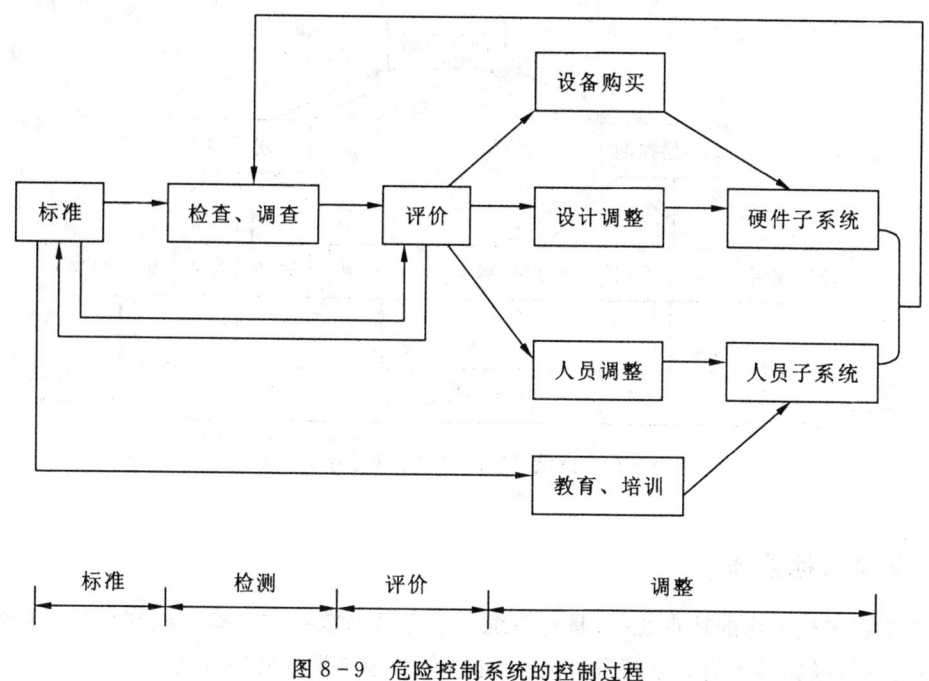

图 8-9 危险控制系统的控制过程

的控制过程见图 8-9。图中线条的方向表示各种反馈信息方向。系统发生大量的事故说明危险控制系统存在缺陷，而系统分析能揭示控制系统中哪一部位存在问题而需要改进。

危险控制系统要能起到危险控制的作用，首先应获得危险分析提供的危险信息，然后根据这些信息用系统给定的、可接收的危险指标进行判断，最后针对系统存在的危险因素进行控制，使系统的安全状态达到所需的目标值。

系统的危险信息可运用事故统计分析、因果图分析、事故树分析（请参考有关资料）等危险分析方法，对系统进行分析预测，提供系统控制所需的信息。图 8-9 中的检查、调查框，就是对系统危险因素检测的步骤，它通过对系统中的硬件子系统的危险分析和安全检查，对人员子系统的行为分析和素质调查，获取危险信息，然后根据系统给定的标准进行评价判断，最后决策，有针对性地对系统的设计方案提出修改意见，对系统特殊设备的购买提供参考方案，并对系统的人员分配进行调整。系统还应根据给定的标准制定系统人员的教育培训计划，对职工进行技术培训和安全教育。系统危险评价要依照系统可接受的危险指标，评价系统过程获得的系统危险信息，为系统修改标准提供参考。

系统危险控制可根据危险的危害程度进行分级管理，各级职责范围应呈阶梯状，分管规模不同的子系统，各个子系统及时根据本系统反馈信息，自己进行调整。实现这种控制原则的系统控制如图 8-10 所示。

多层分级管理是对大系统复杂结构的简化和最优控制，特别适用于电子计算机进行管理的系统。如果在管理系统中采用集中信息处理方式，就会使得中央计算机的负担过分集中。一旦发生故障会给企业整个管理系统带来严重后果；如果采用多台电子计算机组成的分散处理系统，则可提高其灵活性和可靠性。

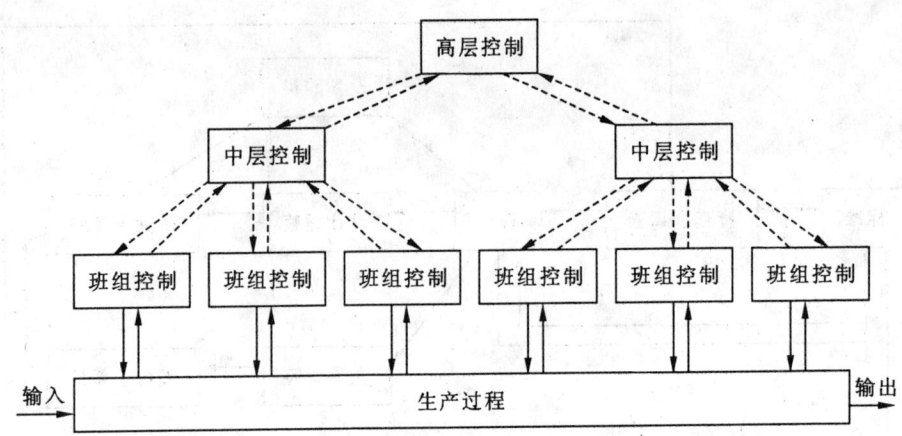

图 8-10 危险控制的多层分级管理系统图

二、安全目标管理

系统工程进行工作的特点之一,是对系统的输出量确定一个明确的控制目标。确定了系统工作目标后,根据目标值对系统进行控制,是近代管理科学重要的方法之一。

(一)目标管理的内容

安全目标管理就是把一定时期内应该完成的安全指标任务,作为目标分解到本系统各个部门和个人,各个部门和个人严格自觉地按照所订目标进行工作,管理人员围绕自己的检查和下级目标进行管理。目标管理就是重目标,定方针,排日程,依靠自觉行动与严格检查,保证目标实现的现代化管理方法与体制。目标管理作为一种管理思想、管理原则和管理基准,认为一切行动的开始是确定目标,行动的过程以目标为指针,行动的效果以目标实现度作为评价。目标管理包括设计目标体系,制定实现目标的控制方法以及达到目标的测定和评价方法。

目标管理的分类,从不同角度可分为总体目标、分目标;长期目标、短期目标;高层目标、中层目标、基层目标;等等,目标体系可用目标树表示(图 8-11)。

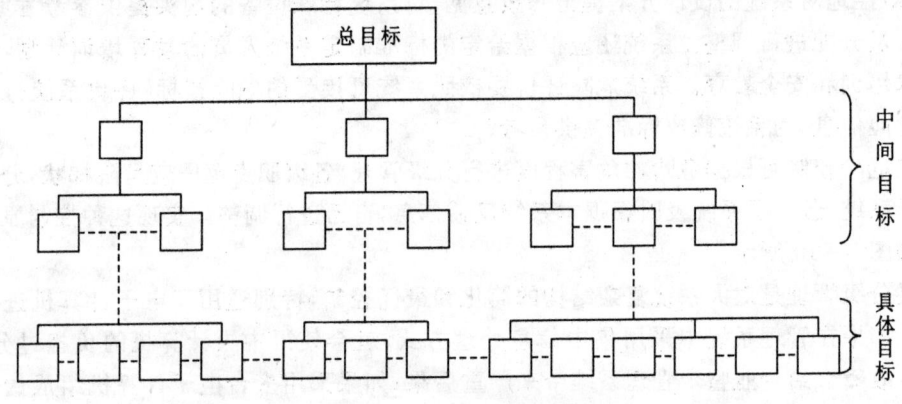

图 8-11 目标体系图(虚线表示横向联系)

对安全系统来说,它的总目标应是"工伤事故为零",但是限于管理水平、技术水平和人员素质水平,以及工伤事故具有极大的偶然性,事实上是办不到的,这只能是我们在较长时期内努力追求的目标。为了切实能达到工伤事故接近零的长远目标,我们必须面对严酷的现实,根据人力、物力和管理水平,在各年度制定一个逐步减少工伤事故切实可行的目标值,对系统进行目标管理。根据年度目标,还可制定系统管理的季度目标、月目标等短期目标。安全系统选定的控制目标可以是企业的工伤死亡率、千人负伤率、死亡人数、工伤人数以及事故次数等。系统控制目标确定后,各子系统还要依照系统目标制定切合本系统的控制目标。

目标管理的实行是以企业总目标为基准,逐级地科学地向下分解,使上下目标明确化、具体化、程序化,上下左右的关系协调化。并把企业全体职工科学地组织在目标体系内,每个人都明确自己在目标体系中所处的地位和作用,以及由于总目标以严密组合、有机联系的子目标为基本单元,它的实现是确有保证的。当人人都实现了个人的目标时,也就圆满地实现了总目标。

目标管理的思想基础是相信人的能力,注重人的因素。让全体职工参与目标管理的全过程。个人目标的制定主要由执行者根据企业总目标与自己的工作内容、工作能力来制定,强调自主管理,而不是上级的压力。在执行目标的过程中,主要实行自我控制,充分发挥个人的创造性、主动性。在评价成果时,也是先进行自我评价,充分相信每个人都会给自己以实事求是的评价。所以,实现目标管理的过程也就是职工参与安全管理,实行管理民主化的过程。它能充分调动职工的积极性,自觉地为完成安全目标而努力工作。

目标管理不仅讲究工作效率,更强调效益,所以非常重视执行后的成果评价。它将个人利益与个人目标联系起来,个人利益与企业利益联系起来,人人都关心企业总目标的实现。同时,注重成果的评价方法,对目标要达到的结果以及评价标准都非常明确具体,易于对照执行。另外,评价成果与奖惩、经济考核挂钩。

实现安全目标管理,有以下几个重要作用。

(1)实行安全目标管理,由于个人有了自己的目标,都致力搞好本职安全工作,按照目标体系的层次,上级只需管下一层的事,而不要越级领导,从而使领导从繁杂的日常事务中解脱出来,集中精力抓主要矛盾,抓战略性、方向性的问题,抓影响目标管理实施全过程的重要决策,并将工作做得有条不紊,取得事半功倍的效果。

(2)实行目标管理,能促进职工素质的改善。一方面职工为实现既定的安全目标,乐于主动辩识本岗位的危险因素,并加以消除控制,改进工作方法,努力按标准操作进行作业,提高自己的业务能力和安全技术水平;另一方面,企业为保证总目标的实现,又把职工安全技术水平的提高作为分目标纳入目标体系,从而促进了职工素质的改善。

(3)安全目标管理促进安全管理基础工作的改善。企业安全管理的基础工作通常包括:事故统计分析工作、安全检查工作、信息工作(如原始记录、数据管理)、安全操作规章制度、安全教育等。安全管理工作的好坏直接影响企业安全水平的高低。实行安全目标管理,可以促进企业抓好安全管理的基础工作。因为要确定正确的总目标,合理地将总目标分解,制定各部门目标和个人目标,以及进行正确的成果评价,都是以原始资料为前提的。

(4)目标管理通过目标的体系化,把企业各个方面的工作合理地组织起来,把企业上下的力量充分地调动起来,形成一个为实现总目标而协同工作的群体活动。通过这种充满生机的群体活动,就能有效地解决企业存在的主要问题,使企业朝着长远的安全目标顺利发展。

(二)安全目标管理的实施

安全目标管理的实施一般分为三个步骤:目标的制定阶段;目标的执行阶段;目标成果的评价阶段。

1. 安全目标的制定阶段

这一阶段的主要任务是建立起目标体系。首先由企业最高安全管理部门,根据党和国家的方针政策、上级部门下达的指标,以及企业内外条件、环境因素等提出安全总目标(图8-12)。

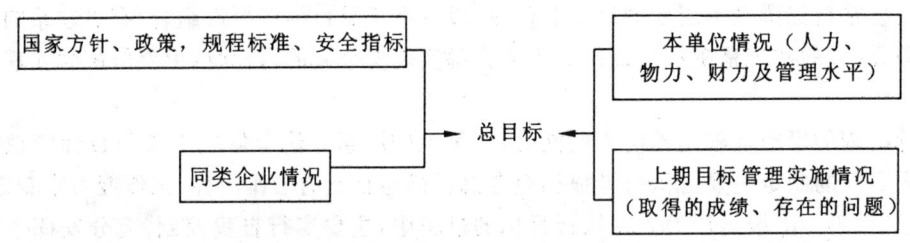

图8-12 安全目标制定框图

企业的安全总目标是在一定时期内经过全体职工的努力可以达到的目标,具体应体现如下要求。

(1)明确性。目标明确具体,绝不允许用模棱两可的词句。其表达形式一般有两种:一是数量目标,如工伤人数、千人负伤率;二是具体形象对比目标,如安全生产达到国内先进水平等。为使企业全体职工明确努力方向,目标数目不宜过多,要突出重点,明确主攻方向,目标期限要适当,不宜过长或过短。

(2)科学预见性。目标高度是根据需要与可能的平衡确定的,先进而又合理,既能激励群众的热情,又能落实到实处。

(3)系统性。充分考虑了企业内部上下左右之间的内在联系与分工协作的关系,使目标具有可分性及体现系统组合性,以实现目标的优化。

在制定总目标后,就要逐级提出子目标,或称为方针、目标的展开。目标的展开以明确划分各部门及个人之间职责范围为前提,采取上下结合的方式进行。当子目标由下级提出后,必须经过上级纵横协调,综合平衡后确认。

子目标应能支持和保证实现总目标;子目标之间应平衡协调,有利于同步前进;要充分考虑实现目标的条件及影响因素,有利于充分发挥个人的聪明才智,也便于检查评价;子目标的制定要充分发扬民主,通过下级设立目标和上级调整下级目标建立相互了解的良好关系。

2. 安全目标执行阶段

在这一阶段,关键的问题是向下放权,强调执行者独立地去完成目标。安全目标管理与传统安全管理方法不同,上级对下级部门不是监督,干涉,下级部门也不要事事向上级请示,时时汇报工作情况。为了保证目标的顺利完成,上级对下级要委让相应的、必要的权利,充分相信他们的能力,让他们进行"自我控制",充分发挥他们的主动性、积极性。但是,"放权"不等于撤手不管。上级要对下级目标的实施状况进行管理,定期地深入下级部门,了解和检查目标的完成情况,与他们交换意见,对他们的工作进行必要的具体指导,若发现问题,帮助他们及时解决。特别是对那些与上下左右各部门扯皮的关键问题,更要发挥领导的作用,进行协调,以保证目标管理实施的顺利进行。另外,在目标管理的实施过程中,执行者若遇到了自己不能独立解决的对全过程有影响的问题时,要及时向上级汇报,使上级及时了解情况,尽快帮助解决,保证目标管理实施的连续性。

3. 安全目标成果的评价阶段

这一阶段的重点是安全目标成果的评价。其目的是检查目标管理执行情况,总结经验,找出不足之处,作为制定下期目标的一个依据;并把成果评价与经济考核结合起来,作为奖惩及职工调动、晋升的依据。

进行评价的依据主要是目标的完成情况,同时,包括目标的困难程度和为完成目标努力程度。若在执行目标的过程中,由于条件的变化,对目标进行了必要的修改,则还包括修正部分。

具体进行评价的办法很多,可按公式计算,即:

$$综合评价=目标的完成程度×目标的困难程度×努力程度±修正部分$$

公式中,目标的完成程度、目标的困难程度、努力程度可以采用五分制或百分制计分,将综合评价分为几个等级,每一等级对应一定的分数段。也可将目标的完成程度、目标的困难程度、为完成目标的努力程度以及修正部分具体化,定出详细的评价标准。

安全目标管理的三个阶段是相互联系、相互制约的,制定目标是进行目标管理的基础和前提。目标制定得不合理,各方面的工作做得再好也无济于事,还可能给企业带来损失。但若制定了合理的目标,而不加以实施,等于白纸一张。若执行完成目标后,不加以考核就不能使目标管理很好地、持久地进行下去。

目标管理的整个过程可用方框图表示(图 8-13)。

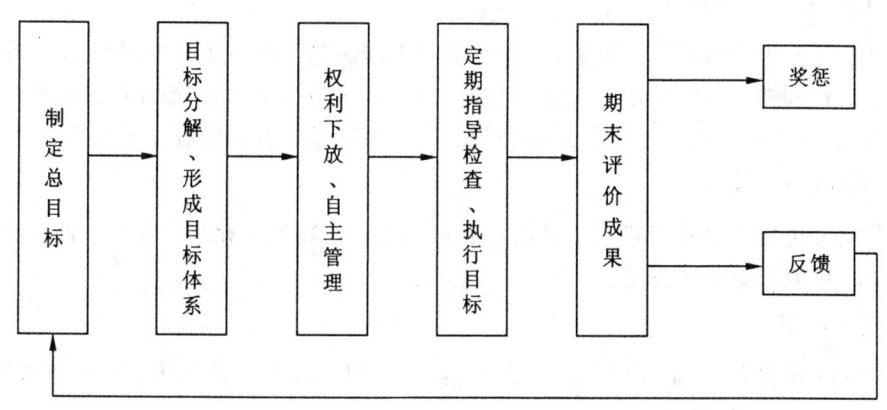

图 8-13　目标管理过程框图

三、人为失误及其控制

人的行为取决于他的能力及其动机,职工能不能完成分派给他的工作是由能力决定的,职工的工作能力来自技术培训和所受教育,工作能力只是单方面的决定因素。一旦选择和训练了职工,剩下的问题都是动机。动机因素是较为复杂多样的,而且它们具有更多难以理解和控制的因素。

影响人的行为的因素是多方面的,如家庭因素、社会因素、工作因素、环境因素、受教育和技术培训情况等。要减少人为失误,就应对这些诸多的因素进行控制。一般在企业中,对人为失误的控制可以从以下几个方面入手。

1. 人的安全化

对企业职工进行适应性技术训练。针对企业的特点,在招收工人时,进行适当选择,对进厂的新工人进行技术培训和安全技术教育,开展危险预知活动,让他们逐渐适应工厂的生产情况,提高危险辩识能力;对调换工种的工人,要进行新调工种的技术培训,使他们能熟悉新的工作环境;对特殊工种要有专门的培训计划,进行特殊的技术培训和安全教育。

2. 操作安全化

企业要制定各工种的操作标准,并逐步推广标准化操作,减少人为失误。标准操作的执行,应有一定的行政和经济措施,并完善管理制度,使工人能真正按标准操作。党政工团要结合起来,共同采取措施,思想工作和行政措施一起抓,建立必要的标准操作监督岗,让工人之间相互督促执行操作标准。

3. 作业环境安全化

开展文明生产活动,对作业场所进行整理、整顿、清扫、清洁;清理有用品,清除不用品,清洁堆放场和安全通道;建立工具和备品的保管制度,整顿材料和成品的堆放秩序和保管、存放的合理性;保持作业场地的整洁、设备整洁和劳保用品穿戴整洁;清扫车间和厂区的环境卫生,使作业场所保持适宜的温度、压力,车间厂房要有足够的采光和照明;设备的操作部位采用不同的几何形状和颜色,用形象生动的图案设计警告牌和操作指示牌等。

四、固有危险及其控制

在生活和生产中随时都离不开能源,正常情况下能源输入生产系统中,为制造产品和机器的运行提供原料和动力。但能源一旦失去控制,就会转化为危险因素,造成财产损失和人员伤害,因此所有能源都是可能引起事故发生的危险源。固有危险源一般有以下几类:

1. 化学危险源

化学危险源包括可燃物、易燃物、易爆物和毒物等化学物质。化学危险源可能引起的事故有火灾、爆炸、环境污染和中毒等。

2. 电气危险源

电气危险源如漏电、静电、电弧等。电气危险造成的事故可能使人体造成伤害和死亡,以及由电气危险引起火灾、爆炸等。

3. 机械危险源

机械危险源分势能和动能两大类,由它们引起的事故有坠落、坠物、崩塌、跌倒、打击等。

4. 热能危险源

热能危险源引起的事故有两类:热源引起的事故和由热能转变成机械能引起的事故。在高温热源的地方可能引起火灾、人体灼伤、爆炸等。

第八章 施工安全管理

5. 辐射危险源

辐射危险源可分为两类：电磁波辐射能和电离性辐射能。辐射能危险源对人体造成的危害有急性损伤，如人体不适、头痛、呕吐、腹泻、出血等症状，甚至死亡，辐射能对人体的慢性损伤，如急性损伤、无法痊愈的损伤和长期连续受小剂量照射所引起的损伤。

以上列举了几种典型的固有危险源，以及由它们引起的主要事故类型。辩识了这些危险后，就可采取措施对危险进行控制。一般是采用六原则法，即消除、减少、防护、隔离、保留和转移，主要的具体方法如下：

(1)限制能源用量或采用安全能源代替，如限速装置、低压电装置、安全装置等。
(2)防止能量蓄积，如自动温度调节器、保险丝、气体检测器、地面装卸作业等。
(3)防止能量逸散，如放射性物质密封贮藏、绝缘材料、安全带等。
(4)能量放出缓冲装置，如爆破板、安全阀、保险丝、冲击吸收装置等。
(5)能量放出路线上和放出时间上采取措施，如排尘装置、禁止入内区域、安全标志、防护性接地、安全连锁等。
(6)能量源上采取防护措施，如防护罩、喷水灭火、隔火装置、过滤器、防噪声装置等。
(7)在能量与人、物之间，设立防护措施，如玻璃眼镜、禁止栏杆、隔墙等。
(8)对人体采取防护措施，如防尘眼镜、安全靴、头盔、手套、呼吸器、防护用具等。
(9)提高耐受能力，选用适应性强的人和耐久性材料等。
(10)降低损害程度的措施，如紧急冲浴、低放射线车间配置、救援活动和急救治疗等。

第五节 安全管理的基本原则

安全管理是企业生产管理的重要组成部分，是一门综合性科学。安全管理的对象是生产中一切人、物、环境的状态管理与控制，安全管理是一种管理动态。

施工现场的安全管理，主要是组织实施企业安全管理规划、指导、检查和决策，同时，又是保证生产处于最佳状态的根本环节。施工现场安全管理的内容，大体可归纳为安全组织管理、场地与设施管理、行为控制和安全技术管理四个方面，分别对生产中的人、物、环境的行为与状态，进行具体的管理与控制。为了有效地将生产因素的状态控制好，在实施安全管理过程中，必须正确处理五种关系，坚持六项基本管理原则。

一、正确处理五种关系

(一)安全与危险并存

安全与危险在同一事物的运动中是相互对立的，相互依赖而存在的。因为有危险，才要进行安全管理，以防止危险。安全与危险并非是等量并存、平静相处。随着事物的运动变化，安全与危险每时每刻都在变化着，进行着此消彼长的斗争，事物的状态将向斗争的胜方倾斜。可见，在事物的运动中，都不会存在绝对的安全或危险。

保持生产的安全状态，必须采取多种措施，以预防为主，危险因素是完全可以控制的。

危险因素是客观存在于事物之中的，自然是可知的，也是可控的。

(二) 安全与生产的统一

生产是人类社会存在和发展的基础。生产中人、物、环境都处于危险状态,则生产无法顺利进行。因此,安全是生产的客观要求,当生产完全停止,安全也就失去了意义。就生产的目的性来说,组织好安全生产就是对国家、人民和社会最大的负责。

生产有了安全保障,生产才能持续、稳定发展。生产活动中事故层出不穷,生产势必陷于混乱,甚至瘫痪状态。当生产与安全发生矛盾,危及职工生命或国家财产时,生产活动停下来,整治、消除危险因素以后,生产形势会变得更好。"安全第一"的提法,决不是把安全摆到生产之上;而忽视安全自然是一种错误。

(三) 安全与质量的包涵

从广义上看,质量包涵安全工作质量,安全概念也内含着质量,交互作用,互为因果。安全第一,质量第一,两个第一并不矛盾。安全第一是从保护生产因素角度提出的,而质量第一则是从关心产品成果的角度而强调的。安全为质量服务,质量需要安全保障。生产过程中无论丢掉哪一头,都要陷于失控状态。

(四) 安全与速度互保

生产的蛮干、乱干,在侥幸中求得更快,缺乏真实与可靠,一旦酿成不幸,非但无速度可言,反而会延误时间。

速度应以安全做保障,安全就是速度。我们应追求安全加速度,竭力避免安全减速度。

安全与速度成正比例关系。一味强调速度,置安全于不顾的做法,是极其有害的。当速度与安全发生矛盾时,暂时减缓速度,保证安全才是正确的做法。

(五) 安全与效益兼顾

安全技术措施的实施,定会改善劳动条件,调动职工的积极性,焕发劳动热情,带来经济效益,足以使原来的投入得以补偿。从这个意义上说,安全与效益完全是一致的,安全促进了效益的增长。

在安全管理中,投入要适度、适当,精打细算,统筹安排。既要保证安全生产,又要经济合理,还要考虑力所能及。单纯为了省钱而忽视安全生产,或单纯追求不惜资金的盲目高标准,都不可取。

二、坚持安全管理六项基本原则

(一) 管生产同时管安全

安全寓于生产之中,并对生产发挥促进与保证作用。因此,安全与生产虽有时会出现矛盾,但从安全、生产管理的目标、目的,表现出高度的一致和完全的统一。

安全管理是生产管理的重要组成部分,安全与生产在实施过程中,两者存在着密切的联系,存在着进行共同管理的基础。

国务院在《关于加强企业生产中安全工作的几项规定》中明确指出:"各级领导人员在管理

生产的同时,必须负责管理安全工作"。"企业中各有关专职机构,都应该在各自业务范围内,对实现安全生产的要求负责。"

管生产同时管安全,不仅是对各级领导人员明确安全管理责任,同时,也向一切与生产有关的机构、人员,明确了业务范围内的安全管理责任。由此可见,一切与生产有关的机构、人员,都必须参与安全管理并在管理中承担责任。认为安全管理只是安全部门的事,是一种片面的、错误的认识。

各级安全生产责任制度的建立,管理责任的落实,体现了管生产同时管安全。

(二)坚持安全管理的目的性

安全管理的内容是对生产中的人、物、环境因素状态的管理,有效地控制人的不安全行为和物的不安全状态,消除或避免事故,达到保护劳动者的安全与健康的目的。

没有明确的安全管理是一种盲目行为。盲目的安全管理,充其量只能算作花架子,劳民伤财,危险因素依然存在。在一定意义上,盲目的安全管理,只能纵容威胁人的安全与健康的状态,向更为严重的方向发展或转化。

(三)必须贯彻预防为主的方针

安全生产的方针是"安全第一,预防为主"。安全第一是从保护生产力的角度和高度,表明在生产范围内安全与生产的关系,肯定安全在生产活动中的地位和重要性。

进行安全管理不是处理事故,而是在生产活动中,针对生产的特点,对生产因素采取管理措施,有效地控制不安全因素的发展与扩大,把可能发生的事故消灭在萌芽状态,以保证生产活动中人的安全与健康。

贯彻预防为主,首先要端正对生产中不安全因素的认识,端正消除不安全因素的态度,选准消除不安全因素的时机。在安排与布置生产内容的时候,针对施工生产中可能出现的危险因素,采取措施予以消除是最佳选择。在生产活动过程中,经常检查、及时发现不安全因素,采取措施,明确责任,尽快的、坚决的予以消除,是安全管理应有的鲜明态度。

(四)坚持"四全"动态管理

安全管理不是少数人和安全机构的事,而是一切与生产有关的人共同的事。缺乏全员的参与,安全管理不会有生气,不会出现好的管理效果。当然,这并非否定安全管理第一责任人和安全机构的作用。生产组织者在安全管理中的作用固然重要,全员参与管理十分重要。

安全管理涉及到生产活动的方方面面,涉及到从开工到竣工交付的全部生产过程,涉及到全部的生产时间,涉及到一切变化着的生产因素。因此,生产活动中必须坚持全员、全过程、全方位、全天候的动态安全管理。

只抓住一时一事、一点一滴,简单草率、一阵风式的安全管理,是走过场、形式主义,不是我们提倡的安全管理作风。

(五)安全管理重在控制

进行安全管理的目的是预防、消灭事故,防止或消除事故伤害,保护劳动者的安全与健康。在安全管理的四项主要内容中,虽然都是为了达到安全管理的目的,但是对生产因素状态的控制,与安全管理目的关系更直接,显得更为突出。因此,对生产中人的不安全行为和物的不安全状态的控制,必须看做是动态的安全管理的重点。事故发生的原理,也说明了对生产因素状态的控制,应该当作安全管理重点,而不能把约束当作安全管理的重点,是因为约束缺乏带有强制性的手段。

(六)在管理中发展提高

既然安全管理是在变化着的生产活动中的管理,是一种动态。其管理就意味着是不断发展的、不断变化的,以适应变化的生产活动,消除新的危险因素。然而更为需要的是不间断地摸索新的规律,总结管理、控制的办法与经验,指导新的变化后的管理,从而使安全管理不断地上升到新的高度。

第六节 施工安全管理措施

安全管理是为了施工项目实现安全生产开展的管理活动。施工现场的安全管理,重点是进行人的不安全行为与物的不安全状态的控制,落实安全管理决策与目标。以消除一切事故,避免事故伤害,减少事故损失为管理目的。

控制是对某种具体的因素的约束与限制,是管理范围内的重要部分。

安全管理措施是安全管理的方法与手段,管理的重点是对生产各因素状态的约束与控制。根据施工生产的特点,安全管理措施带有鲜明的行业特色。

一、落实安全责任、实施责任管理

施工项目承担控制、管理施工生产进度、成本、质量、安全等目标的责任,因此,必须同时承担进行安全管理、实现安全生产的责任。

(1)建立和完善以项目经理为首的安全生产领导组织,有组织、有领导地开展安全管理活动,承担组织、领导安全生产的责任。

(2)建立各级人员安全生产责任制度,明确各级人员的安全责任。抓制度落实、抓责任落实,定期检查安全责任落实情况,及时报偿。

①项目经理是施工项目安全管理第一责任人。

②各级职能部门、工作人员,在各自业务范围内,对实现安全生产的要求负责。

③全员承担安全生产责任,建立安全生产责任制。从经理到工人的生产系统做到纵向到底,一环不漏;各职能部门、工作人员的安全生产责任做到横向到边,人人负责。

(3)施工项目应通过监察部门的安全生产资质审查,并得到认可。

一切从事生产管理与操作的人员,依照其从事的生产内容,分别通过企业、施工项目的安全审查,取得安全操作认可证,持证上岗。

特种作业人员,除经企业的安全审查,还需按规定参加安全操作考核,取得监察部门核发的《安全操作合格证》,坚持"持证上岗"。施工现场出现特种作业无证操作现象时,施工项目必须承担管理责任。

(4)施工项目负责施工生产中物的状态审验与认可,承担物的状态漏验、失控的管理责任,接受由此而出现的经济损失。

(5)一切管理、操作人员均需与施工项目签定安全协议,向施工项目作出安全保证。

(6)安全生产责任落实情况的检查,应认真、详细地记录,做为分配、补偿的原始资料之一。

二、安全教育与训练

进行安全教育与训练,能增强人的安全生产意识,有效地防止人的不安全行为,减少人为失误。安全教育与训练是进行人的行为控制的重要方法和手段。因此,进行安全教育与训练要适时、宜人,内容合理,方式多样,形成制度;组织安全教育与训练做到严肃、严格、严密、严谨,讲求实效。

(1)一切管理、操作人员应具有的基本条件与素质如下。

①具有合法的劳动手续。临时性人员须正式签定劳动合同,接受入场教育后,方可进入施工现场和劳动岗位。

②没有痴呆、健忘、精神失常、癫痫、脑外伤后遗症、心血管疾病、晕眩,以及不适于从事操作的疾病。

③没有感官缺陷,感性良好,具有良好的接受、处理、反馈信息的能力。

④具有适于不同层次操作所必需的文化。

⑤输入的劳务,必须具有基本的安全操作素质,经过正规训练、考核,输入手续完善。

(2)安全教育、训练的目的与方式。安全教育与训练包括知识、技能、意识三个阶段的教育。进行安全教育与训练,不仅要使操作者掌握安全生产知识,而且能正确认真地在作业过程中表现出安全的行为。

安全知识教育:使操作者了解、掌握生产操作过程中潜在的危险因素及防范措施。

安全技能训练:使操作者逐渐掌握安全生产技能,获得完善化、自动化的行为方式,减少操作中的失误现象。

安全意识教育:在于激励操作者自觉坚持实行安全技能。

(3)安全教育的内容随实际需要而确定。

①新工人入场前应完成三级安全教育。对学徒工、实习生的入场三级安全教育,重点偏重一般安全知识、生产组织原则、生产环境、生产纪律等,强调操作的非独立性。对季节工、农民工三级安全教育,以生产组织原则、环境、纪律、操作标准为主,两个月内安全技能不能达到熟练的,应及时解除劳动合同,废止劳动资格。

②结合施工生产的变化,适时进行安全知识教育。一般每10天组织一次较合适。

③结合生产组织安全技能培训,干什么训练什么,反复训练,分步验收,以达到出现完善化、自动化的行动方式,划为一个训练阶段。

④安全意识教育的内容不易确定,应随安全生产的形势变化,确定阶段教育内容。可结合发生的事故,进行增强安全意识,坚定掌握安全知识与技能的信心,接受事故教训的教育。

⑤受季节、自然变化影响时,针对由于这种变化而出现生产环境、作业条件的变化进行的教育,其目的在于增强安全意识,控制人的行为,尽快地适应变化,减少人为失误。

⑥采用新技术,使用新设备、新材料,推行新工艺之前,应对有关人员进行安全知识技能、意识的全面安全教育,提高操作者掌握安全技能的自觉性。

(4)加强教育管理,增强安全教育效果。

①教育内容全面,重点突出,系统性强,抓住关键反复教育。

②反复实践，养成自觉采用安全的操作方法的习惯。

③使每个受教育的人，了解自己的学习成果，鼓励受教育者树立安全操作方法的信心，养成安全操作的良好习惯。

④告诉受教育者怎样做才能保证安全，而不是不应该做什么。

⑤奖励促进，巩固学习成果。

(5)进行多种形式、不同内容的安全教育，都应把教育的时间、内容等，清楚地记录在安全教育记录本或记录卡上。

三、安全检查

安全检查是发现不安全行为和不安全状态的重要途径，是消除事故隐患，落实整改措施，防止事故伤害，改善劳动条件的重要方法。

安全检查的形式有普遍检查、专业检查和季节性检查。

(1)安全检查的内容主要是查思想、查管理、查制度、查现场、查隐患、查事故处理。

①施工项目的安全检查以自检形式为主，是对项目经理至操作人员，生产全部过程、各个方位的全面安全状况的检查。检查的重点以劳动条件、生产设备、现场管理、安全卫生设施以及生产人员的行为为主。发现危及人的安全因素时，必须果断消除。

②各级生产组织者，应在全面安全检查中，透过作业环境状态和隐患，对照安全生产方针、政策，检查对安全生产认识的差距。

③对安全管理的检查，主要是：安全生产是否提到议事日程上，各级安全责任人是否坚持"五同时"（即在计划、布置、检查、总结、评比生产的时候，同时计划、布置、检查、总结、评比安全工作）；业务职能部门、人员是否在各自业务范围内落实了安全生产责任，专职安全人员是否在位、在岗；安全教育是否落实，教育是否到位；工程技术、安全技术是否结合为统一体；作业标准化实施情况；安全控制措施是否有力，控制是否到位，有哪些消除管理差距的措施；事故处理是否符合规则，是否坚持"三不放过"的原则（即事故原因不清不放过；事故责任者和应受教育没有受到教育的不放过；没有采取防范措施的不放过）。

(2)安全检查的组织

①建立安全检查制度，按制度要求的规模、时间、原则、处理、报偿全面落实。

②成立由第一责任人为首，业务部门、有关人员参加的安全检查组织。

③安全检查必须做到有计划、有目的、有准备、有整改、有总结、有处理。

(3)安全检查的准备

①思想准备。发动全员开展自检，自检与制度检查结合，形成自检自改，边检边改的局面，使全员在发现危险因素方面得到提高，在消除危险因素中受到教育，从安全检查中受到锻炼。

②业务准备。确定安全检查的目的、步骤、方法，成立检查组，安排检查日程。

分析事故资料，确定检查重点，把精力侧重于事故多发部位和工种的检查。

规范检查记录用表，使安全检查逐步纳入科学化、规范化轨道。

(4)安全检查方法。常用的有一般检查方法和安全检查表法。

①一般检查方法。常采用看、听、嗅、问、查、测、验、析等方法。

看：看现场环境和作业条件，看实物和实际操作，看记录和资料等。

听：听汇报、听介绍、听反映、听意见或批评、听机械设备的运转响声或承重物发出的微弱声等。

嗅：对挥发物、腐蚀物、有毒气体进行辨别。

问：对影响安全问题详细询问，寻根究底。

查：查明问题、查对数据、查清原因、追查责任。

测：测量、测试、监测。

验：进行必要的试验或化验。

析：分析安全事故的原因。

②安全检查表法。这是一种原始的、初步的定性分析方法，它通过事先拟定的安全检查明细表或清单，对安全生产进行初步的诊断和控制。

安全检查表通常包括检查项目、内容、回答问题、存在问题、改进措施、检查措施、检查人等内容。

参考文献

蔡雪峰. 建筑施工组织. 武汉:武汉理工大学出版社,1997
黄仕诚. 建筑工程经济与企业管理. 武汉:武汉理工大学出版社,1993
李粮纲,陈惟明,李小青. 基础工程施工技术. 武汉:中国地质大学出版社,2001
李清立,郝生跃. 工程建设监理. 北京:北方交通大学出版社,2003
林知炎,潘宝根. 网络计划技术. 北京:中国建筑工业出版社,1987
全国建筑施工企业项目经理培训教材编写委员会. 工程招标投标与合同管理. 北京:中国建筑工业出版社,1995
全国建筑施工企业项目经理培训教材编写委员会. 施工项目成本管理. 北京:中国建筑工业出版社,1995
全国建筑施工企业项目经理培训教材编写委员会. 施工项目管理概论. 北京:中国建筑工业出版社,1995
全国建筑施工企业项目经理培训教材编写委员会. 施工项目质量与安全管理. 北京:中国建筑工业出版社,1995
全国建筑施工企业项目经理培训教材编写委员会. 施工组织设计与进度管理. 北京:中国建筑工业出版社,1995
王定山. 企业与项目管理. 武汉:中国地质大学出版社,1996
吴锡桐. 新编建设工程监理实用操作手册. 上海:同济大学出版社,2003
武育秦. 建筑工程经济与管理. 武汉:武汉理工大学出版社,1997
姚玉玲. 公路工程施工组织学. 北京:人民交通出版社,1998
中国机械工业教育协会编. 建设工程监理. 北京:机械工业出版社,2002